碳中和城市与绿色智慧建筑系列教材

住房和城乡建设部"十四五"规划教材

教育部高等学校建筑类专业教学指导委员会规划推荐教材

丛书主编　王建国

绿色建筑设计教程（第二版）

Green Studio
Teaching Programmes of
Sustainable Architectural Design (2nd Edition)

张彤　鲍莉　编著

中国建筑工业出版社

图书在版编目（CIP）数据

绿色建筑设计教程 = Green Studio Teaching Programmes of Sustainable Architectural Design（2 nd Edition）/ 张彤，鲍莉编著 . -- 2 版 . -- 北京：中国建筑工业出版社，2024. 12. --（碳中和城市与绿色智慧建筑系列教材 / 王建国主编）（住房和城乡建设部"十四五"规划教材）（教育部高等学校建筑类专业教学指导委员会规划推荐教材）. -- ISBN 978-7-112-30770-8

Ⅰ. TU201.5

中国国家版本馆 CIP 数据核字第 202455Y7A4 号

本教材编写得到国家重点研发计划战略性科技创新合作项目（项目编号：2022YFE0208600）和国家自然科学基金面上项目（项目批准号：52178007）资助

为了更好地支持相应课程的教学，我们向采用本书作为教材的教师提供课件，有需要者可与出版社联系。

建工书院：https://edu.cabplink.com

邮箱：jckj@cabp.com.cn　电话：（010）58337285

策　　划：陈　桦　柏铭泽

责任编辑：王　惠　陈　桦

责任校对：赵　力

碳中和城市与绿色智慧建筑系列教材

住房和城乡建设部"十四五"规划教材

教育部高等学校建筑类专业教学指导委员会规划推荐教材

丛书主编　王建国

绿色建筑设计教程（第二版）

Green Studio Teaching Programmes of Sustainable Architectural Design（2nd Edition）

张彤　鲍莉　编著

*

中国建筑工业出版社出版、发行（北京海淀三里河路9号）

各地新华书店、建筑书店经销

北京海视强森图文设计有限公司制版

北京中科印刷有限公司印刷

*

开本：787毫米×1092毫米　1/16　印张：15¼　字数：287千字

2024 年 12 月第二版　2024 年 12 月第一次印刷

定价：59.00元（赠教师课件）

ISBN 978-7-112-30770-8

（44502）

《碳中和城市与绿色智慧建筑系列教材》

总序

建筑是全球三大能源消费领域（工业、交通、建筑）之一。建筑从设计、建材、运输、建造到运维全生命周期过程中所涉及的"碳足迹"及其能源消耗是建筑领域碳排放的主要来源，也是城市和建筑碳达峰、碳中和的主要方面。城市和建筑"双碳"目标实现及相关研究由 2030 年的"碳达峰"和 2060 年的"碳中和"两个时间节点约束而成，由"绿色、节能、环保"和"低碳、近零碳、零碳"相互交织、动态耦合的多途径减碳递进与碳中和递归的建筑科学迭代进阶是当下主流的建筑类学科前沿科学研究领域。

本系列教材主要聚焦建筑类学科专业在国家"双碳"目标实施行动中的前沿科技探索、知识体系进阶和教学教案变革的重大战略需求，同时满足教育部碳中和新兴领域系列教材的规划布局和"高阶性、创新性、挑战度"的编写要求。

自第一次工业革命开始至今，人类社会正在经历一个巨量碳排放的时期，碳排放导致的全球气候变暖引发一系列自然灾害和生态失衡等环境问题。早在 20 世纪末，全球社会就意识到了碳排放引发的气候变化对人居环境所造成的巨大影响。联合国政府间气候变化专门委员会（IPCC）自 1990 年始发布五年一次的气候变化报告，相关应对气候变化的《京都议定书》（1997）和《巴黎气候协定》（2015）先后签订。《巴黎气候协定》希望 2100 年全球气温总的温升幅度控制在 1.5℃，极值不超过 2℃。但是，按照现在全球碳排放的情况，那 2100 年全球温升预期是 2.1~3.5℃，所以，必须减碳。

2020 年 9 月 22 日，国家主席习近平在第七十五届联合国大会向国际社会郑重承诺，中国将力争在 2030 年前达到二氧化碳排放峰值，努力争取在 2060 年前实现碳中和。自此，"双碳"目标开始成为我国生态文明建设的首要抓手。党的二十大报告中提出，"积极稳妥推进碳达峰碳中和，立足我国能源资源禀赋，坚持先立后破，有计划分步骤实施碳达峰行动，深入推进能源革命……"，传递了党中央对我国碳达峰、碳中和的最新战略部署。

国务院印发的《2030 年前碳达峰行动方案》提出，将碳达峰贯穿于经济社会发展全过程和各方面，重点实施"碳达峰十大行动"。在"双碳"目标战略时间表的控制下，建筑领域作为三大能源消费领域之一，尽早实现碳中和对于"双碳"目标战略路径的整体实现具有重要意义。

为贯彻落实国家"双碳"目标任务和要求，东南大学联合中国建筑出版传媒有限公司，于 2021 年至 2022 年承担了教育部高等教育司新兴领域教材研究与实践项目，就"碳中和城市与绿色智慧建筑"教材建设开展了研究，初步架构了该领域的知识体系，提出了教材体系建设的全新框架和编写思路等成果。2023年3月，教育部办公厅发布《关于组织开展战略性新兴领域"十四五"高等教育教材体系建设工作的通知》（以下简称《通知》），《通知》中明确提出，要充分发挥"新兴领域教材体系建设研究与实践"项目成果作用，以《战略性新兴领域规划教材体系建议目录》为基础，开展专业核心教材建设，并同步开展核心课程、重点实践项目、高水平教学团队建设工作。课题组与教材建设团队代表于2023年4月8日在东南大学召开系列教材的编写启动会议，系列教材主编、中国工程院院士、东南大学建筑学院教授王建国发表系列教材整体编写指导意见；中国工程院院士、西安建筑科技大学教授刘加平和中国工程院院士、清华大学教授庄惟敏分享分册编写成果。编写团队由3位院士领衔，8所高校和3家企业的80余位团队成员参与。

2023年4月，课题团队向教育部正式提交了战略性新兴领域"碳中和城市与绿色智慧建筑系列教材"建设方案，回应国家和社会发展实施碳达峰碳中和战略的重大需求。2023年11月，由东南大学王建国院士牵头的未来产业（碳中和）板块教材建设团队获批教育部战略性新兴领域"十四五"高等教育教材体系建设团队，建议建设系列教材16种，后考虑跨学科和知识体系完整性增加到20种。

本系列教材锚定国家"双碳"目标，面对建筑类学科绿色低碳知识体系更新、迭代、演进的全球趋势，立足前沿引领、知识重构、教研融合、探索开拓的编写定位和思路。教材内容包含了碳中和概念和技术、绿色城市设计、低碳建筑前策划后评估、绿色低碳建筑设计、绿色智慧建筑、国土空间生态资源规划、生态城区与绿色建筑、城镇建筑生态性能改造、城市建筑智慧运维、建筑碳排放计算、建筑性能智能化集成以及健康人居环境等多个专业方向。

教材编写主要立足于以下几点原则：一是根据教育部碳中和新兴领域系列教材的规划布局和"高阶性、创新性、挑战度"的编写要求，立足建筑类专业本科生高年级和研究生整体培养目标，在原有课程知识课堂教授和实验教学基础上，专门突出了碳中和新兴领域学科前沿最新内容；二是注意建筑类专业中"双碳"目标导向的知识体系建构、教授及其与已有建筑类相关课程内容的差异性和相关性；三是突出基本原理讲授，合理安排理论、方法、实验和案例分析的内容；四是强调理论联系实际，强调实践案例和翔实的示范作业介绍。

总体力求高瞻远瞩、科学合理、可教可学、简明实用。

本系列教材使用场景主要为高等学校建筑类专业及相关专业的碳中和新兴学科知识传授、课程建设和教研学产融合的实践教学。适用专业主要包括建筑学、城乡规划、风景园林、城市设计、土木工程、建筑材料、建筑设备，以及城市管理、城市经济、城市地理等。系列教材既可以作为教学主干课使用，也可以作为上述相关专业的教学参考书。

本教材编写工作由国内一流高校和企业的院士、专家学者和教授完成，他们在相关低碳绿色研究、教学和实践方面取得的先期领先成果，是本系列教材得以顺利编写完成的重要保证。作为新兴领域教材的补缺，本系列教材很多内容属于全球和国家双碳研究和实施行动中比较前沿且正在探索的内容，尚处于知识进阶的活跃变动期。因此，系列教材的知识结构和内容安排、知识领域覆盖、全书统稿要求等虽经编写组反复讨论确定，并且在较多学术和教学研讨会上交流，吸收同行专家意见和建议，但编写组水平毕竟有限，编写时间也比较紧，不当之处甚或错误在所难免，望读者给予意见反馈并及时指正，以使本教材有机会在重印时加以纠正。

感谢所有为本系列教材前期研究、编写工作、评议工作、教案提供、课程作业作出贡献的同志以及参考文献作者，特别感谢中国建筑出版传媒有限公司的大力支持，没有大家的共同努力，本系列教材在任务重、要求高、时间紧的情况下按期完成是不可能的。

是为序。

丛书主编、东南大学建筑学院教授、中国工程院院士

前言

全球气候变化和环境危机是 21 世纪人类共同面临的重大挑战，碳中和社会构建与可持续发展已经成为世界各国的共同议题与竞争高地。我国"碳达峰与碳中和"目标的确立为未来 30 至 40 年经济社会发展擘画了基本路线图。从建筑全生命周期和相关各行业的全景视角看，城市建筑运行以及建筑行业的能耗和碳排放都占到了全社会总量的约 50%[①]，绿色建筑的高质量发展对于全社会实现"双碳"目标至关重要。另一方面，以大数据和人工智能引领的"新一轮科技革命"正在迅速改变社会生活的方方面面，也在重塑各个学科和专业领域的知识内核。建筑学科亟需以低碳可持续发展为目标，将绿色与智慧相结合，更新知识体系，拓展技术方法，展现人居科学的全新场景。

在这样的背景下，东南大学联合中国建筑工业出版传媒有限公司，于 2021~2022 年承担了教育部高等教育司新兴领域教材研究与实践项目，就"碳中和城市与绿色智慧建筑"教材建设开展了研究，初步架构了该领域的知识体系，提出了教材体系建设的全新框架和编写思路。2023 年 4 月，为充分发挥该研究项目成果的作用，响应教育部"组织开展战略性新兴领域'十四五'高等教育教材体系建设"的要求，由东南大学王建国院士领衔的联合团队向教育部提交了战略性新兴领域"碳中和城市与绿色智慧建筑"教材建设方案，以"知识重构—平台构建—科研融入"为路径，在包含国土空间生态资源规划、碳中和城市设计、生态城区与绿色建筑、城镇建筑生态性能改造、城市建筑智慧运维、建筑性能智能化集成以及健康人居环境等多个专业方向上建设"未来产业（碳中和）"系列教材。2023 年 11 月该建设方案获批，并由此展开 20 种专业核心教材编写以及相关核心课程、重点实践项目和高水平教学团队建设工作。《绿色建筑设计教程》（第二版）即为该套系教材中的一部。

第一版的《绿色建筑设计教程》于 2017 年 10 月出版，被列为住房城乡建设部土建类学科专业"十三五"规划教材。该教材内容主要基于东南大学建筑学院从 2010 年开始在本科设计课程教学中开展的系统性教学改革，全面展现了贯穿一年级到五年级建筑设计课程中的绿色建筑设计培养链，包括各年级的教案和典型教学案例。教材出版后受到广泛欢迎。

本教材虽然名称与第一版相同，却不仅仅是第一版的修订，从结构到内容都是一部全新升级的教材。全书针对高等学校建筑学院普遍设立的专业

---

① 2020 年全国建筑全生命周期的能耗和碳排放总量分别占全国总量的 45.5% 和 50.9%。中国建筑能耗与碳排放研究报告（2022 年）[J]. 建筑，2023（2）：57-69.

主干课程"建筑设计"教学，围绕建筑设计的本体核心"空间"与"建造"，以"形式能量法则"为理论基础，将环境调控重新置于空间与建造的范式，建构一种以空间和形态设计为先导的绿色建筑设计方法，通过有效的空间组织、合理的体形和构造设计，以空间形态和建造体系本身，而不是单纯依赖设备系统，实现对室内外环境舒适度、能耗与碳排放的性能化调控。这一方法体系在书中被概括为"空间调节"。

除了讲授理论和概念的第1章，全书针对建筑设计的各主要环节，从气候适应、能量调控、性能导向角度，结合当代的最新案例，分5章系统性地讲授绿色建筑设计方法，具体为气候适配与资源节约的总体环境设计、气候适应的建筑体形设计、能量理性的建筑空间形态设计、环境交互的气候界面设计、性能导向的建筑构造设计。第7章从系统集成、循环再生、智能管控等前沿视角讲授主被动结合的建筑技术集成设计。

本教材在知识构成上融入了绿色建筑研究的新近成果，触及与能源、环境、信息、材料等多个学科的交叉领域，不仅如此，教材的编写也呈现出纸数融合的全新形式。各章节内容中平行插入二维码，扫码浏览核心示范课程、多个精彩的多媒体课件和案例介绍，以期给读者提供一个更具广度和深度的信息空间和更为生动直观的阅读体验。全书各章在讲授设计方法和技术工具之外，邀请多个富有经验的高校提供总数10则典型教学案例和相关优秀作业作为参照，以此作为验证教材内容的综合实践案例。

《绿色建筑设计教程》（第二版）的编写，凝聚了东南大学教研团队长达十多年的科研和教学成果，结合了同济大学、天津大学、华南理工大学等院校多样性的创新教学实践，呈现了建筑学专业教育应对生态文明建设和"双碳"目标转型发展的最新探索成果。感谢《碳中和城市与绿色智慧建筑系列教材》丛书主编王建国院士对本教材编写的指导和审核，希望本书的付梓，连同本套丛书其他教材，为当下面临多样挑战的传统建筑学科，其知识体系的更新和教育模式的改革起到积极有益的推动作用。

张彤

2024年立夏于南京坐看山房

本教材的编写得到国家重点研发计划战略性科技创新合作项目（项目编号：2022YFE0208600）和国家自然科学基金面上项目（项目批准号：52178007）资助。

知识图谱

理论与方法

模块1：形式能量法则与绿色建筑设计

- 绿色建筑与环境调控的发展历史
- 形式，气候与能量
- 空间调节与绿色建筑设计

总平面设计

模块2：气候适配与资源节约的总体环境设计

- 总图设计中的环境微气候
- 地形适应与再构
- 风环境组织
- 光热环境组织

- 典型教学案例

体形与空间设计

模块3：气候适应的建筑体形设计

- 建筑体形的气候理性
- 热性能调控形体
- 风性能调控形体

- 典型教学案例

模块4：能量理性的建筑空间形态设计

- 建筑空间形态的能量逻辑
- 空间气候梯度
- 环境气流组织

- 典型教学案例

材料、构造与建造体系设计

模块5：环境交互的气候界面设计

- 作为气候界面的建筑围护结构
- 气候调节腔层
- 光热平衡遮阳
- 热质量动态调蓄
- 生态介质表皮

- 典型教学案例

模块6：性能导向的建筑构造设计

- 强化或抑制能量流动的建筑构造
- 集热与保温
- 散热与隔热
- 导风与阻风
- 导光与避光

- 典型教学案例

设备系统与智能化设计

模块7：主被动结合的集成式建筑设计

- 环境调控系统集成
- 主被动结合的建筑技术系统设计
- 分布式可再生能源
- 能量与物质的循环利用
- 传感、交互与智能管控

- 典型教学案例

目录

第 1 章

形式能量法则与绿色建筑设计

1.1.1 绿色建筑的内涵与相关概念辨析

绿色建筑萌发于 20 世纪 60 年代，全球性能源危机和环境问题的爆发将环境议题引入建筑领域，催生出应对环境和气候问题的多种建筑思潮、概念和理论（图 1-1）。

概念	乡土建筑 Vernacular architecture	有机建筑 Organic architecture	生物气候建筑 Bioclimatic architecture	被动式建筑 Passive architecture	节能建筑 Energy efficient buildings	绿色建筑 Green buildings	可持续建筑 Sustainable architecture	低碳建筑 Low-carbon buildings
范畴	民间自发的传统活着的传统，它根植于对生活、自然和自然形态的情感中，从自然世界其多种多样生物形式与过程的深厚生命力中汲取营养。 	有机建筑是一种活着的传统，它根植于对生活、自然和自然形态的情感中。自然地调节和控制室内热环境，使得建筑能够随地方气候的变化做出相应的反应。 	利用建筑设计的手段和建筑的构成要素，自然地调节和控制室内热环境，使得建筑能够随地方气候的变化做出相应的反应。 	基于被动式设计而建造的节能建筑物。 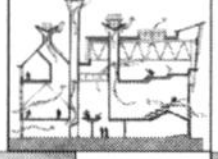	遵循气候设计和节能的基本方法，对建筑规划分区、群体和单体、建筑朝向、风向以及外部空间环境进行研究后，设计出的低能耗建筑。 	在全寿命期内，节约资源、保护环境、减少污染，为人们提供健康、适用、高效的使用空间，最大限度地实现人与自然和谐共生的高质量建筑。 	以可持续发展观规划的建筑，内将包括从建筑材料、建筑物、城市区域规模大小等，到与这些有关的功能性、经济性、社会文化和生态因素。 	指在建筑材料与设备制造、施工建造和建筑物使用的整个生命周期内，减少化石能源的使用，提高能效，降低二氧化碳排放量。 
时间	自人类建造的历史开始	代表性建筑师赖特 (1867—1959)	自1963年奥戈雅提出	自20世纪80年代末	自1973年能源危机后	自20世纪末发轫	自1993年查尔斯·凯博特博士提出	2010年代后兴起

图 1-1 绿色建筑的相关概念辨析

从利用在地适宜技术回应地域气候条件和文化传统的"乡土建筑"、注重与自然和谐共生的"有机建筑"、通过建筑要素合理调适内外气候并创造舒适环境的"生物气候建筑"、采取被动式设计策略来降低能源消耗和环境污染的"被动式建筑"，到在建筑设计和施工过程中通过采用高效设备系统尽量减少能耗的"节能建筑"，直至 1992 年在联合国环境与发展大会上提出了人类"可持续发展"的新战略和新观念，绿色建筑由此逐渐成为兼顾能源、环境与健康的研究体系与行动路径。在此之后面向可持续发展进程与控制碳排放的全球行动，"可持续建筑"与"低碳建筑"概念应时而生。经过30 余年的发展，绿色建筑充分吸纳了节能、生态、低碳、可持续发展、以人为本等理念，内涵日趋丰富和成熟。

1997 年，克劳斯·丹尼尔斯（Klaus Daniels）在《生态建筑技术》（*The Technology of Ecological Buildings*）中定义绿色建筑是"通过有效管理自然资源，创造对环境友善、节约能源的建筑，它使主动和被动地利用太阳能成为必需，并在生产、应用和处理材料等过程中尽可能减少对自然资源的危害[①]。"随着人类可持续发展战略的不断实践和创新，对绿色建筑内涵的理解在空间和时间维度上不断深化。绿色建筑的研究和实践已经从节能扩展到了全面审视建筑活动对生态环境、建筑环境和生活环境的影响，涵盖"人、

---

① 参见：DANIELS K. The Technology of Ecological Building：Basic Principles and Measures，Examples and ideas [M]. Basel：Birkhauser Verlag，1997.

建筑、自然"关系的方方面面；同时，建筑的策划、设计、施工、运维、拆除或改造再利用的"全生命周期"被纳入绿色建筑的标准考量。"在建筑全生命周期内最高效率地利用能源资源，最低限度地减少对自然环境的破坏，同时为人类提供宜居的活动空间[①]"的绿色建筑理念逐渐深入，越来越多的国家开始进行绿色建筑的研究、实践和推广（表1-1）。

表1-1　不同国家绿色建筑认证体系

体系（制定国家）	制定年份	认证内容		认证等级
BREEAM（英国）	1990	·管理 ·健康与舒适性 ·能源 ·水 ·材料	·用地生态 ·污染 ·交通 ·土地消耗	通过（Pass） 良好（Good） 很好（Very Good） 优秀（Excellent） 杰出（Outstanding）
LEED（美国）	1996	·可持续用地 ·节水 ·能源与大气	·材料与资源 ·室内空气质量 ·创新与设计	LEED认证（Certified） LEED银级认证 （Silver） LEED金级认证（Gold） LEED铂金级认证 （Platinum）
Minergie（瑞士）	1998	·高性能围护 ·高效加热系统 ·舒适通风	·气密性 ·设备能效 ·生态的建造方式	Minergie Minergie-P Minergie-ECO Minergie-P-ECO
CASBEE（日本）	2002	·能效 ·资源消耗效率	·建筑环境 ·建筑内部	S A B+ B C 优———差
Green Star （澳大利亚）	2003	·管理 ·室内舒适度 ·能源 ·交通 ·水	·材料 ·土地消耗与生态 ·排放量 ·创新	4星：最佳实践 5星：澳大利亚卓越水平 6星：世界领先
Green Mark （新加坡）	2005	·气候响应设计 ·建筑能源性能 ·资源管理	·智能健康建筑 ·绿色推进措施	白金级 超金级 黄金级 认证级
DGNB（德国）	2006	·生态质量 ·经济质量 ·社会文化品质	·技术质量 ·工艺质量 ·用地质量	铜级（Bronze） 银级（Silver） 金级（Gold）
中国绿色建筑标识认证GBL（中国）	2006	·节地与室外环境 ·节能与能源利用 ·节水与资源利用 ·节材与材料资源利用	·室内环境质量 ·施工管理 ·运营管理	一星级 二星级 三星级

① 参见：BAWEJA V. The Greening of Architecture：A Critical History and Survey of Contemporary Sustainable Architecture and Urban Design [J]. Journal of Architectural Education, 2015, 69（1）：121-2.

1990 年，英国发布环境评价法 BREEAM，成为世界首个绿色建筑标准；1996 年，美国绿色建筑委员会 USGBC 发布 LEED（能源与环境设计先锋）绿色建筑评估体系用于评价建筑环保、绿色性能；1998 年，瑞士 Minergie 协会颁布 Minergie 近零能耗建筑标准；2002 年日本发布 CASBEE 建筑物综合环境性能评价体系；2003 年由澳大利亚绿色建筑委员会（GBCA）推广实施 Green Star 绿色建筑评价体系；2005 年新加坡推出 Green Mark 绿色建筑标识认证；2006 年德国 DGNB（德国可持续建筑委员会）发布 DGNB 建筑可持续评价系统。这些用以衡量绿色建筑可持续性水平的评级系统，提供了目标和效果导向的基准点，涵盖了能源效率、场地开发、人类和环境健康、节水、材料选择、室内环境质量、社会方面和经济质量等主要领域。

我国 1986 年发布了第一部建筑节能标准《民用建筑节能设计标准（采暖居住建筑部分）》JGJ 26—86，1990 年代陆续出台的《国务院批转国家建材局等部门关于加快墙体材料革新和推广节能建筑意见的通知》《中华人民共和国节约能源法》等与节能相关的政策及法规。进入 21 世纪，绿色建筑在我国得到全面推动和迅速发展。基于此，2006 年建设部发布了《绿色建筑评价标准》GB/T 50378，定义绿色建筑为"在建筑的全生命周期内，最大限度地节约资源（节能、节地、节水、节材）、保护环境和减少污染，为人们提供健康、适用和高效的使用空间，与自然和谐共生的建筑"，建立中国绿色建筑标识认证体系，评定等级分为一星级、二星级、三星级。《绿色建筑评价标准》在 2014 年和 2019 年分别进行了修编。《绿色建筑评价标准》GB/T 50378—2019 对绿色建筑的定义为"在全生命周期内，节约资源、保护环境、减少污染，为人们提供健康、适用、高效的使用空间，最大限度地实现人与自然和谐共生的高质量建筑。"将评价指标从原来的"四节一环保"更新为涵盖"安全耐久、健康舒适、生活便利、资源节约、环境宜居"的"五大性能"体系，结合新时代新要求，以人民为视角，以性能为导向，强调绿色建筑的高质量特性。

根据 2017 年住房和城乡建设部印发的《建筑节能与绿色建筑发展"十三五"规划》的要求，中国绿色建筑的发展在 2016—2020 年间进入了"增量提质"的发展加速期。推进建筑节能和绿色建筑发展，是落实国家能源生产和消费革命战略（2016—2030）的客观要求，是加快生态文明建设、走新型城镇化道路的重要体现，是推进节能减排和应对气候变化的有效手段，是创新驱动增强经济发展新动能的着力点，是全面建成小康社会，增加人民群众获得感的重要内容，对于建设节能低碳、绿色生态、集约高效的建筑用能体系，推动住房城乡建设领域供给侧结构性改革，实现绿色发展具有重要的现实意义和深远的战略意义[①]。

2020 年我国明确提出 2030 年"碳达峰"及 2060 年"碳中和"目标，建

---

① 参见：住房和城乡建设部《建筑节能与绿色建筑发展"十三五"规划》。

筑领域作为碳排放的主要源头之一，其低碳转型发展逐渐成为落实"双碳"战略的重要路径。2021 年国务院印发《2030 年前碳达峰行动方案》，2022 年科技部、国家发展改革委、住房和城乡建设部等九部门联合印发《科技支撑碳达峰碳中和实施方案（2022—2030 年）》，将建筑交通低碳零碳技术攻关行动提上议程，明确了建筑领域"光储直柔供配电""建筑高效电气化""低碳建筑材料与规划设计"等多项重点研究技术，大力发展低碳、零碳建筑。2023 年住房和城乡建设部发布《零碳建筑技术标准（征求意见稿）》，将"高效能源利用""利用可再生能源""实现碳排放平衡"和"持续监测优化"列为零碳建筑的核心特点[①]。建筑领域要实现绿色低碳转型，需要从追求规模扩张转向追求质量提升，从经济效益优先转向绿色发展优先，而发展零碳建筑从试点走向应用，将成为推动经济和社会向可持续发展转型的重要途径。

1.1.2　绿色建筑的知识体系

绿色建筑并非只是进行了充分绿化的建筑，或采用了单项生态技术、优化单个设备系统的建筑，而是一种深入、平衡、和谐的建筑设计、施工和运维的理念与技术体系。绿色建筑强调在建筑全生命周期中采用系统科学的设计和技术方法，全面整合能源、资源、环境、舒适度等多目标要素，绿色建筑架构起跨学科、多专业、强耦合的知识体系。

绿色建筑知识体系的核心围绕"环境调控"——建筑通过场地布局、体量生成、空间组织、构造措施、设备系统与智能调控，在外部的气候环境中构建出一个相对稳定的内部环境，尽可能满足人体舒适的需求，在此过程中尽量减少能源和物资的消耗，减少对环境的破坏，并提倡在生态和资源方面具有回收利用价值的建筑。

基于以上认识，绿色建筑的概念不再局限于建筑业，不再孤立地考虑建筑自身系统的质量和效率，而是在建筑与环境相互协调的基础上，以自然生态系统良性循环为基本原则，综合考虑生态环境、社会经济、历史文化、生活方式、法规制度和科学技术等多种因素。因此，绿色建筑的知识体系范畴不仅涵盖建筑设计、材料选择、能源利用、室内环境等，还容纳了社会和人文维度绿色可持续发展的方方面面。绿色建筑的设计需要考虑到建筑功能、结构和性能的可持续性。在建筑用材方面，绿色建筑优先选择具有低碳、健康、可回收的材料，如木材、竹材、钢材等，以减少对环境的破坏。在能源

---

① 《零碳建筑技术标准（征求意见稿）》定义零碳建筑为"适应气候特征与场地条件，在满足室内环境参数的基础上，通过优化建筑设计降低建筑用能需求，提高能源设备与系统效率，充分利用可再生能源和建筑蓄能，在实现近零碳建筑基础上，可结合碳排放权交易和绿色电力交易等碳抵消方式，符合标准明确规定的建筑。"

利用方面，绿色建筑采用可再生能源，如太阳能、风能、生物质能等，以减少对化石能源的依赖。在室内环境方面，绿色建筑注重室内环境健康度、空气质量、噪声控制、自然通风和天然采光等方面，以提高居住环境质量。此外，绿色建筑同样涵盖了社会公平、低碳经济、人文关怀、生态保育以及绿色宣教等方面，从这些维度的综合考虑和实践，有助于推动绿色建筑的可持续发展，促进人与自然的和谐共生。

1.1.3　环境调控的建筑历史发展

建筑适应自然气候，利用或抵御外部环境，创造相对稳定、舒适的内部环境，这是建筑历史发展最基本的动机和过程。维特鲁威描述建筑的起源时，就强调了建筑产生于人们躲避风雨侵蚀的意图，他在《建筑十书》中的第六书专门对气候原理与建筑设计进行了论述。在建筑起源的神话中，维特鲁威认为，原始人类发明语言，形成社会，有意识地建造庇护所，都发生在一场大火将人类聚拢过来之后。火灾过后，空地上散落了带着余烬的木头，凛冬将至，原始人在踌躇，是用这些木头建造一个棚屋，还是用这些木头生一堆篝火？雷纳·班汉姆（Reyner Banham）在《环境调控的建筑学》（*The Architecture of the Well-tempered Environment*）中将"建造"与"燃烧"归纳为人类诞生之初发明的两种环境调控策略——通过创造物质空间的建造保蓄能量，通过可燃物质的燃烧获取能量。

"建造"逻辑的环境调控策略，体现在人们根据所处环境的气候特点，采用合理的形式与建造技术，采集和保蓄所需的能量，排除多余的热——这种以建造调控环境的方式曾经是建筑学发展最具自主性的力量之一[①]。"燃烧"逻辑的环境调控策略，始于原始人点燃的第一堆篝火，并在建筑技术发展过程中演变为火塘、油灯、壁炉、火炕与煤炉……直至工业革命以后的电灯、锅炉与空调——这种以燃烧调控环境的方式广泛存在并成为现代社会的普遍方式。

在乡土建筑的发展中，"建造"与"燃烧"曾经处于相互平衡的状态，在棚屋提供遮风避雨、采光遮阳之后，炉火作为补充手段弥补建筑采暖御寒的不足。早期人类在居住空间中对火的使用主要以火塘的形式呈现。在原始小屋的考古遗址中，可以看到火塘已成为建筑不可或缺的要素，并且往往在遗址平面中占据中心位置（图1-2）。与燃烧方式相对的是人们在建造房屋时，以自身的建造形态和空间组织，在不主动耗能的情况下调节内外环境，满足舒适要求。这种以建造调控环境的方式，曾经促成了世界各地体现气候理性的建筑形式的产生，内含"形式适应气候"的隐性逻辑，构成了地域建筑文化中最为恒定的内核（图1-3）。

---

① 张彤. 环境调控的建筑学自治与空间调节设计策略 [J]. 建筑师, 2019（6）: 4-5.

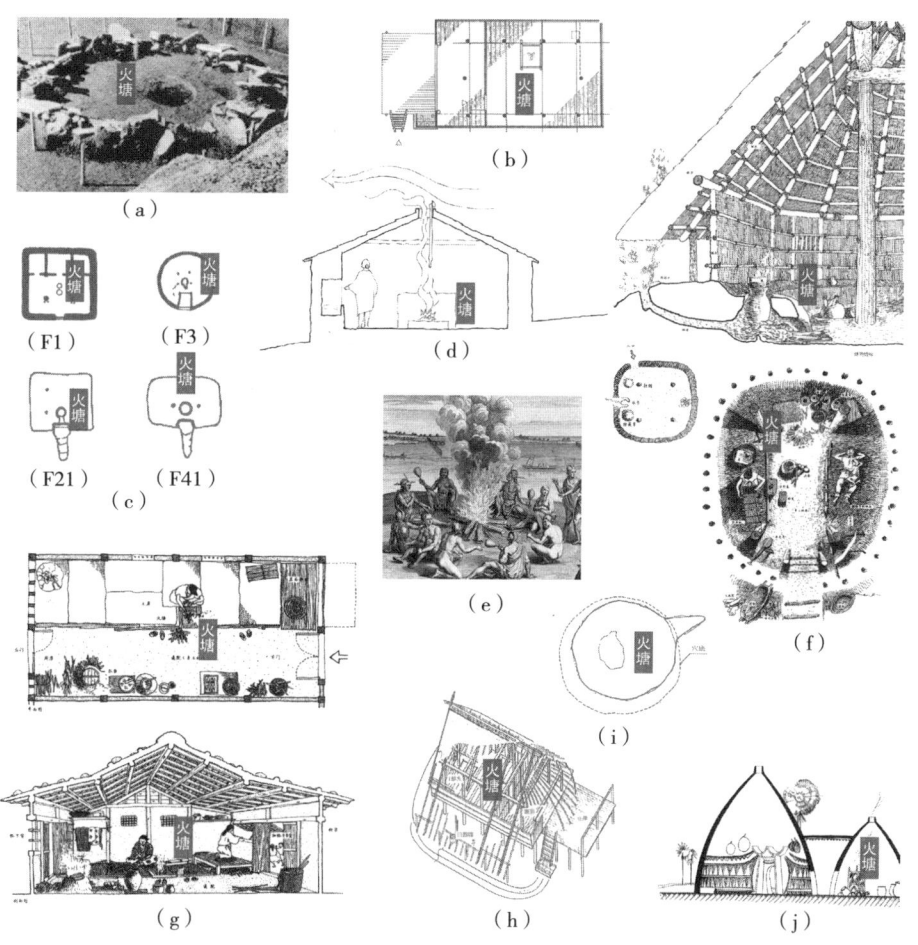

图 1-2　原始小屋中的火塘

（a）西伯利亚马耳他圆形住宅；（b）克伦族住宅；（c）半坡遗址；（d）柯比斯特民居；（e）火的发明；（f）日本竖坑造；（g）日本町家；（h）拉佤族干栏住宅；（i）涧西孙旗屯半穴居遗址（j）非洲喀麦隆民居

（图片来源：仲文洲.形式与能量：环境调控的建筑学模型研究[D].南京：东南大学，2021.）

工业革命之后，随着新的材料、技术与设备层出不穷，建筑中出现了更大的跨度、复杂的功能以及全新的环境应对方式。1902 年威利斯·开利（Willis Carrier）发明空调之后，主动式空气调节技术迅速普及，机电设备可以创造出与外部气候相隔离的精确可控的室内物理环境。由赖特与奥托·瓦格纳设计、落成于 1906 年的拉金大厦成为这一时代的起点，它是历史上最先运用空调系统的建筑（图 1-4）。勒·柯布西耶把建筑看作是"居住的机器"，1928 年建成的萨伏伊别墅集结了当时最新的建筑技术，热水、煤气、电力……机械照明、动力系统和中央供暖（图 1-5）。1952 年戈登·邦夏（Gordon Bunshaft）设计的利华大厦在纽约落成，这是现代主义历史上第一栋使用全幕墙体系和嵌入全空调系统的办公建筑，整个外立面被蓝绿色的耐热玻璃幕墙包围，没有任何可开启的通风窗口，室内制冷设备与空气循环系统造就了恒定的室内环境与纯粹轻薄的外部形象（图 1-6）。

图1-3　世界各地的乡土建筑
（图片来源：伯纳德·鲁道夫斯基. 没有建筑师的建筑：简明非正统建筑导论：a short introduction to non-pedigreed architecture [M]. 天津：天津大学出版社，2011. BAWEJA V. The Greening of Architecture：A Critical History and Survey of Contemporary Sustainable Architecture and Urban Design [J]. Journal of Architectural Education，2015，69（1）：121-2.）

图1-4　拉金大厦
（图片来源：buffalohistory.com）

图1-5　萨伏伊别墅
（图片来源：zcool.com.cn）

图1-6　利华大厦
（图片来源：archiposition.com）

　　建筑形式的生成从"形式适应气候"到"形式追随设备"的转变，呈现出机械时代的空间价值取向已经从对自然的顺应转变为与自然的隔离甚至控制。然而这却是现今环境污染、气候变化、自然灾害频发等环境问题的诸多成因之一。美国能源部的调查表明，建筑领域的能耗占比高达40%，建筑全生命周期的碳排放比例高达50%，并且呈逐年上升的趋势。人类的建造活动正改变着地球的气候环境，造成 CO_2 浓度上升、全球气候变暖、生态环境破坏。

自 1973 年能源危机爆发之后，面对环境问题和能源问题带来的巨大挑战，环保和节能的议题开始在建筑领域得到重视，不少建筑师与理论家坚守建筑形式本身回应自然气候，利用自然能量的传统环境设计理论。麦克哈格的著作《设计结合自然》阐述了人与自然环境之间不可分割的依赖关系，他提出以生态原理进行建筑设计与城市规划的方法与技术，将建成环境理解为地质、地形、水文、土地利用、植物、野生动物和气候等决定性要素的叠加。维克多·奥戈雅（Victor Olgyay）《设计结合气候：建筑地域主义的生物气候研究》（*Design with Climate：Bioclimatic Approach to Architectural Regionalism*）提出了建筑气候系统的分析方法"生物气候地方主义"与"生物气候设计法"，利用科学、理性的方法将气候要素纳入建筑设计内容。在此思潮影响下，20 世纪的几位主要建筑师，尤其是勒·柯布西耶、弗兰克·劳埃德·赖特（Frank Lloyd Wright）、阿尔瓦·阿尔托（Alvar Aalto），将气候设计原则与现代主义的形式、技术和材料相结合，探索了"气候适应"的建筑设计。

从上文阐述的关系来看，建筑与气候、形式与能量的议题实际上对建筑进行了重新定义，建筑的诞生与发展，不仅是建筑类型和风格的历史，也是环境调控的历史，更是其背后存在的自然规律与物理秩序，以及这些法则催生出的不断演变的策略与技术的历史。

总体而言，形式与能量关系的历史演进，经历了从"形式适应气候""形式追随设备"到"形式响应能量"的转变，反映了建筑对待环境的从顺应、控制、到回归的价值取向，呈现出被动调节、主动控制与协同共构三种形式与能量的内在逻辑与历史显现（图 1-7）。以原始小屋及乡土建筑为代表的"形式追随气候"，建筑与地域气候紧密相连，蕴含了很多低技术但行之有效、简单直接的气候应对策略。但不得不承认此类建筑仍是在迫于生存压力、技术水平落后匮乏的时代下所建立的形式类型，所营造的室内环境仅能满足生存需要，距离现代人的舒适度标准仍有很大的距离；

| 建筑起源 | 被动调节 | 机械介入 | 主动干预 | 自然回归 | 协同共构 |

图 1-7　环境调控的建筑历史发展
（图片来源：image.google.com）

以范斯沃斯住宅、西格拉姆大厦、蓬皮杜中心和曼哈顿穹顶为例的"形式追随设备",是一种隔绝自然能量而完全倚靠机电设备进行环境调控的机械范式,以征服自然的技术自信构建绝对恒定的室内热环境,消耗大量的能量,对自然生态造成不可逆的影响;而"形式追随能量"是一种介于前两者之间的环境调控能量范式,建筑形式既不单纯追随气候、也不轻易屈从于设备,最大限度地利用建筑形式本身的被动式调节,同时尽可能地使用适宜有效的主动式技术,平衡自然能量与人工能量,对室内热舒适的价值判断不再单一而倾向于多向思考,建筑形式以最具效率获取、保蓄、转化能量的方式构建自身。

经由对环境调控建筑历史发展的溯源与考证,可以从能量的引线中重塑建筑学本体的观察视角。应对气候变化与形式危机的双重考验,使环境调控回归空间与建造,重新激活建筑形态与建构体系在地域气候环境与资源组成中的敏感性、适应性与可调节性,以建筑构形调适气候与身体之间的平衡,发展通过建筑空间形态实现能量合理获取、输送与转化的策略与方法,建立起房屋建筑与地区资源总体之间的平衡。

1.2 形式,气候与能量

1.2.1　作为自然法则的形式能量关系

追溯绿色建筑的本体问题需要理解和建立形式、气候与能量之间的相互关系,其源头来自于人类建造过程的两个基本动机之一 ——环境调控(图 1-8)。

空间营造是为人熟知的建造起源的一个动机。建筑空间的跨越与围合受到重力的限制,基于力学特性的构造、结构以及建造方式是建筑利用材料特性抵抗重力的建造呈现。因此,维持建筑稳定形式所遵循的力学法则,可以称之为"形式的重力法则"——培育了物质性的材料建构与文化。

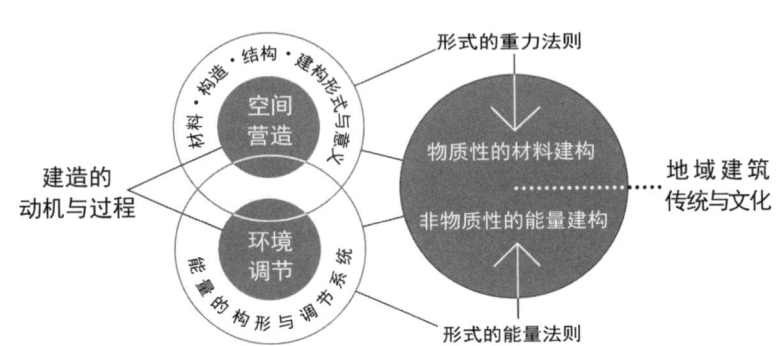

图 1-8　形式的重力法则与能量法则

(图片来源:张彤 . 环境调控的建筑学自治与空间调节设计策略 [J]. 建筑师,2019(6):4-5.)

建筑在营造空间的同时，还需要满足遮风避雨、采光通风、避寒趋暖的环境调控需求。应对不同气候条件的各种建筑形式，即是平衡对风、光、热的需求，获取、保蓄转化和释放能量的稳定结构。建筑的形式决定了能量流动的方式和效能，反之，能量的获取、保蓄、转化和释放也影响着建筑的形式，这种相互作用和影响的机制是建筑形式所遵循的另一个基础性法则，即"形式的能量法则"——培育了非物质性的能量建构与文化。

建筑自诞生之时就与两个要素息息相关，其一是气候，对气候环境的调控是建筑最原初而本质的动机；其二是身体，建筑环境调控的目的指向人的感官，满足人体舒适度。因此作为人类最原始技术之一的建筑，可以看作是人体反应系统基于适应气候的内向型驱动，在物质与能量环境中的外向型拓展。从这个意义而言，建筑形式的本质是一种气候环境影响下，能量流动的物质呈现与秩序表达——形式是能量的构形。

形式的能量法则广泛地存在于自然界中，形式与能量的互成机理蕴藏在生物及其气候环境的相关性中。例如，在较高纬度的冬季，树木往往会脱落叶片以减少霜冻和风的破坏。针叶树具有细针状叶片，能够承受非常寒冷的气候，并且能够保持常绿。温带森林覆盖从北到南的广阔区域，包括阔叶树和针叶树。在干热的沙漠地区，仙人掌类植物的叶子呈现为刺状，降低了蒸腾作用造成的水分散失，肉质化的茎能够储存大量水分。在热带雨林中，树木经常遭受暴雨，有些树木已经进化出尖端细小的叶子，可以迅速甩水。

白蚁的巢穴为形式的能量法则提供了另一个直观的案例。热带和亚热带地区生活着的两千种白蚁，它们建造的形式需要在恶劣多变的气候条件中创造出稳定温度与湿度的内部环境，呈现出对气候环境的高度适应。热带雨林中的白蚁（Cubitermes），为了防止暴雨冲击，其蚁穴在高大土丘上建造有状似蘑菇的宽檐屋顶（图1-9）。澳大利亚草原上的罗盘白蚁（Amitermes），其巢穴是坐北朝南的片状土丘，使其避免暴露于正午烈日，同时又能充分利用早晨与傍晚的太阳辐射热，蚁室内部的物理环境因此可以维持33℃的温度与90%的相对湿度（图1-10）。非洲大白蚁（Macrotermes）、白蚁的生存依赖于食用一种只能生活在恒温环境中的真菌，为营造饲养菌圃所需的温湿度条件，它们在巢穴中"发明"了一套精细的通风系统，蚁室上部的热压风道与侧脊的多孔疏松构造共同作用，促进气体交换，排出 CO_2 和多余代谢热量（图1-11）。蚁丘的形式完全出于环境调控的需求，其形状、朝向、材料选择与通风构造，构成了一个自治的环境调控系统，风与热的物理机制是隐藏在其建造形式下的内在驱动逻辑（图1-12）。蚁穴的形式能量机理体现于人类建筑的例子广泛分布在炎热和干旱的气候区域，例如突尼斯的布拉雷吉亚小镇（Bulla Regia, Tunisia）、意大利的西西里岛（Sicilia, Italy）、希腊的圣托里尼岛（Santorini, Greece）、印度的梅萨维德崖居（Mesa Verde, India）、土耳

图 1-9　Cubitermes 的
蘑菇状巢穴
（图片来源：image.google.
com）

图 1-10　Amitermes 的片状蚁丘
（图片来源：HANSELL M. Built by Animals[M]. Oxford：Oxford
University Press，2007.）

图 1-11　Macrotermes 的通风蚁巢
（图片来源：HANSELL M. Built by
Animals[M]. Oxford：Oxford University
Press，2007.）

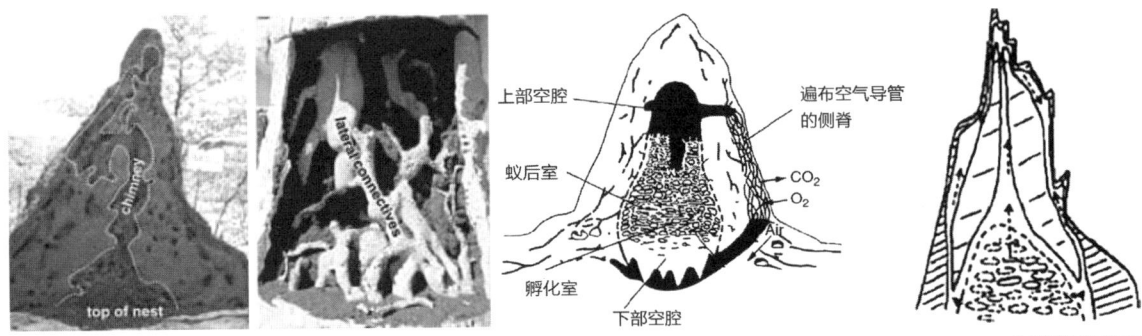

图 1-12　Macrotermes 蚁巢的通风策略
（图片来源：HANSELL M. Built by Animals[M]. Oxford：Oxford University Press，2007.）

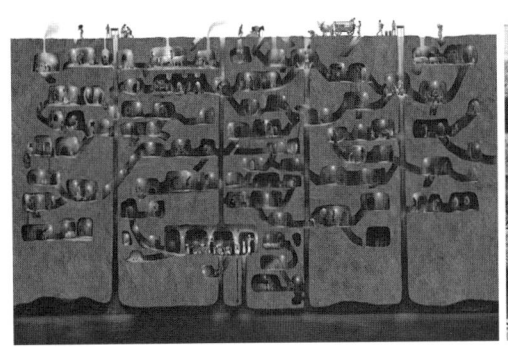

图 1-13　土耳其卡帕多奇亚地下城
（图片来源：themindcircle.com）

其的卡帕多奇亚地下城（Cappadocia, Turkey）（图 1-13）等。

世界各地的乡土民居同样呈现出类似的形式能量关系。澳大利亚塔斯马尼亚的南部地区，气候温和但海风凛冽，当地土著使用防风林在建筑四周构筑风障，并在房屋中设置利用太阳辐射的双层墙构造，获取并储蓄热量。因纽特人在从拉布拉多、阿拉斯加到格陵兰岛的北极圈内外居住，有限的自然资源与严苛的气候条件诞生了独特的冬季居住形式，用雪砖垒成的圆顶屋——雪屋（Igloo）。雪屋可以最大限度地减少强风的对流传热损失，同时维持室内外将近40℃的温度差（图 1-14）。撒哈拉沙漠边缘的利比亚部分地区，房屋是挖在地下深处的窑洞民居，利用泥土大质量热容提供稳定的室内温度，以应对干热地区昼夜温差的极端差异（图 1-15）。巴基斯坦、伊朗和埃及炎热的沙漠气候，催生出配备捕风窗的民居形式（图 1-16）……这些乡土民居记录了人类对地质水文、自然气候和可用材料的适应和利用，相似的气候环境促成了居住建筑的类型特征。

在中国建筑居住类型中，干栏式建筑和地穴式建筑分别是长江流域和黄河流域旧石器时代原始人类"巢居"和"穴居"的继承和发展（图 1-17），逐渐成为两种环境调控的类型，前者侧重散热，后者注重保温，在中国各地乡土民居中都有着类型性的体现。

干栏式建筑普遍流行于我国长江以南地区，被证明是先民适应潮湿多雨的气候发展出的有效建筑形式[①]。长江流域气候温暖湿润，降水量大，河网密

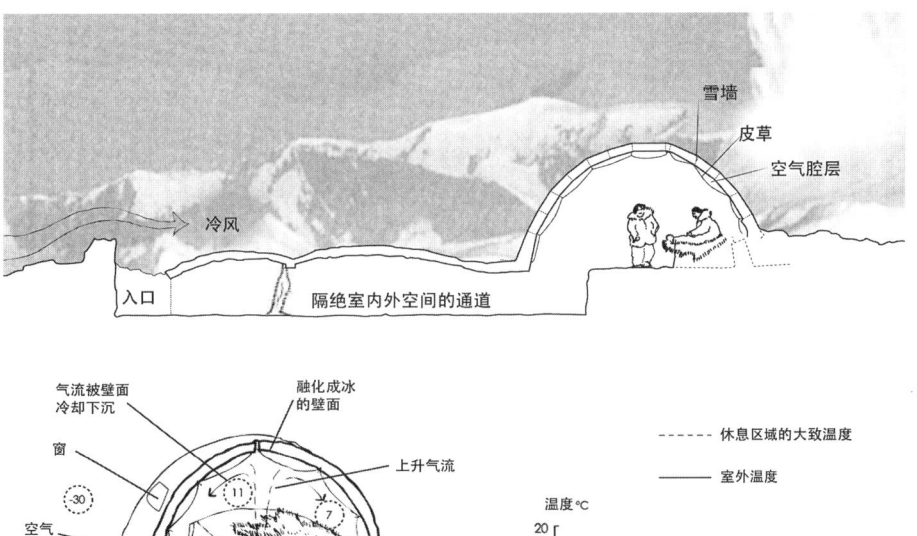

图 1-14　因纽特人的雪屋

（图片来源：THOMAS R，GARNHAM T. The Environments of Architecture：Environmental Design in Context [M]. Oxfordshire：Taylor & Francis，2007.）

---

① 劳伯敏. 河姆渡干栏式建筑遗迹初探 [J]. 南方文物，1995（1）：50-57+23.

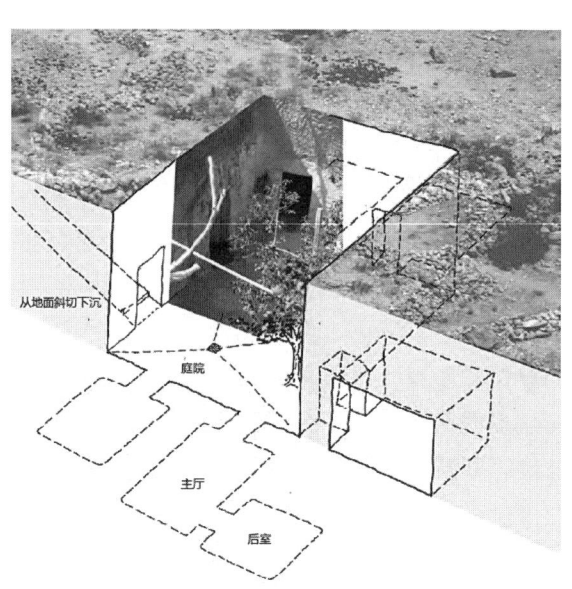

从地面斜切下沉

庭院

主厅

后室

图 1-15　利比亚窑洞民居

（图片来源：THOMAS R，GARNHAM T. The Environments of
Architecture：Environmental Design in Context [M]. Oxfordshire：
Taylor & Francis，2007.）

图 1-16　巴基斯坦捕风窗

（图片来源：BERNARD R. Architecture
without architects [M]. New York：
Museum of Modern Art，1964.）

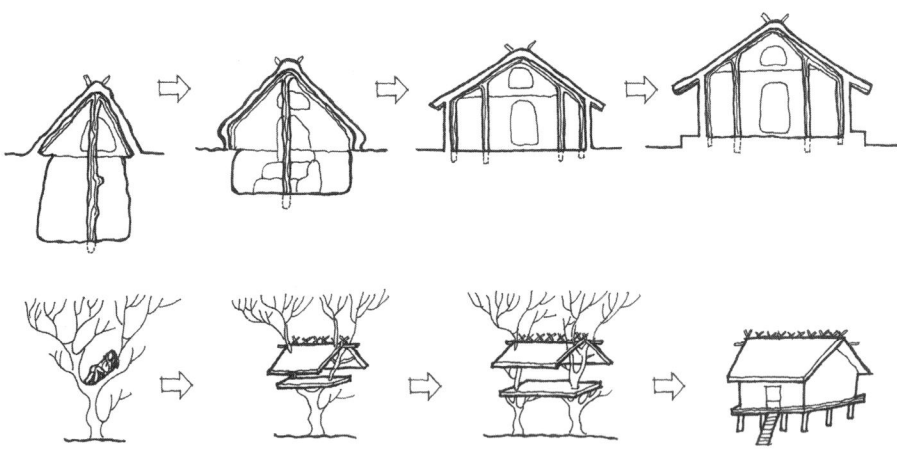

图 1-17　地穴式建筑（上）与干栏式建筑（下）的发展示意
（图片来源：作者根据资料改绘）

布，地质潮湿松软。干栏式建筑抬高室内地面，增加了建筑外表皮与环境的
接触面积，增大其散热效率；其建筑本身的轻质围护减少了建筑热惰性，使
建筑在夏季夜晚迅速散热。

地穴式建筑诞生于黄河流域的仰韶文明，是当时的人类充分利用自然环
境和材料性能创造的保温蓄热的建筑形式。黄河流域光照充足，季节、昼夜

温差悬殊，湿度小、蒸发大，土质肥沃致密。地穴式建筑在地面挖掘出半地下的空间，利用土地的大热质量、热惰性，提供冬暖夏凉的室内环境；木骨泥墙的构造形式除去力学的稳定性之外，同样提供了大的热质量，增加围护结构的保温隔热性能。

乡土建筑中形式与气候的高度关联，经由生物气候适应性的对比阐释，指向一种形式生成逻辑，其体形、表皮和构造，真实地遵循并反映了气候理性和能量逻辑。建筑与生物多样性的本质来自于气候与地域的复杂性，呈现为建筑形式与生物形式的基本特征：适应并合理利用周围环境中的物质流和能量流。

形式与能量的关系，可以在双重意义上被解释和接受。首先，理解能量的流动和转化是理解建筑形式的基础，建筑形式是能量流动的物质体现；其次，形式一旦生成就要反过来影响环境中的能量流动和人的行为，这种双向的互动引出一个实质性的问题：能量流动所表达的物理变化如何对应于物质形式所达成的环境变化。

建筑，既是一种物质的组织，调节和引导能量流动；又是一种能量的组织，平衡和维持自身的形式。这带来建筑定义上的双重性：建筑作为有组织的物质，不断代谢与演变，需要持续供应物质和能量，维持其形式的稳定；建筑作为一种人造环境，容纳能量流与物质流的调节与转化，形成适宜人类生活的物理环境，构成了能量的环境。

从能量的角度对建筑形式的基本性质与结构形态进行阐释，建筑是开放的而不是封闭的，建筑是动态历时的而不是僵硬凝固的，建筑的演变是整体的而不是割裂的。探究形式与能量的关系，有助于将建筑理解为物质与能量的聚合，将建筑形式视作相关环境系统中的一环，从气候与能量角度明晰建筑形式生成的目标与导向，以便获取其生成与演进中的内生力量。

1.2.2 生物气候设计

1）生物气候地方主义

生物气候学（Bioclimatology）是研究地域气候特征与其生物活动规律之间关系的学科。建筑领域的生物气候研究聚焦于人、气候、建筑之间的关系，主要探讨建筑如何适应气候变化规律，满足人类对于生存环境的需求。

1963 年，维克多·奥戈雅综合其在普林斯顿大学的研究成果出版著作《设计结合气候：建筑地域主义的生物气候研究》，书中归纳了 20 世纪 60 年代以前建筑设计与气候、地域关系的相关研究，并首次提出"生物气候地方主义"（Bioclimatic Approach to Architectural Regionalism）的设计理论，以及基于"生物气候图"（Bio-climatic Chart）的"生物气候设计法"（Bioclimatic

Design Method），通过气候与设计两个概念的结合，强调以自然方式而非机械手段来调节环境，实现人体的热舒适。

同时，奥戈雅还提出建造一个气候平衡（climate balanced）的建筑，需建立在气候、生态、技术等多项研究的基础上，即遵循"气候—生物—技术—建造"的过程[①]，具体可分为四个步骤进行：一是通过调研对区域环境和气候条件作出评价和勘定；二是设计应满足作为建筑使用者的一切生理需求，需要考量不同气候要素对人体舒适感觉的影响；三是针对气候与人体舒适之间的矛盾而进行设计策略的选择；四是结合具体环境，权衡利弊，明确各个设计策略所覆盖的调控范围，以期寻求最佳方案。

自奥戈雅提出"生物气候地方主义"这一设计理论后，吸引了众多学者长期致力于此方向的研究（图1-18），力图构建一种将气候环境要素和人体舒适需求相耦合的系统性分析方法，使之在建筑设计的过程中，能够为建筑师提供调节气候环境、满足人体热舒适的依据，最终形成控制性策略。20世纪70年代，美国学者巴鲁克·吉沃尼（Baruch Givoni）在奥戈雅的研究基础上做出补充与改进；后又有唐纳德·沃特森（Donald Watson）、奥利·范格尔（Orly Fanger）、柯尼斯伯格（O. H. Koenigsberger）、约翰·埃文斯（John Evans）等多名学者在生物气候设计领域不断地完善；德国建筑师弗雷·奥托（Frey Otto）进一步发展了"生物气候建筑"概念，并尝试将数字技术与生物需求相结合来构建更加平衡健康的微气候环境。

图1-18 生物气候设计法历时性发展图解

2）生物气候设计法

"生物气候设计法"从简单定性到复杂定量，分析了建筑各要素与热环境、热舒适性之间的关系，是一种以低能耗为设计导向，以当地气候特征为设计依据，以"生物气候图"为核心技术，由图表得出一个与周围的空气温度、平均辐射温度、湿度、风速等气候条件相关的人体舒适区，以及有针对性的被动式调节策略的系统性设计方法[②]。因此，生物气候设计法能够在设计的初始阶段就给予明确的物理性能目标，减少决策过程中的盲目性和模糊性，也由此为建筑设计提供了一种基于理性思维的创作起点。

---

① OLGYAY V. Design with climate：bioclimatic approach to architectural regionalism [M]. Princeton：Princeton University Press，1963：10-13.
② 闵天怡. 生物气候地方主义建筑设计理论与方法研究 [J]. 生态城市与绿色建筑，2017（夏季刊）：100.

（1）奥戈雅方法（Olgyay Method）

奥戈雅最先提出将气候设计方法以图表形式表达，不同于有效温度（E.T）、PMV等热舒适指标更多地关注人体主观热感觉，且为了方便判断只设置单一标值，而忽略了多个环境参数的参与，奥戈雅方法中的生物气候图表示了四个环境变量（温度、湿度、风速、日照）和热舒适度的关系（图1-19），用以判断外部气候要素对人体舒适的影响程度。并且，将各气候因子综合于同一张图表更易于将其转译为设计条件，通过建筑朝向、门窗的位置和尺寸、遮阳设施等具体回应措施，能够给予外部不利环境一定的温度补偿。

同时，由于此方法是以建筑外部的气候条件，而非建筑内部的期望值作为生物需求的判定基础，在一定程度上忽略了建筑内外环境的差别，因而更加适用于二者差距小且更多依赖于通风的湿热地区。

（2）吉沃尼方法（Givoni Method）

吉沃尼对奥戈雅方法做出改进，将通风、降温、主被动式太阳能等具体调节策略的适用范围均表示在"生物气候建筑设计图"（Building Bioclimatic Design Chart）中（图1-20）。例如，吉沃尼以舒适性通风区域表示通风策略可达到的舒适范围，高性能保温材料区域表示无通风情况凭借调节室内温度获得舒适的条件范围，蒸发降温区域表示适宜采用蒸发散热达到舒适要求

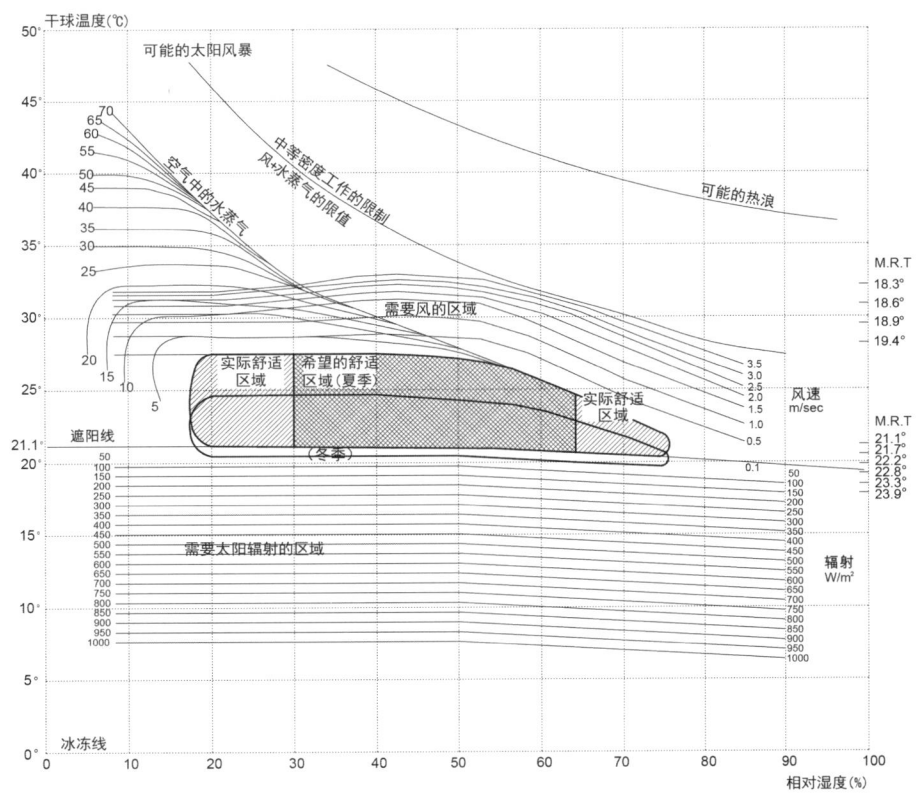

图1-19　奥戈雅生物气候图

的范围。如果环境条件超出了图中通过被动式太阳能采暖、蒸发降温等策略所能够达到的热舒适范围时，则需采用空调设备等人工调节手段。吉沃尼生物气候建筑设计图中的气候数据和可供选择的适宜策略，表达清晰且读取方便，也是沿用至今的工作方法的原型。

奥戈雅方法和吉沃尼方法是生物气候研究与设计领域最主要和最具影响力的两种方法，其中作为核心工具的焓湿图表后来结合计算机技术发展了系列环境模拟软件（如 MATLAB、Ecotect 等），对于设计的影响与参与权重也明显增加。其基本原理是通过焓湿图表的绘制（图 1-21），确定由干球温度、

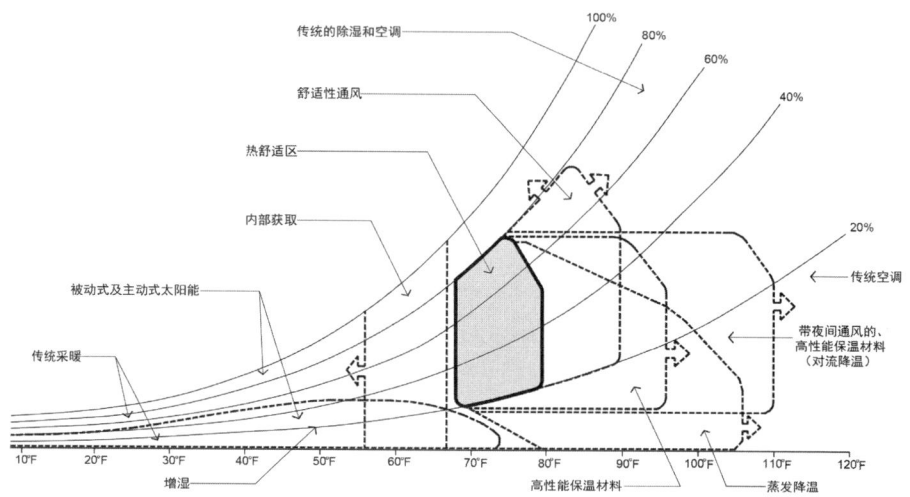

图 1-20　吉沃尼生物气候建筑设计图

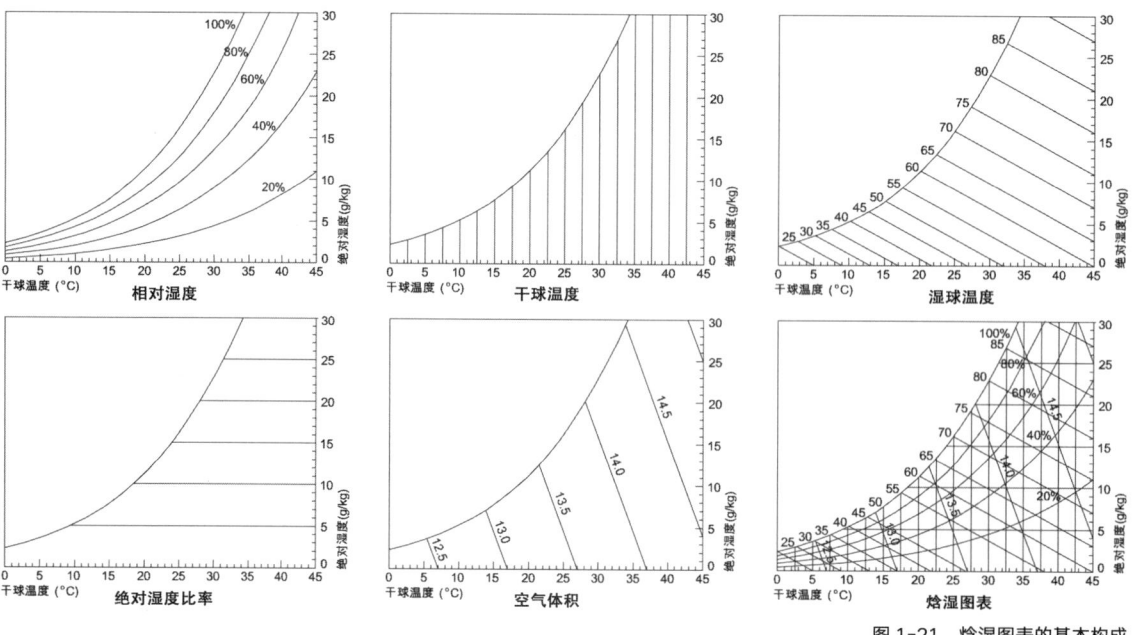

图 1-21　焓湿图表的基本构成

湿球温度、相对湿度、绝对湿度等气候要素的某些特定组合所构成的人体舒适区域（Comfort Zone），以此表征大多数人所认可的热舒适范围。舒适区域的左侧适用于冬季，右侧适用于夏季，并可借助一定的被动式调节策略对舒适区域进行相对应的补偿，使控制边界发生变化，从而使舒适区域发生移动（图 1-22）。

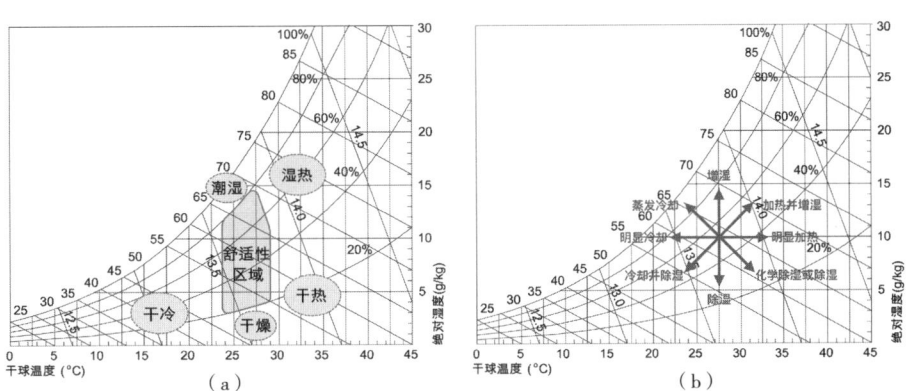

图 1-22　焓湿图表中的舒适区域
（a）焓湿图表舒适区域与非舒适区域；（b）改变舒适区域边界的调节方法

1.3.1　环境调控的两条路径与绿色建筑的主、被动式技术

建筑发展的历史也是一部环境调控的历史。史前时代人类"燃烧"与"建造"的两种选择开启了人类环境调控的两条路径——前者发展为将能源转化为动力驱动机电设备调控环境，是环境调控的"动力策略"（Power-operated Solution）；后者通过建造房屋，遮风避雨、避寒趋暖，在自然气候中营造一处人工环境，是为"建造策略"（Structural Solution）。

工业革命以前，由于开采和转化能源的能力有限，人们依靠的主要是建造策略，各地建筑的建构系统呈现出丰富的气候适应智慧。19 世纪的科技进步带来席卷各个领域的技术革新，如利用某种媒介进行能量转化，产生人工热能调节空气温度，采用机械动力实现空气流通等，暖通空调技术在建筑领域迅猛发展，得到广泛应用。

无论是建造策略还是动力策略，环境调控都需要利用、转化和消耗能量。前者主要在建造房屋时消耗能量，符合气候理性和能量逻辑的建造使得建筑运行时较少耗费额外能源，施行环境调控；后者则主要通过消耗能源，依靠动力驱动机电设备进行采暖、通风和空调。绿色建筑在当今已发展成为一个包括安全、舒适、健康、节能与可持续性的全面概念，然而节约能耗、减少排放仍然是其中最为核心的度量。

从节能维度而言，绿色建筑技术可以分为被动式技术和主动式技术。被动式技术指以非机械电气设备干预手段实现环境舒适度，减少建筑能耗的技术，包括合理的建筑选址、朝向和布局、提高围护结构热工性能、利用天然采光和自然通风以及建筑立体绿化等；主动式技术是指通过机械设备干预手段为建筑提供采暖通风和空调的建筑设备工程技术，其节约能耗的措施主要体现在采用可再生能源、高效的设备选型和优化设备系统设计等方面。

1.3.2　绿色建筑空间调节设计

以暖通空调技术（HVAC）为代表的主动式技术显然是更为有效的调控环境方式，然而它们却需要消耗大量的能源。1973年能源危机爆发，其后的半个多世纪中环境和气候问题日益凸显。多个国家的环境报告都显示了相同的事实，全社会的能源消耗大约有45.5%来自于各类建筑，建筑领域为岌岌可危的地球环境贡献了将近一半的温室气体。

与此同时，暖通空调技术的普遍采用使得20世纪的建筑逐渐放弃了以房屋构形调节气候环境的"建造策略"，世界各地的建筑丧失了适应气候的敏感性和调控力，建筑学也背离了推动其历史发展的一个基本内驱力。在气候与资源环境成为全球议题的今天，绿色建筑的发展需要回归环境调控作为建筑学的自主核心，重新激活建造体系在地域气候环境与资源组成中的敏感性、适应性与可调节性，以建筑构形，而不是一味地依赖动力设备来调适建筑环境；发展通过建筑空间形态实现能量的合理获取、输送与转化，建立起房屋建筑与地区资源总体之间的平衡[1]。

从形式能量法则的理论认识，到环境调控的建筑学自治，回归建筑学本体的绿色建筑，其核心直指"空间"与"建造"，空间形态与建构体系作为能量流动与转化的形式固化与秩序表达，再次回归环境调控的理论视野和方法体系。相对于前述的"空气调节"（Air-conditioning）技术，以建筑设计驱动的绿色建筑理论与方法可以被称为"空间调节"（Space-conditioning），即通过有效的空间组织、合理的体形和构造设计，以空间形态和建造体系实现对室内外环境舒适度、能耗与碳排放的性能化调控[2]（图1-23）。

"空间调节"是回归空间范式的环境调控，是一种以空间和形态设计为先导，统筹各专业目标、方法和流程，以在运行过程中不耗能或少耗能的方式实现环境调控的绿色建筑技术策略和设计方法，包含由气候适配与资源节约的总体环境、气候适应的建筑体形、能量理性的空间形态、环境交互的气候界面、

①　张彤．环境调控的建筑学自治与空间调节设计策略[J]．建筑师，2019（6）：4-5．
②　张彤．空间调节：中国普天信息产业上海工业园智能生态科研楼的被动式节能建筑设计[J]．生态城市与绿色建筑，2010（春季刊）：82-93．

性能导向的建筑构造以及主被动结合的集成式建筑设计等一系列设计方法和技术策略，全方位体现于建筑全生命周期的各个环节与流程中（图1-24）。

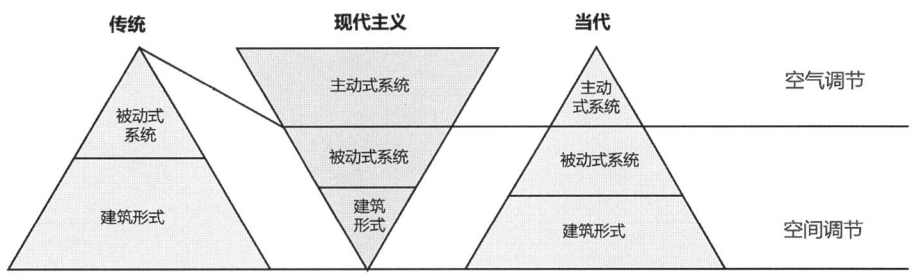

图1-23　环境调控模式演进中的空气调节与空间调节

（图片来源：参考 ABALOS I, SNETKIEWICZ R. Essays on Thermodynamics, Architecture and Beauty[M]. New York：Actar D. Inc., 2015. 绘制）

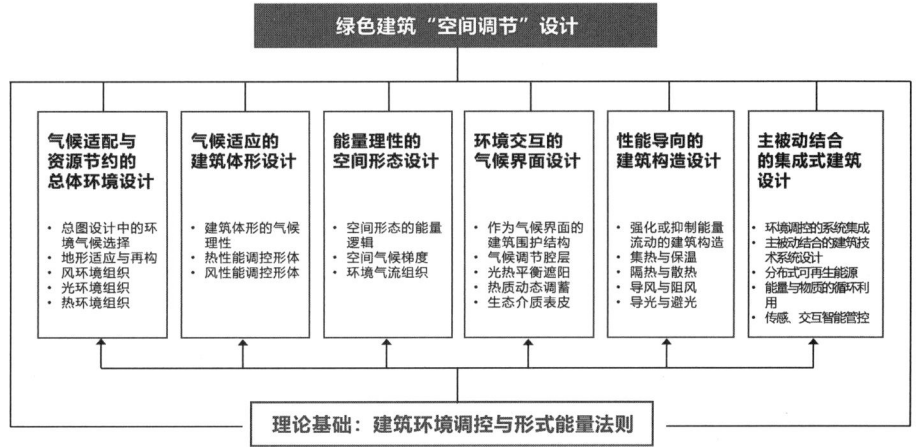

图1-24　绿色建筑空间调节设计技术与方法体系

参考文献

[1]　DANIELS K. The Technology of Ecological Building：Basic Principles and Measures, Examples and ideas [M]. Basel：Birkhauser Verlag, 1997.

[2]　BAWEJA V. The Greening of Architecture：A Critical History and Survey of Contemporary Sustainable Architecture and Urban Design [J]. Journal of Architectural Education, 2015, 69（1）：121-2.

[3]　BANHAM R. The Architecture of Well-tempered Environment [M]. Chicago：The University of Chicago Press, 1969.

[4]　OLGYAY V. Design with Climate. Bioclimatic Approach to Architectural Regionalism [M]. Princeton：Princeton University Press, 1963：10-13.

[5]　张彤. 环境调控的建筑学自治与空间调节设计策略 [J]. 建筑师, 2019（6）：4-5.

[6]　伯纳德·鲁道夫斯基. 没有建筑师的建筑：简明非正统建筑导论：a short introduction to non-pedigreed architecture [M]. 高军, 译. 天津：天津大学出版社, 2011.

[7]　闵天怡. 基于"开启"体系的太湖流域乡土民居气候适应机制与环境调控性能研究 [D]. 南京：东南大学, 2019.

[8]　仲文洲. 形式与能量：环境调控的建筑学模型研究 [D]. 南京：东南大学, 2021.

第 2 章

气候适配与资源节约的总体环境设计

总体环境设计主要着眼于建筑（群）与场地及周边环境关系的组织、布局与设计，一般对应于建筑设计的总图设计环节。在绿色低碳导向的建筑设计中，将建筑置于土地、空间、气候和资源的多重脉络和系统中加以考量，呈现出较为复杂的关联性、整体性和可持续性。本章是在常规总图设计的基础上，重点阐释总图设计与气候环境的适配性及其对于在地性资源的高效集约利用：前者强调根据所在环境气候要素的差异，如何在建筑选址、定位和群体组合中选择有利气候要素、减弱或避免不利气候要素的影响；后者强调在总体环境设计时如何实现资源的节约、再利用、循环利用。在此基础上，再详细讲授地形适应和再构、风环境组织以及光热环境组织。本章最后提供相关教学案例和成果作为学习参考。

2.1

总图设计中的环境微气候

2.1.1　总图设计与环境微气候分析

1）总图设计

总图设计是联系建筑（群）与周围建成环境、基础设施及自然环境的规划设计环节，需在具有场域和资源限制的基地上合理布置建筑（群），组织外部环境，以适应人类行为活动的要求。总图设计涉及土地、建筑、能源、材料、功能活动和生物群落等的分布，上述要素在空间和时间维度中构建结构与秩序，并满足未来可持续运营和更新的需要。回溯总图设计的发展历程，技术进步与社会变迁都在不断影响着人与环境的关系。从农耕时期对自然气候条件的尊重与自发适应，到工业时代对自然的二元对立及控制与征服，再到后工业时代对与自然和谐共生的自觉追求与科学协同，不同时期都留下了各具特色的总图设计理念与实践。

在有限的技术条件下，总图设计呈现出对场地微气候调节的不断试错和经验累积。古罗马时期的维特鲁威在《建筑十书》中，系统总结了希腊和早期罗马建筑选址的独特经验：重点探讨了建筑物的性质及其与城市的关系、基地四周的现状、道路、地形、朝向、风向、阳光、水质、污染等诸方面的内容[1],[2]。及至文艺复兴时期，欧洲的城市建设越来越注重科学性和规范化。此后，出现了巴洛克风格，更加注重广场、园林等环境建设，注重改善城市公共设施和卫生条件，对美化环境、调节城市与自然的关系起到积极作用。在中国古代，"天人合一"的思想深刻影响了聚落规划、建筑选址与总体布局，强调遵循"天时、地利、人和"的生存之道，追求经久合理的优越地理区位，善待

---

① 徐小东，王建国．绿色城市设计 [M]．南京：东南大学出版社，2018.
② 维特鲁威．建筑十书 [M]．高履泰，译．北京：知识产权出版社，2001.

自然、顺应自然。在实践中，注重"卜宅"和"相地"，对地形、地貌、植被、水文、小气候及环境容量各方面进行勘查，建筑与村落、城镇的布局应因地制宜，充分考虑到地势高低、基址大小以及河流、山丘、道路的形势[①]。

随着技术的发展与进步，尤其是建筑设备技术的日渐成熟，总图设计在气候适配与资源利用方面呈现出显著变化。1848 年，英国通过了《公共卫生法案》，该法案历经多次补充与完善，对街道的宽度和建筑物之间的空间距离提出了建议，以保证具备新鲜的空气和良好的日照条件，这对城市聚落结构和建筑布局的改良起到了直接影响[②,③]。20 世纪 40 年代后，以空调为代表的建筑设备广泛应用，在建筑内部营造独立于自然的人工气候逐渐成为主流。[④] 20 世纪 60 年代，能源危机促进了基于可持续发展理念的绿色建筑的探索与实践。

2）气候分析

《中国大百科全书》将气候定义为地球上某一地区各种天气状况的综合表述。世界各地的气候条件错综复杂，划分的因素和标准也很多。《民用建筑设计统一标准》GB 50352—2019 将中国建筑气候区划分为七个区，相应的热工区划包含五个类型：严寒地区、寒冷地区、夏热冬冷地区、夏热冬暖地区和温和地区，并针对不同气候区划的建筑布局，提出了相应的要求（表 2-1）。建筑气候区划的划分，为总图设计和建筑群体布局在不同气候条件下的选择提供了重要依据。

建筑环境舒适性所涉及的气候要素主要包括日照、气温、风、湿度、降水量等。气候要素属于重要的自然要素，在城市空间中的分布状况及其相互作用，会形成特定的物理过程和效应，对局部地段的声、光、热和风环境都有重要影响。通常总图设计阶段需重点考虑日照、气温、风、降水量、空气湿度等要素的影响。

（1）日照

日照指物体表面被太阳光直接照射的现象。由于地球以特定的轨道围绕太阳运动，日照在一年中呈现出周期性变化。日照是影响城市环境的核心因素之一，在很大程度上影响了温湿度、风和降水量等其他气候因素，因而成为决定聚落选址、布局以及建筑物朝向、间距控制的关键因素（图 2-1）。太阳辐射的强弱和不同地区对日照要求的差异使得城市布局、建筑群体组合和

---

① 潘谷西.中国建筑史（第七版）[M].北京：中国建筑工业出版社，2014.
② 徐小东，王建国.绿色城市设计 [M].南京：东南大学出版社，2018.
③ 中国城市规划执业制度管理委员会.城市规划原理 [M].北京：中国建筑工业出版社，2000.
④ 韩冬青，顾震弘，吴国栋.以空间形态为核心的公共建筑气候适应性设计方法研究 [J].建筑学报，2019（4）：78-84.

表 2-1　不同建筑气候区划对建筑的基本要求 [1]

建筑气候区划名称		热工区划名称	建筑气候区划主要指标	建筑基本要求
I	I A I B I C I D	严寒地区	1月平均气温≤ -10℃ 7月平均气温≤ 25℃ 7月平均相对湿度≥ 50%	建筑物必须充分满足冬季保温、防寒、防冻等要求； I A、I B区应防止冻土、积雪对建筑物的危害； I B、I C、I D区的西部，建筑物应防冰雹、防风沙
II	II A II B	寒冷地区	1月平均气温 -10~0℃ 7月平均气温 18~28℃	建筑物应满足冬季保温、防寒、防冻等要求，夏季部分地区应兼顾防热； II A区建筑物应防热、防潮、防暴风雨，沿海地带应防盐雾侵蚀
III	III A III B III C	夏热冬冷地区	1月平均气温 0~10℃ 7月平均气温 25~30℃	建筑物应满足夏季防热、遮阳、通风降温要求，并应兼顾冬季防寒； 建筑物应满足防雨、防潮、防洪、防雷电等要求； III A区应防台风、暴雨袭击及盐雾侵蚀； III B、III C区北部冬季积雪地区建筑物的屋面应有防积雪危害的措施
IV	IV A IV B	夏热冬暖地区	1月平均气温> 10℃ 7月平均气温 27~29℃	建筑物必须满足夏季遮阳、通风、防热要求； 建筑物应防暴雨、防潮、防洪、防雷电； IV A区应防台风、暴雨袭击及盐雾侵蚀
V	V A V B	温和地区	1月平均气温 0~13℃ 7月平均气温 18~25℃	建筑物应满足防雨和通风要求； V A区建筑物应注意防寒，V B区应特别注意防雷电
VI	VI A VI B	严寒地区	1月平均气温 0~-22℃ 7月平均气温< 18℃	建筑物应充分满足保温、防寒、防冻的要求； VI A、VI B区应防冻土对建筑物地基及地下管道的影响，并应特别注意防风沙； VI C区的东部，建筑物应防雷电
	VI C	寒冷地区		
VII	VII A VII B VII C	严寒地区	1月平均气温 -5~-20℃ 7月平均气温≥ 18℃ 7月平均相对湿度< 50%	建筑物须充分满足保温、防寒、防冻的要求； 除VII D区外，应防止冻土对建筑物地基及地下管道的危害； VII B区建筑物应特别注意积雪的危害； VII C区建筑物应特别注意防风沙，夏季兼顾防热； VII D区建筑物应注意夏季防热，吐鲁番盆地应特别注意隔热、降温
	VII D	寒冷地区		

单体设计的原则、方法都有所不同。从传统城镇街道形态的研究来看，寒冷地区的城市以最大限度地获取阳光为出发点，而炎热地区则以减少太阳辐射为目标。

（2）气温

气温指空气的冷热程度，是用来衡量地球表面大气温度分布状况和变化态势的重要指标。气温是一个非常易变的参数，不同的时间、地点、高度、朝向都会有或多或少的变化，其影响因素主要有太阳辐射、风、地表覆盖状况以及地形等，尤以太阳辐射为最。总图设计中应先对方案的微气候进行热舒适性评估，进而针对不同尺度的建筑环境采取相应的措施以提高环境舒适性（图 2-2）。

---

① 中国建筑标准设计研究院有限公司. 民用建筑设计统一标准：GB 50352—2019[S]. 北京：中国建筑工业出版社，2019.

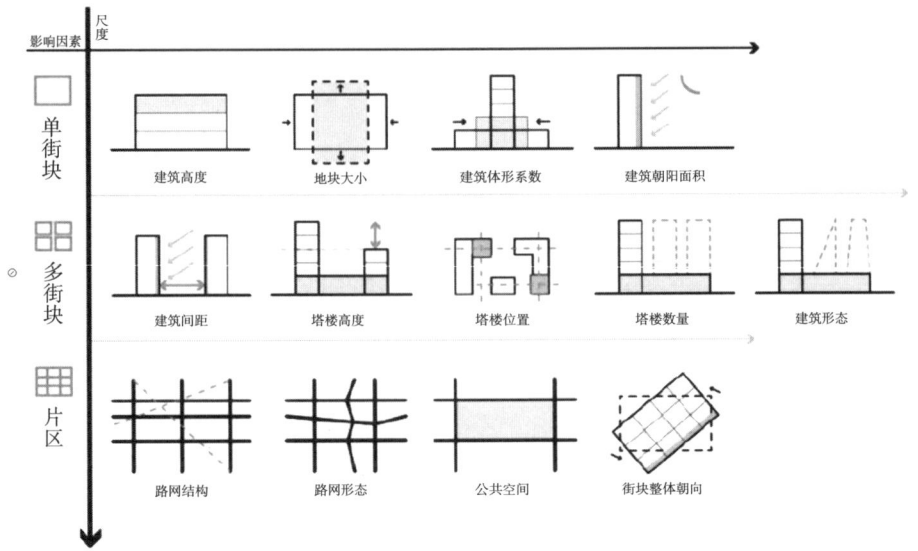

图 2-1 不同尺度的伦敦理想街区中影响日照的空间因子

（图片来源：高栩，李煜，徐跃家，等 . 应对高密度城市采光问题的生成式城市设计方法研究——以 KPFui 伦敦理想街区为例 [J/OL]. 国际城市规划，2022（4）：138.）

例如在高温的情况下，种植更多的绿植可以改善微气候，或通过植物蒸腾作用改善局部热环境。可在私有领域中加强绿色屋顶、垂直绿化、私人花园和私人庭院的建设；或在公共领域规划建设更多的绿色廊道；同时，结合雨水收集利用，建设适度的雨水池、小型湖泊等，增加水汽蒸发从而实现降温效果。

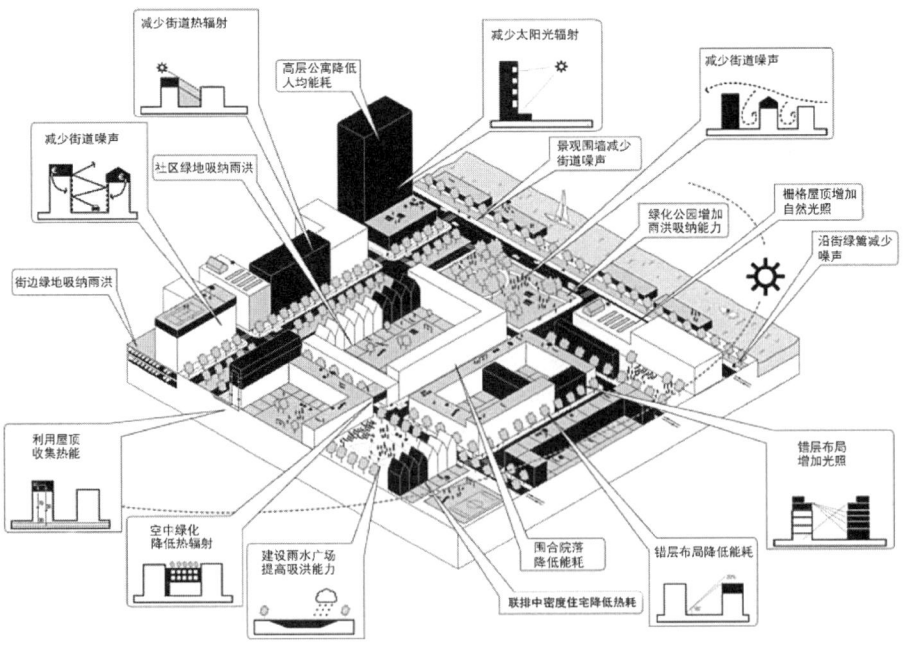

图 2-2 提高建筑环境热舒适性的措施

（图片来源：TILLIE N M J D, AARTS M, MARIJNISSEN M, et al. Rotterdam people make the inner city: densification plus greenification = sustainable city[M]. Rotterdam：Mediacenter, 2012.）

（3）风

风是指由空气流动引起的一种自然现象，是构成气候条件的重要因素，主要参数有风向、风速和风的温度属性，与风能利用、热环境和空气质量都有着密切关联。风对城市热环境的影响很大，风速越大，热交换也就越强。同时，风向对气温的影响也不可忽视。一般来说，来自海面的东南季风温暖湿润，而来自西伯利亚和戈壁地带的西北风寒冷干燥。针对不同气候地区的总图设计，需要避免不利风环境的产生，加强冬季防风，优化高层建筑和街道广场等局地风环境；亦可结合当地的主导风向，根据人体舒适性需要，促进夏季场地的自然通风，确保局部地段获得理想的微气候环境。尤其是在地形起伏的山区和临近海岸、湖岸的城市区域，应考虑山谷风、水陆风的影响。

（4）降水量

降水指从天空降落到地面上的液态或固态（经融化后）的水，包括降雪、降雨、冰雹等。降水量是气候的重要影响因素之一，其大小受纬度、海陆分布、大气环流、地形地貌等因素的影响。一般而言，赤道带降水在春分、秋分时期相对较多；亚热带大陆西岸冬季多雨，大陆东岸夏季多雨；北半球温带大陆西岸降水量季节变化不明显，而大陆东岸降水集中在夏季。降水量是影响建筑环境的一个重要变量。在总图设计层面，通过地形利用、排水系统设计、雨水资源利用系统的设置，对雨水的渗透、滞蓄、调蓄、净化、利用、排放等进行量化调控，以高效实现雨洪管理[①]。

（5）空气湿度

空气湿度表示大气的湿润程度，指空气中水蒸气含量的多少。湿度是影响云、雨生成，造成各地气候差异的重要因素。空气湿度会影响建筑物的热工性能及其老化速度，也是影响人体舒适性的重要指标，其主要技术参数有空气含湿量、水蒸气分压力、绝对湿度和相对湿度等。湿度与总图设计中的景观配置紧密相关，与日照、气温、风环境、降水等亦密切关联。在总图设计阶段进行微气候分析时，为了准确评估室外热舒适性，可利用ENVI-met软件进行模拟，其中也包括对相对湿度的考量。

3）资源分析

建筑建造和运行过程中涉及的环境资源主要包括土地、水体、能源与材料等，也包括废热、雨水、垃圾等的回收和再利用。

（1）土地

土地资源，是指已被人类所利用的和可预见未来能被人类利用的土地。

---

① 吴庆洲，李炎，吴运江，等. 城水相依显特色，排蓄并举防雨潦——古城水系防洪排涝历史经验的借鉴与当代城市防涝的对策 [J]. 城市规划，2014，38（8）：71-77.

土地资源既包括自然范畴，即土地的自然属性；也包括经济范畴，即土地的社会属性，是人类重要的生产资料和劳动对象。[①] 在总图设计阶段应关注土地资源的节约与利用，包括节约建筑用地以提高土地利用率，可借助遥感技术和地理信息技术分析场地的土地利用情况、地形地貌、土壤条件和经济价值，清除土地污染以消除对健康的潜在危害等（图2-3）。

图2-3　清除土地污染时的哈默比湖城与已建成的哈默比湖城
（图片来源：GlashusEtt. Hammarby Sjöstad：en unik miljösatsning i Stockholm [M]. Stockholm：GlashusEtt，2006：7, 9.）

（2）水体

自然界中的水，不管以何种形式（江河、湖泊、地下水、土壤水、大气水等）、何种状态（液态、气态、固态）存在，须同时满足以下前提才能被称为水资源，即：可作为生产资料或生活资料使用；在现有的技术、经济条件下可以获取，且须是天然（自然形成的）来源。水体在调节生态环境方面具有与绿地类似的作用，在游憩绿地中适当布置水景可以起到良好的降温增湿的效果。总图设计阶段除了考虑水在适应场地条件和微气候调节方面所起到的积极作用外，还需考虑雨水收集、中水利用和废水处理等内容。

（3）能源

可以直接获取能量或经过加工转换获取能量的自然资源称为能源。在自然界天然存在的、可以直接获得而不改变其基本形态的能源是一次能源，主要有煤炭、石油、天然气、水力、核能、太阳能、地热能、生物质能、风能等。将一次能源经直接或间接加工改变其形态的能源产品是二次能源，主要有电力、焦炭、煤气、沼气、热水和汽油、柴油、重油等石油制品以及在生产过程中排出的余能。在总图设计阶段应关注能源的节约与利用，包括减少对能源的消耗、最大限度地使用可再生能源、回收使用废热、从垃圾和废物中提取能源，以及充分利用太阳能、风能、地热能进行供暖、供热、发电、采光、通风等。

---

① 封吉昌.国土资源实用词典 [M].武汉：中国地质大学出版社，2011：1.

（4）材料

　　建筑是由建筑材料构成的，鼓励生产使用绿色建材，又称生态建材、环保建材和健康建材，即在建筑全生命周期内减少对资源的消耗，减轻对生态环境的影响，使用具有节能、减排、安全、健康、便利和可循环特征的建材产品，如成都天府农博园主展馆可固碳的胶合木结构等（图2-4）。此外，加大力度采用地方材料，不仅可以保护当地的建筑文化，适应当地的气候条件，同时也是减少交通运输碳排放的重要手段。

（a）

（b）　　　　　　　　　　　（c）

图2-4　成都天府农博园主展馆可固碳的胶合木结构
（a）天府农博园主展馆总体设计；（b）胶合木结构室外效果；（c）胶合木结构室内效果
（图片a来源：吴健，康凯.在未知与限制中寻找机会——天府农博园主展馆设计[J].建筑学报，2022
（12）：66-69；图片b、c来源：天府农博园主展馆[J].建筑学报，2022，（12）：62-65.）

　　总图设计需要在有场域和资源限制的基地上合理布置建筑（群），资源分析在此过程中不可或缺。在建筑全生命周期内，资源的输入以及相应的对环境的影响是持续存在的。采用全生命周期分析，量化这些输入与影响程度，可以帮助建筑师精准识别出哪些环节需要优化或提升，如提高能源利用效率、使用节水用具及环保可回收材料等[①]。

---

① 　伯格曼.可持续设计要点指南[M]徐馨莲，陈然，译.南京：江苏科学技术出版社，2014：17-19.

2.1.2 总图设计原则

1）气候适应与空间调节

地球上自然要素的分布呈现出明显的纬度地带性，即表现为近似与纬线平行并由南向北渐进变化。梯度是自然界普遍存在的自然现象，适应是生物体对复杂梯度变化的积极反应。对于总图设计而言，其关键在于如何适应自然规律，建立起全方位的与生物气候条件和时空位置相适应的自然梯度关系和空间梯度关系。[①] 微气候调节的手段包括通过建筑群体布局、建筑空间和建筑形态调节的被动式方法以及通过环境设备调控的主动式方法。在总图设计阶段，实现被动式微气候调节，需遵循以下原则：

（1）因地制宜

在总图设计阶段，应抓住地域气候与建筑环境性能目标的主要矛盾，把握地域气候和场地微气候的特征，据此做出适应并有助于优化微气候的总图设计。建筑师需综合考虑通过合理利用和适度调适地形、植被、水体等自然要素，营造出舒适、节能、高效的总体环境。

（2）气候适应

建筑师除了需要分析大尺度的一般性气候作为设计的限制条件外，亦需要分析评估场地的微气候环境。在总图设计时应遵循"趋利避害"的生物学原理，重点就城市日照和自然通风等展开探索，并从生物学的角度出发，根据人体需求判断气候要素的"用"与"防"。

（3）动态调整

在总图设计阶段，对场地微气候的调节与优化是一个持续动态的过程，包括室外微气候分析技术、热工性能评价以及提出应对措施三个方面。经过对地域气候及场地微气候的深入分析，初步的建筑方案得以确立。随后，对建筑方案的微气候进行分析与评价，若方案未能达到预期的绿色低碳效果，则需调整技术参数，直至获得满意的方案。[②]

2）资源节约与利用

资源利用对于总图设计具有重要影响。资源利用遵循 3R 原则，即节约（Reduce）、再利用（Reuse）和循环利用（Recycle）（图 2-5），是绿色建筑建设中资源利用的基本原则。在设计时需充分利用各类无害自然资源，实现绿色建筑提倡

节约Reduce
尽量减少建筑物建设和运行过程中的资源消耗量

3R

再利用Reuse
尽可能保证所选用的资源在全生命周期内得到最大限度的利用

循环利用Recycle
选用资源时须考虑其再生能力，尽可能利用可再生资源

图 2-5 资源利用的 3R 原则

① 徐小东，王建国.绿色城市设计 [M].南京：东南大学出版社，2018：25-28.
② 杨柳.建筑气候学 [M].北京：中国建筑工业出版社，2010：32-34.

的节约、循环和再生，包括：充分利用太阳能、风能、地热能进行供暖、供热、发电、采光和通风；有效利用水资源，设置水循环利用系统；充分考虑绿化配置，软化人工建筑环境；利用其他的无害自然资源等。具体要求如下：

（1）节约

应尽量减少建筑物建设和运行过程中的资源（能源、土地、材料、水）消耗量。在建筑（群）总体布局时，应充分考虑利用自然采光和通风，减少人工照明和机械通风所需的能耗；优化总体布局以有效提高土地的利用率，实现土地资源节约；在设备系统规划时，应优先考虑采用高效节能的设备，减少能源消耗。此外，加强雨水、中水回收系统的建设以减少水资源的浪费。在选择建筑材料时，尽量选用绿色建材，减少建造阶段的碳排放。

（2）再利用

应尽可能保证所选用的资源在建筑全生命周期内得到最大限度的利用。在总图设计时，注意废热、雨水、中水、垃圾等的回收与再利用。在建筑材料的选择上，优先考虑可再利用的材料，采用容易拆装和更换的建筑构件以便于替换或重复利用。对于水资源，在总图设计阶段规划设备系统时，应建立有效的循环利用系统，使得处理后的中水、雨水能够再次利用。此外，可考虑采用能源回收技术，将热电厂等产生的废热、废能转化为可再利用的能源。

（3）循环利用

选用资源时须考虑其再生能力，尽可能利用可再生资源；所消耗的能量、原料及废料能循环利用或自行消化分解。在总图设计时应使其各系统在能量利用、物质消耗、信息传递及分解污染物方面能形成一个高效的相对闭合的循环网络，这样既不会对设计区域外部环境产生污染，周围环境的有害干扰也不易影响到设计区域内部（图2-6）[①]。

3）以人为本的可持续环境[②]

在可持续环境理念的发展进程中，建筑与环境、人的关系日益成为各方关注的焦点。1981年国际建筑师联合会第十四届世界会议通过的《华沙宣言》第一次明确提出，将"建筑—人—环境"作为一个整体的概念，强调一切的发展和建设都应当考虑人的发展，同时关注环境的发展，对后来"可持续发展"理念的形成产生了积极而深远的影响。"以人为本"的理念对于绿色建筑显得尤为重要：其一，绿色建筑须以人的需求为本，把人的生存和满足人的基本需要作为根本出发点；其二，绿色建筑须满足所有人、特别是低收入

① 刘加平，董靓，孙世钧.绿色建筑概论[M].北京：中国建筑工业出版社，2010.
② 徐小东，王建国.绿色城市设计[M].南京：东南大学出版社，2018.

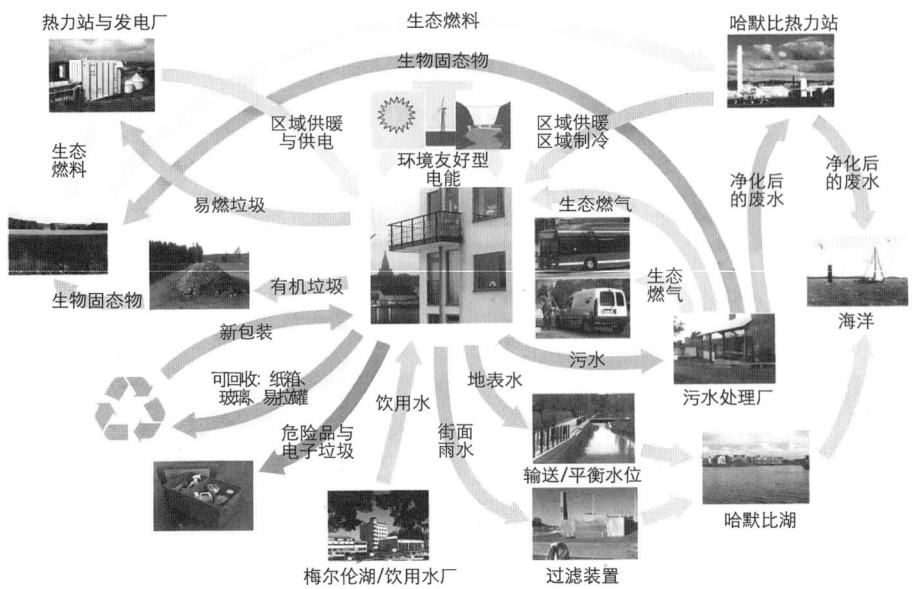

热力站与发电厂

生态燃料

易燃垃圾

生物固态物　有机垃圾

新包装

可回收：纸箱、
玻璃、易拉罐

危险品与
电子垃圾

梅尔伦湖/饮用水厂

饮用水

地表水

街面
雨水

输送/平衡水位

过滤装置

生态燃料
生物固态物

区域供暖
与供电

环境友好型
电能

生态燃气

生态
燃气

污水

哈默比热力站

区域供暖
区域制冷

净化后
的废水

净化后
的废水

海洋

污水处理厂

哈默比湖

图 2-6　哈默比湖城项目中各系统形成的循环网络
（图片来源：张彤 . 绿色北欧：可持续发展的城市与建筑 [M]. 南京：东南大学出版社，2009.）

和贫困人群的居住需要，实现人人享有适当住房[①]。为此，需要重点关注以下两方面的内容：

（1）舒适度需求

健康舒适的环境是满足人类生理需求不可或缺的环节，人与自然环境之间存在着紧密的相互联系和相互作用，共同构成了和谐统一的整体。人对气候的感知因时、因地而变，建筑空间的气候舒适性区间应充分考虑因人而异。气候是建筑设计的前提，又被设计的结果所影响。因此，在总图设计阶段，应发挥人的核心能动作用，将舒适性作为一个动态的重要参量，充分考虑不同文化背景和地理位置的差异，以确保设计能够满足不同条件下的舒适性需求。

（2）适宜性需求

从人类需求的自然属性来看，舒适不等于健康。居住者的控制能力（也即改变、调整环境参数作用于舒适度的能力）对人类满意程度的实现作用显著，这种控制行为比其他任何实际的舒适条件都重要。居住者的控制能力与总图设计、建筑空间组织和设备系统有着较大关联，它要求使用者与环境产生互动。因此在总图设计中需通过自然和人工要素的合理组织，最大限度地在利用自然可用的舒适条件和通过设备获得额外人工舒适度之间保持平衡，这将有助于保持经济而高效的建筑能源使用效率。

---

① 中国城市科学研究会绿色建筑与节能专业委员会绿色人文学组 . 绿色建筑的人文理念 [M].
北京：中国建筑工业出版社，2010.

2.2.1 地形分析

1）概念解析

地形即地表的综合形态，它包括地貌和地质等状况。在地貌学中，地形按规模不同大致可分为小地形（对应于建筑物、构筑物及其群体）、中地形（对应于社区、街区乃至整个城市）、大地形（对应于山脉、河流、平原、高原等大型地貌单元）和特大地形（对应于大陆、洲的地形特征）等四种。地形对于场地微气候和建筑内外环境有着重要的影响。山坡地形相比平地地形更为复杂，由于坡度、位置不同，各山坡地接受太阳辐射的程度有所不同，其地表的水分保有量和蒸发量也各不相同，通风和昼夜空气径流的状况亦有着较大的差异，所形成的微气候环境与建筑内部性能密切相关。这就要求在总图设计阶段须合理利用现状地形特征并根据需求进行适当的地形适应与再构[①]。山坡地形是总图设计中出现较多也较为复杂的类型，在本节中将进行重点讲述。

2）地形对微气候的影响

（1）地形影响日照时长

地形对于场地所接收的太阳辐射有着直接的影响。以山坡地形为例，有以下两个方面的具体影响：

①坡态与阴影长度：由于地形的坡起，山地建筑的阴影长度与平地建筑会有不同，其大小取决于坡度陡缓。以北半球为例，南坡建筑物的阴影会缩短，而北坡则会加长，坡度越陡，影响越显著，直接决定了山地建筑单体间的日照间距，对建筑（群）的布局产生较大影响。与平地建筑相比，南坡的建筑间距可适当缩小，层数可适当增加，建筑用地因此较为节约；而北坡的情况正好相反。

②坡向与日照时长：由于坡度、坡向的不同，基地的日照时间会有较大的差异。就坡度而言，坡度越缓日照时间相对越长，坡度越陡日照时间相对较短。就坡向而言，南坡、东南（西南）坡的日照时间相对较长，东坡和西坡次之，北坡和东北（西北）坡的日照时间相对较短（图2-7）。

（2）地形影响温湿度

在地形较为复杂时，地形高程、接收太阳辐射量的不同，再加上其他诸多因素的综合作用，对于局部地区特定温湿状态的形成有着重要影响。

山坡位置与湿度和气温：由于土壤湿度以及风速和气温的差异，不同山坡位置的空气湿度不同。山坡面因为降水易流失，土壤一般比较干燥；凹洼

---

① 卢济威，王海松.山地建筑设计[M].北京：中国建筑工业出版社，2001：57-59.

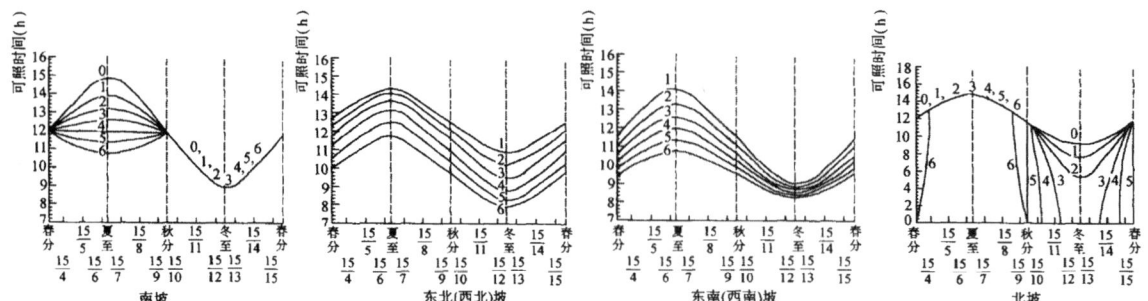

图 2-7　不同坡度、坡向上的日照差异（其中：0- 水平面，1- 坡度 10°，2- 坡度 10°，3- 坡度 30°，4- 坡度 40°，
5- 坡度 50°，6- 坡度 60°，15/4-4 月 15 日）
（图片来源：卢济威，王海松 . 山地建筑设计 [M]. 北京：中国建筑工业出版社，2001：62.）

的低地因其周边山坡上的径流汇集，土壤最为湿润；山地的顶部和梯田因为
地面比较平缓且径流减少，土壤湿度亦较大。

　　海拔高度与气温梯度：温湿状态还主要表现为气温与地方海拔高程的规
律性关系上。在通常情况下，气温呈现为一定的垂直梯度，当一定体积的空
气上升时，每升高 100m 平均气温大约下降 1℃；反之，当一定体积的空气
下降时，气温也以同样的速率升高[1]（图 2-8）。

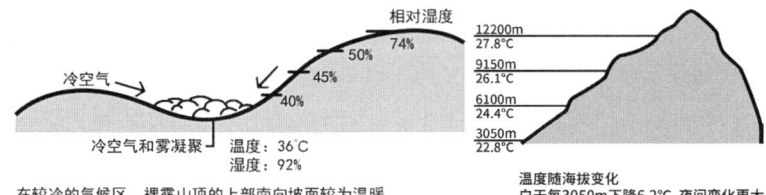

图 2-8　地形对温度与湿度的影响
（图片来源：约翰 .O. 西蒙兹，巴里 .W. 斯塔克 . 景观设计学——场地规划与设计手册 [M]. 朱强，俞孔坚，
王志芳，译 . 北京：中国建筑工业出版社，2009：30.）

　　（3）地形影响风

　　起伏变化的地形地貌能够明显改变大气总循环中近地气层的方向，再加
上前述坡态的冷热温差共同作用，可形成地区性的大气循环，产生局部地形
风，由此可见地形地貌对城市用地的通风效果有着很大影响（表 2-2）。

　　①向背与基本流场：当气流通过阻碍它流经的小山时，在山的迎风面一
侧，下部风速减弱，顶部和两侧风速加强；在山的背风面一侧，会出现静风
区或涡风区。因此在迎风坡和背风坡可使建筑平行或斜交于等高线，并在坡
面处理上采取前低后高（迎风坡区）或前高后低（背风坡区）的形式，充分
迎取"绕山风"或"兜山风"。

---

① SIMONDS, J. O. Landscape Design：Site Planning and Design Manual [M]. Philadelphia：
Saunders, 1974：30-31.

表 2-2　山地建筑群布置与局部地形风

位置	通风效果	建筑（群）布置		风向分区示意图
		总图布局	剖面布局	
迎风坡区	寒冷地区迎风坡有利情况——前高后低			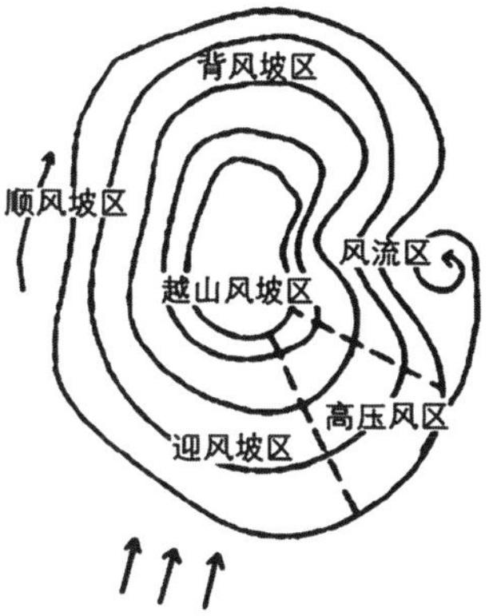
	寒冷地区迎风坡不利情况——前低后高			
背风坡区	炎热地区背风坡有利情况——前低后高形成绕山风			
	炎热地区背风坡不利情况——前高后低			
高压风区	高压区利用侧旁压力使部分气流改变方向			
顺风坡区	顺风坡利用斜列布置增加迎风面			

（表格来源：根据徐坚 . 关于山地人居住环境设计中建筑群组织的几个问题 [J]. 华中建筑, 2003（4）相关内容改绘）

②高差与局地环流：在山地丘陵地段，由各种因素所引起的相对温度的差异会造成局部气压的不同，进而产生各种各样的局地环流。例如在谷地通向平原的谷口，由于谷地中的温度日变化大，白天气温比同高度的平原上高，夜间比同高度的平原上低，因而产生昼夜方向相反的气压梯度，在白天形成由平原吹向山谷的谷风，在晚上则形成从山谷吹向平原的山风，在静风情况下对城市局地微气候的改善起着积极作用。

（4）地形影响降水

高大山脉形成潮湿的向风坡，而小的山脉则形成潮湿的背风坡。当湿热空气在运动中遇到山岭障碍，气流就会沿着山坡上升，气流中的水汽受冷并逐渐凝结成云而形成地形雨；当气流越过了山顶之后再沿山坡下降，空气渐暖，降雨相应减少。地形雨多降落在山坡迎风面的固定地方，并且随着海拔的升高，环境气温会逐渐降低，地形雨发生的概率也就越大。因而造成"迎风坡多风多雨，而背风坡干旱少风"的局部气候现象；对于小的山体，情况恰好相反[①]。

2.2.2 地形适应

1）基地选址

山地微气候特征与建筑所处的局部地形有关，涉及山体形势、海拔高度及山地地貌，这些因素与气温、湿度、日照、风、雨等气象因素相互作用，形成了具有不同特征的山地微气候。因此在总图布局时可充分利用小地形或塑造小地形以达到调节局地微气候的目的。与此同时，由于全球气候特征差异性显著，总图设计还应根据当地不同的气候条件，合理确定结合地形的气候应对策略，从而合理选址（表2-3）。

表2-3 不同气候条件下结合地形的建筑（群）气候应对与基地选址策略

气候	气候应对策略	基地选址策略
湿热地区	最大限度地遮阳和通风	选择坡地的上段和顶部以获得直接的通风，同时位于朝东坡地上以减少午后太阳辐射
干热地区	最大限度地遮阳，减少太阳辐射热避开满是尘土的风，防止眩光	选择处于坡地底部以获得夜间冷空气的吹拂，选择东坡或东北坡以减少午后太阳辐射
夏热冬冷地区	夏季尽可能地遮阳和促进自然通风，冬季增加日照，减轻寒风影响	选址以位于可以获得充足阳光的坡地中段为佳，在斜坡的下段或上段要依据风的情况而定，同时要考虑夏天季风的重要性
寒冷地区	最大限度地利用太阳辐射，减轻寒风影响	位于南坡（南半球为北坡）的中段斜坡上以增加太阳辐射且要求位于高到足以防风、而低到足以避免受到峡谷底部沉积的冷空气的影响

（表格来源：根据 Anne Whiston, Spirn.The Granite Garden—Urban Nature and Human Design[M]. New York：Basic Books, Inc., Publishers, 1984：88 相关内容改绘）

（1）山坡

由于山体坡度、坡向和海拔高度不同，不同方位山坡的日照时间和强度差异显著。在中国大部分地区，南坡日照时间相对最长，夏纳凉风、冬避寒风、冬暖夏凉，气候条件最佳，是最为理想的建筑（群）选址地；东南、西

---

① BROWN G. Z., DEKAY M. Sun, Wind & Light—Architectural Design Strategies（second edition）[M]. New York：John Wiley & Sons, Inc., 2001：88.

南坡的日照时间相对较长，气候条件次之，是较好的建筑基址；东坡、西坡通常只有上午或下午半天有日照，时间相对较短，气候条件亦相对较差，可以因地制宜布置建筑（群）；山地北坡和东北、西北坡日照时间最短，山地北坡冬季甚至没有日照，寒风凛冽，气候条件最差，一般不宜布置建筑（群）。据此在总图设计时应优先选择南坡和东南、西南坡，其次是东、西坡地。

（2）山谷与山峰

山谷是指由两侧或三面被山坡所围的地形，亦被称为山坳、山沟等；山峰则为大致呈点状或团状的隆起地形，亦被称为山丘或山堡。建筑（群）布局应当结合局地风环境条件和建筑功能需求进行针对性地规划设计。一般而言，山峰或高地空气干燥且风速大，位于山顶的场地比位于平缓地面的场地风速大；谷地沉积冷空气，相对潮湿且风速小（图2-9）。因此，在总图设计时建筑（群）不宜布置在山谷、洼地、沟底等基地的低洼处，尽量避免冬季冷气流在凹形基地处形成冷空气沉积，造成"霜洞"效应，从而影响室内外微气候环境而导致能耗需求的增加[1]。

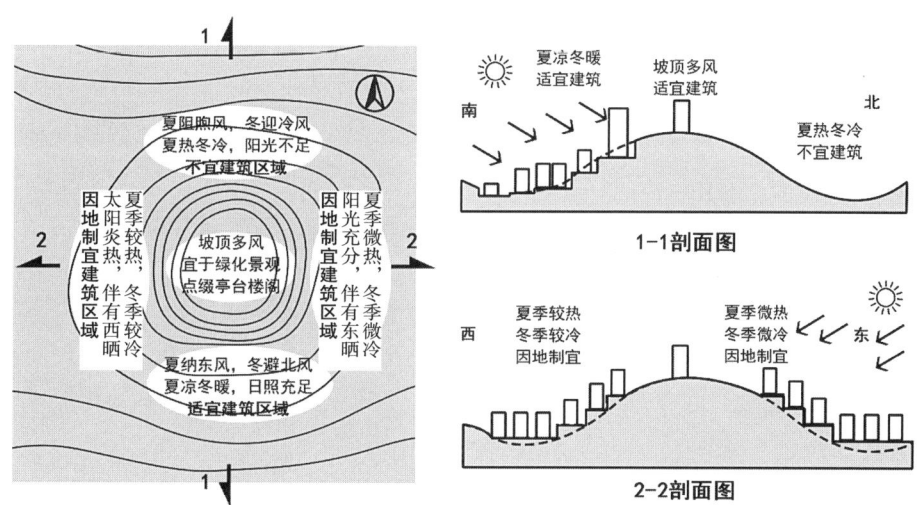

图 2-9　山地建筑（群）布局结合气候与地形
（图片来源：冒亚龙.回应气候的山地城镇与建筑设计[J].山地学报，2009（5）：605–611.）

2）空间布局

山地建筑（群）的空间布局应与地形特征紧密联系，因地制宜，才能形成丰富的表现形式。对于山地建筑（群）来说，根据外部实体的围合方式与建筑内部的组织结构，空间布局通常可归纳为线网联系型、踏步主轴型、空间主从型、层台组合型、空间序轴型和空间穿插型等六种类型[2]，在总图设计中最常用的为空间序轴型、踏步主轴型和层台组合型等（表2-4）。

① 　宋德萱.节能建筑设计与技术[M].上海：同济大学出版社，2003：34.
② 　卢济威，王海松.山地建筑设计[M].北京：中国建筑工业出版社，2001：120.

表 2-4 山地建筑的空间布局类型

空间序轴型	踏步主轴型	层台组合型
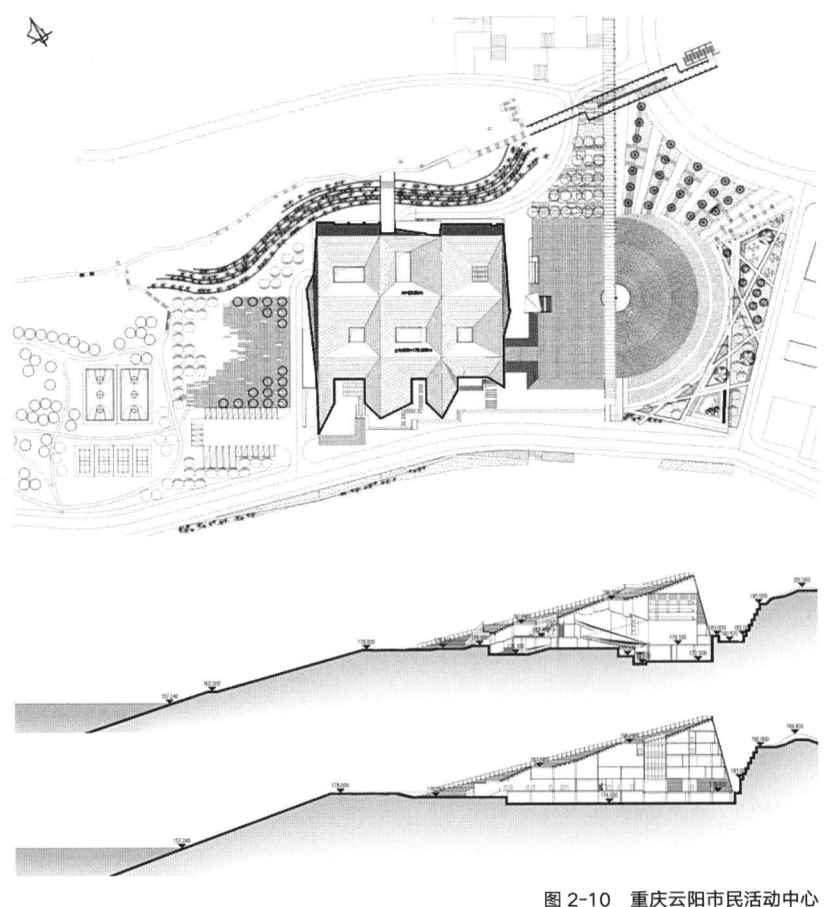		

（表格来源：卢济威，王海松 . 山地建筑设计 [M]. 北京：中国建筑工业出版社，2001：120.）

（1）空间序轴型

空间序轴型山地建筑（群）多位于山坡上，通常沿着坡面、垂直等高线组织若干空间，用踏步等方式串联成序列，形成明显的空间序轴。这种类型的山地建筑（群），把建筑（群）空间序列的组织和山地地形的起落结合起来，易与环境融合。例如重庆云阳市民活动中心（图 2-10），采用九宫格的多重院落结构，利用院落天井和屋面台阶之间的间隙，引入室外自然光，为建筑提供良好的自然采光和通风。

图 2-10 重庆云阳市民活动中心

（图片来源：汤桦，戴琼 . 山水之间——重庆云阳市民活动中心设计 [J]. 建筑学报，2013（6）：52–53.）

（2）踏步主轴型

踏步主轴型建筑（群）以垂直等高线的大踏步为"脊梁"组织两侧不同高度的建筑（群），通常适应于在山腰斜坡上建造，实现建筑（群）空间的功能联系，减少对山地进行大规模平整的需求。建筑（群）沿山坡布局，利用地形产生的自然风压差，可提高自然通风效率。同时利用自然地形的高差布置节能型垂直交通系统（如户外楼梯或坡道），减少对电梯的依赖以降低能耗。

（3）层台组合型

层台组合型是根据地形高差和建筑（群）功能的需要，建立若干个不同标高的平台，通过踏步或坡道联系，组成高低变化的空间体系，适用于变化复杂的地形环境。例如武夷山庄，通过垂直等高线方向层层抬高，沿高差方向形成几个不同高度的台地布置主要建筑，再利用各进厅堂前的天井或者院落消化场地高差，形成前低后高的整体形态，进而获得良好的日照与通风条件。

2.2.3 地形再构

通过与建筑（群）空间布局的紧密结合，使得场地地形得以整体再构，并合理处理好建筑（群）与土壤、植被、水体的关系，通过建筑干预保持并促成场地生态系统的健康架构和良性循环。在建筑（群）空间布局中，利用场地特征"趋利避害"，形成对于场地地形的建造干预、适度再造与整体再构。根据建筑（群）底面与起伏地形的不同关系，分为地表式、架空式和下沉式三种再构方式[①]。

1）地表式建筑（群）

"地表式"是一种在起伏地形中被广泛应用的接地方式，按照建筑下部的地表形状分为两类，一是山体地表仍呈原来的倾斜型，建筑坐落于填平的地基层之上；二是地表呈层层升高的阶梯型，建筑（群）直接布置在经过小幅修整的基地之上，内部形成错层、掉层、跌落或错叠等阶梯型接地方式（表2-5）。

倾斜型是指在山体坡度较缓，但局部高低变化多、地面崎岖不平的山地环境中，将房屋的地基提高到同一水平高度，可消化地面高差并减少建造土方量。阶梯型通常是在山地坡度为10%~30%，为了避免较多的土方工程量，往往在同一建筑（群）的内部形成不同标高的底面，形成错层；当山地

---

① 卢济威，王海松. 山地建筑设计 [M]. 北京：中国建筑工业出版社，2001：120-134.

表 2-5　适应起伏地形的建筑接地方式

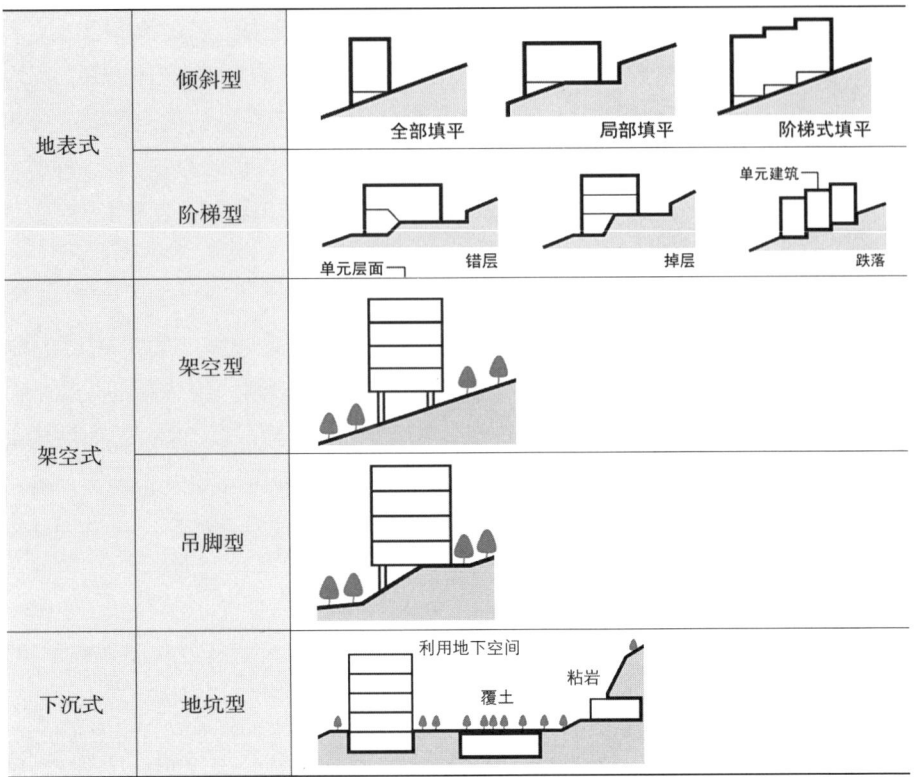

地表式	倾斜型	全部填平　　局部填平　　阶梯式填平
	阶梯型	单元层面　　错层　　　　掉层　　　单元建筑　跌落
架空式	架空型	
	吊脚型	
下沉式	地坑型	利用地下空间　　覆土　　粘岩

（表格来源：根据卢济威，王海松. 山地建筑设计 [M]. 北京：中国建筑工业出版社，2001：82. 相关内容改绘）

坡度为 30%~60%，建筑（群）内部的接地面标高差达到一层或以上时，建筑（群）内部形成了掉层。为了改善掉层部分的采光通风条件，建筑（群）多垂直于等高线布置，底部常以阶梯的形式顺坡掉落形成纵向掉层，两侧立面可开窗通风。例如，意大利热亚那伦佐·皮亚诺（Renzo Piano）建筑工作室整体朝向大海倾斜，内部用轻钢立柱支撑形成大空间以改善通风，降低建筑能耗（图 2-11）。

图 2-11　意大利热亚那伦佐·皮亚诺工作室

（图片来源：BUCKMAN P. Renzo Piano Building Workshop Selected Projects：Part 7 – The Architectural League of New York [EB/OL].（1992）[2024-9-13]. https：//archleague.org/article/renzo-piano-building-workshop-selected-projects-part-7/.）

2）架空式建筑（群）

采用"架空式"接地的山地建筑（群），其底面与基地表面完全或局部脱开，根据架空程度又可进一步分为架空和吊脚两种类型。

架空型建筑（群）以双侧支柱落地，可增大建筑表面积和建筑体形系数，在湿热地区可增强建筑（群）通风散热；另外处于建筑架空阴影下的区域与受阳光直射区域产生的热压差，可加强局部区域通风。底层架空空间还可结合天井、院落、边庭布置，以有效利用地形坡度引导通风，并通过合理组织形成建筑（群）乃至更大区域的整体通风。

吊脚型建筑（群）通常为单侧局部架空，设计时可通过吊脚空间、檐下空间、外廊空间、阁楼空间等一系列半室外辅助空间来适应夏季湿热气候，其原理是利用悬空楼板遮蔽太阳辐射，使悬空楼板下方形成荫蔽空间，通过风压作用实现持续通风，促进悬空楼板与主要使用空间的散热作用（图2-12）[①]。

图2-12 重庆桃源居社区中心
（图片来源：直向建筑.重庆桃源居社区中心[J].建筑学报，2016（7）：10.）

3）下沉式建筑（群）

下沉式建筑（群）是指有50%~80%的屋顶或50%的建筑外围护结构被土掩盖，屋顶可低于也可高于地面。覆土屋顶可以防止辐射热进入房间，减少室内外热传递从而形成相对稳定的热环境。因此，总图设计时通过将建筑（群）全部或部分埋入地下的一种特别的策略，既可以有效防止冬季北风，又能使建筑（群）在冬季夜晚室外温度最低时蓄热保温。为改善下沉式建筑（群）自然通风采光差的问题，可置入天井，利用风形成负压从而促进室内通风排气（图2-13）。

图2-13 日本香川地中美术馆
（图片来源：Pollock R N .CHICHU ART MUSEUM[J].Architectural record，2005，193（10）：116-123.）

---

① 曾旭东，金昊.生态系统动态平衡下的重庆坡地公共建筑底层架空设计初探[J].西部人居环境学刊，2013（5）：39-43.

2.3.1 风环境与总图设计

城市的风向、风速主要由大气环流、水陆位置和地形地貌特征所决定。局部风环境是指由于城市下垫面或是自然环境中山体起坡的影响，使得自然条件下的风随之发生改变而形成的特殊风场。场地地形的起伏、场地中的材料、建筑总体布局等要素都会对场地内气流循环、风向及风速造成一定的影响。在总图设计时，根据对场地风环境的分析结果合理布置建筑物，并协同日照等其他因素，综合考虑建筑的密度、高度、朝向、间距等，确保局部地段获得理想的微气候条件，实现良好的风环境调控和绿色节能效果。本节讲授不同气候区中风环境与建筑场地的关系，以及风环境对建筑（群）布局的影响。

1）气候与风环境

我国幅员辽阔，东西南北中气候差异明显。受到风环境和热环境的共同影响，不同气候区的建筑（群）布局形态差异较大。因地制宜、因时制宜、趋利避害是建筑（群）总体布局中气候适应性设计的基本宗旨，具体为：严寒和寒冷地区冬季漫长且寒冷干燥，建筑（群）布局需争取向阳，利于防风和排雪，在确保建筑拥有充分日照的前提下，应合理提高建筑密度，建筑单体形体简洁紧凑以避免热损失。夏热冬冷地区夏季高温高湿而冬季寒冷，建筑（群）布局既要考虑夏季通风遮阳，也要考虑冬季防风保暖，建筑密度相对较高。湿热地区夏季漫长而炎热多湿，建筑布局需利于遮阳和通风，建筑布局松散，建筑密度相对较低，倾向于通过阴影和风廊，创造凉爽的室外或半室外空间，建筑单体较为通透舒展，有利于通风散热。干热地区夏季干燥炎热，建筑（群）布局需有利于遮阳，通常高度密集，通过相互遮蔽来减少建筑得热。

从风环境和场地设计的关系来看，在冬夏差异较大的季风气候区，不同的季风方向对建筑（群）总体形态布局有着不同影响（图2-14）。冬季风来流方向的建筑（群）体量宜紧凑，防止冷风进入室内导致热损失，夏季风来流方向体量宜松散，借用自然风提升夏季室外和半室外空间的热舒适度，过渡季节风可能有多个主风向，在这些方向上宜设计进风开口，尽可能引入自然通风、带走室内热量并提升内部空气质量。对于夏热冬暖地区，全年温度变化幅度相对较小，建筑（群）形体应对冬夏季风的差异性较小，基本没有屏蔽北向季风的需求。在室

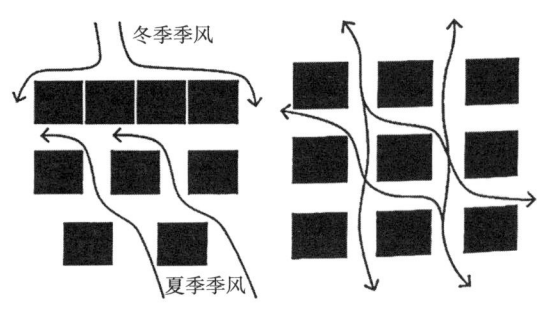

冬季季风

夏季季风

寒冷及夏热冬冷地区　　　　夏热冬暖地区

图2-14　不同气候区适应季风差异的建筑（群）总体形态布局
（图片来源：韩冬青．气候适应型绿色公共建筑集成设计方法[M]．南京：东南大学出版社，2021．）

外温度合适时，各个方向的来流风都可为建筑（群）所利用。由此，不同气候区会形成明显差异的建筑（群）总体形态布局[①]。

借助计算流体动力学（Computer Fluid Dynamics，CFD）等量化模拟软件，在方案设计阶段可以对不同的总图设计进行风环境模拟分析，以期筛选获得最好的建筑（群）总体形态布局效果。例如位于广州市的总图设计阶段的建筑（群）布局，结合开放地理数据所获得的广州市气候数据和现场实地调研，构建出三维建筑模型数据库。首先，提取当地城市形态原型（如当地竹筒屋、集体宿舍、小区住宅和商业综合体四种建筑形态原型）；其次，利用 EnergyPlus 官网提供的气象文件作为研究的气象数据，并根据各月的风玫瑰图，对研究区域特定月份的风频进行可视化表达，分析盛行风向与风速；最后，通过 Grasshopper 插件内置的优化算法运算器，构建场地微气候优化平台，实现算法自动寻优，并结合数据的人工处理与场地优化模型比选，对不同的总图设计阶段的建筑（群）布局方案进行比选和优化[②]（图 2-15）。

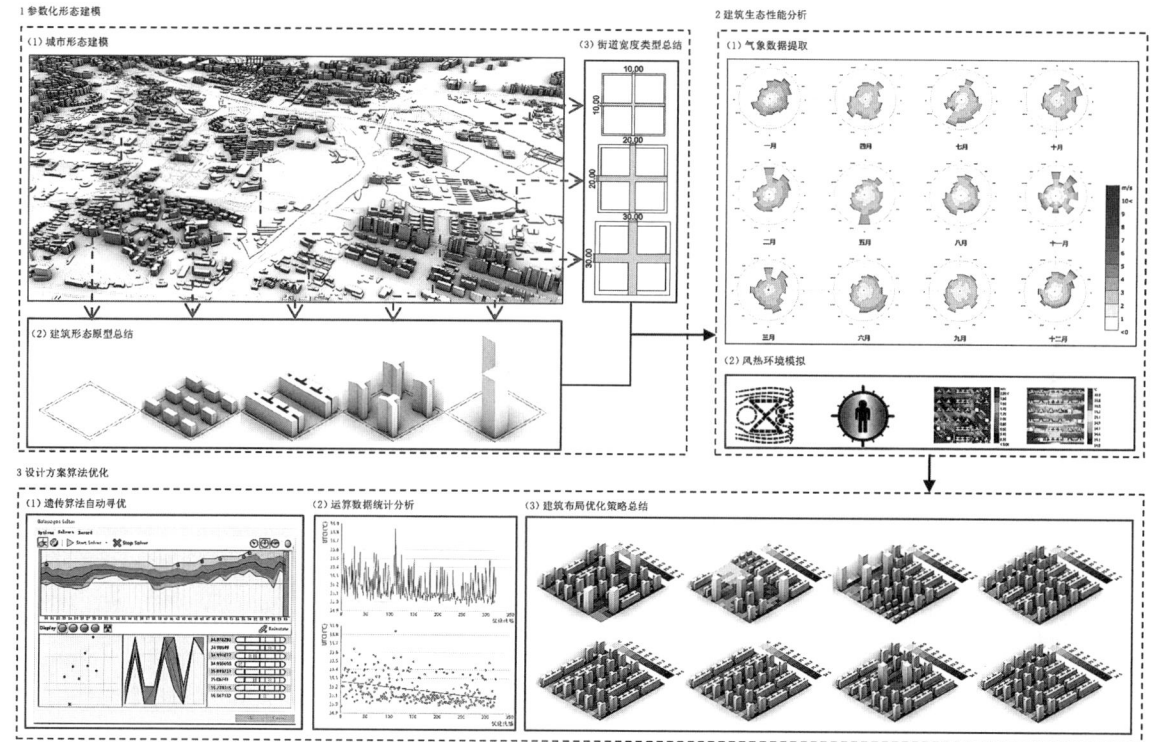

图 2-15　湿热地区风环境模拟优化建筑（群）布局方案技术路径图
（图片来源：根据参考文献 [24] 改绘）

① 东南大学 . 中国建筑设计研究院有限公司编著 . 韩冬青主编 . 气候适应型绿色公共建筑集成设计方法 [M]. 南京：东南大学出版社，2021.
② 陈瑾民，燕海南 . 基于风环境优化的街区尺度建筑布局研究——以湿热地区城市广州为例 [J]. 建筑技艺，2021，27（9）：73-77.

2）风环境与应用实践

风环境除了气候因素的影响外，还受到场地条件如地形、高程、水体、植被等场地自然要素的制约，在总图设计中可以利用道路、绿地、水面、广场等开敞空间设置风道、风廊或风屏，加强冬季防风和夏季自然通风，为场地争取更好的风环境效果[①]。

在新加坡丰树商业城二期的景观设计中，面对大面积的绿色植被管理，设计师设置了一系列小丘，不仅能够抵御暴雨，还能使较为平坦的地面变为富有动态的空间，以容纳各种各样的活动。小丘的形态和朝向同时顺应了当地的风向，为场地中的室内外空间带来舒适的自然通风，在实现建筑节能的同时，打造出一片融合了舒适的办公环境与具有热带气候特征的休闲环境的"城市原野"，并在最大程度上优化了该区域的生态状况（图 2-16）。

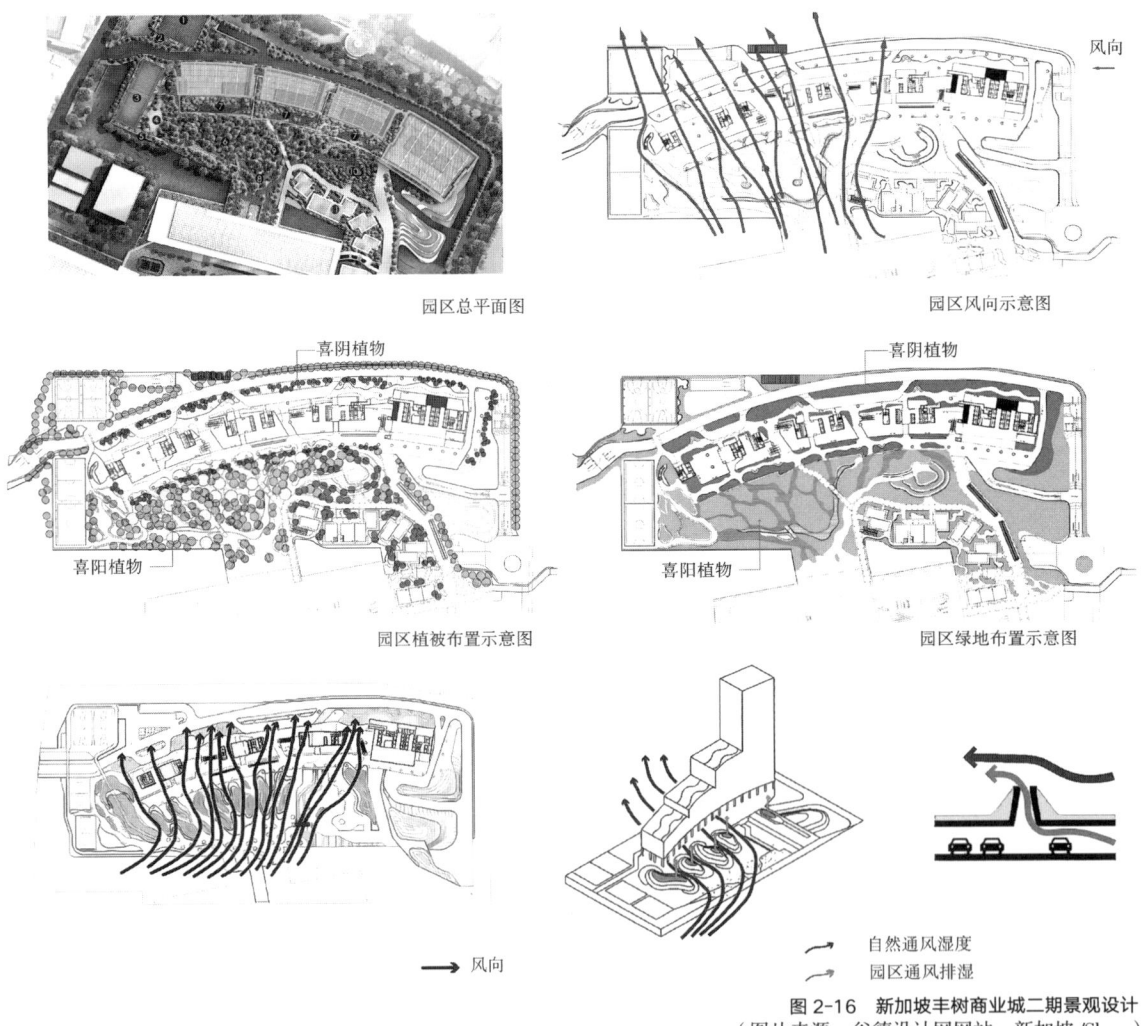

图 2-16　新加坡丰树商业城二期景观设计
（图片来源：谷德设计网网站，新加坡 /Shma）

---

① 陈飞.建筑风环境.夏热冬冷气候区风环境研究与建筑节能设计 [M].北京：中国建筑工业出版社，2009.

2.3.2 风环境影响下的建筑群体布局

城市、街区、建筑不同尺度的建筑空间布局对通风需求不同，亦对场地风环境有直接的影响。在城市尺度上，最重要的是将外部自然环境的风引导入城市内部，并形成城市级别的通风廊道，贯穿城市，以吹散城市大范围的雾霾、降低城市热环境影响等，并为街区和建筑提供良好的外部风环境条件。在街区尺度上，重要的是通过建筑群体布局将风引入街区和建筑群体内部，促进建筑群体内部的空气流动，防止形成持续的热岛效应和空气污染物的滞留区。在建筑尺度上，风环境对室外活动的人群影响最大，其布局及形态可能会导致风速和风向的急剧变化，形成一定范围的静风区，或出现局部强风等诸多影响环境安全的不利因素。

1）建筑群体平面布局

总体来说，建筑群体平面布局有行列式、围合式、自由式三种典型形式，其中行列式布局又可以细分为并列式、斜列式和错列式（图2-17）。

（1）行列式布局：根据一定的朝向、合理的间距，成行成列地布置建筑，是建筑（群）布置中最常用的一种形式。其优点是使建筑群体获得最好的日照和通风，但是实际应用中往往由于过于强调南北向布置，会使整个布局显得单调呆板。所以也常用错开错列、拼接成组、条点结合、高低错落等

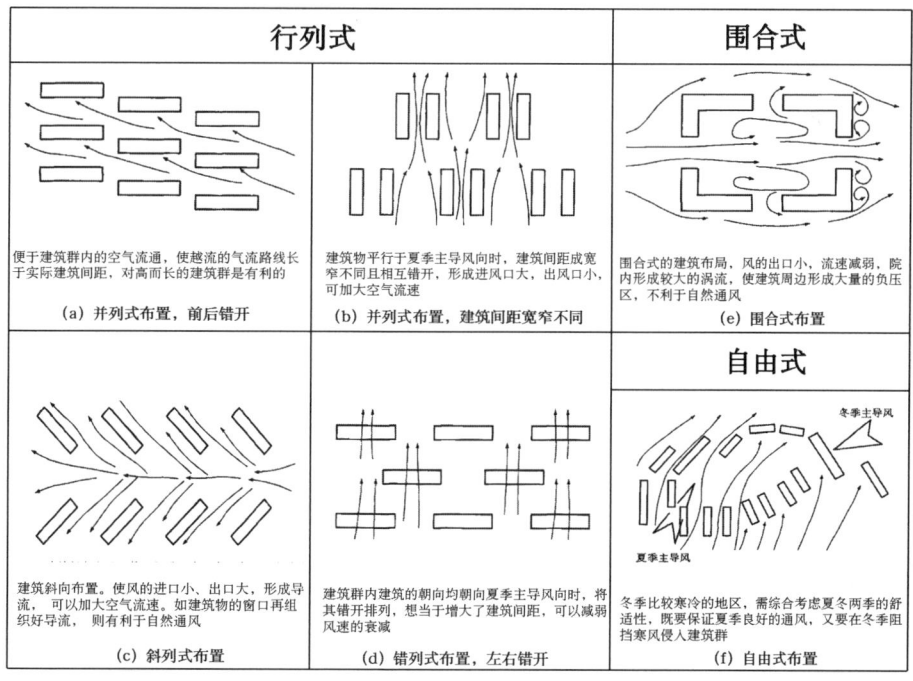

图 2-17　建筑群体平面布局对风环境的影响
（图片来源：根据参考文献 [26] 改绘）

方式，在统一中求得变化。该布局形式由于建筑群体间的通道较宽，因此风流动顺畅，风速变化较小。

（2）围合式布局：建筑沿街道或院落周边布置，形成封闭或半封闭的内院。对于寒冷及多风沙地区，可阻挡风沙及减少院内积雪，但这种布置形式有相当一部分建筑的朝向较差。

（3）自由式布局：建筑（群）依照环境条件自由组织。自由式布局可以很好地适应环境以及建筑（群）自身的功能需求，通常会留出一些风道和间隙促进通风。

此外，在建筑（群）设计中，其间距和风环境密切相关。通常建筑（群）的间距越大，越容易获得良好的自然通风，前排的建筑（群）自然通风情况较后排会更好。在用地较为紧张的情况下，通过将建筑（群）错列布置，可以间接加大建筑间距，有利于建筑（群）获得更多的自然通风[①]。

2）建筑群体高度

建筑群体设计中，影响建筑物周围风环境状况的因素，除了建筑物所处的环境、当地的气象状况及群体平面布局之外，还主要取决于建筑物的高度及形体等要素。不同高度建筑的组合布局与同高度建筑群体布局相比会在场地上形成不同的风环境。高低层建筑（群）搭配的布局方式同样会直接影响群体建筑之间的风场。当建筑（群）呈一字平直排开且形体较长时（超过30m），应在前排建筑适当的位置设置过街楼、架空廊道等以加强自然通风。

在建筑群体设计中，可以利用风环境模拟软件对典型的建筑群体的体形和高度进行模拟，根据风向来综合调节高度、布局等变量来选择相对较好的建筑群体布局。通过对不同建筑布局下的风环境进行数值模拟，对风速和风压等指标进行评估，可以有效地对建筑群体设计方案进行筛选与完善[②]。

2.3.3　风环境影响下的建筑单体设计

1）建筑平面形式、形体比例与风环境

建筑平面形式对于气流的运动走向、室内通风状况具有显著的作用，常见的建筑形体在平面上呈直线形与曲线形两种形式。从理论上分析，曲线形平面使气流发生流线型平滑移动，从而减小建筑负压区风速、风压的大小，

---

① 中国建筑工业出版社，中国建筑学会.建筑设计资料集.第1分册[M].北京：中国建筑工业出版社，2017.

② 中国建筑工业出版社，中国建筑学会.建筑设计资料集.第8分册[M].北京：中国建筑工业出版社，2017.

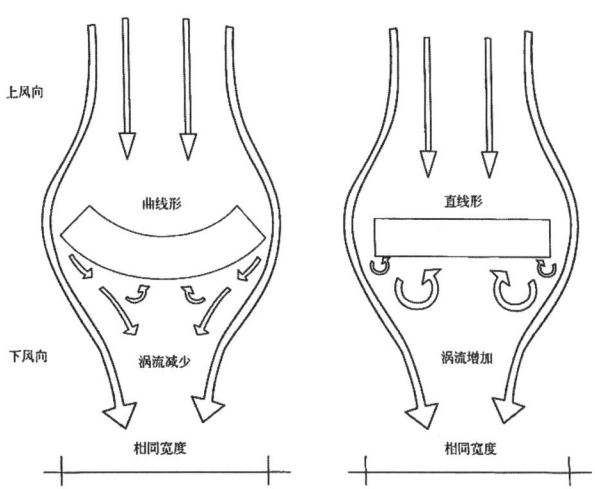

图 2-18　建筑平面形式对风环境的影响
（图片来源：应小宇，龚敏．风环境视野下的建筑布局设计方法 [M].
北京：中国建筑工业出版社，2022：29.）

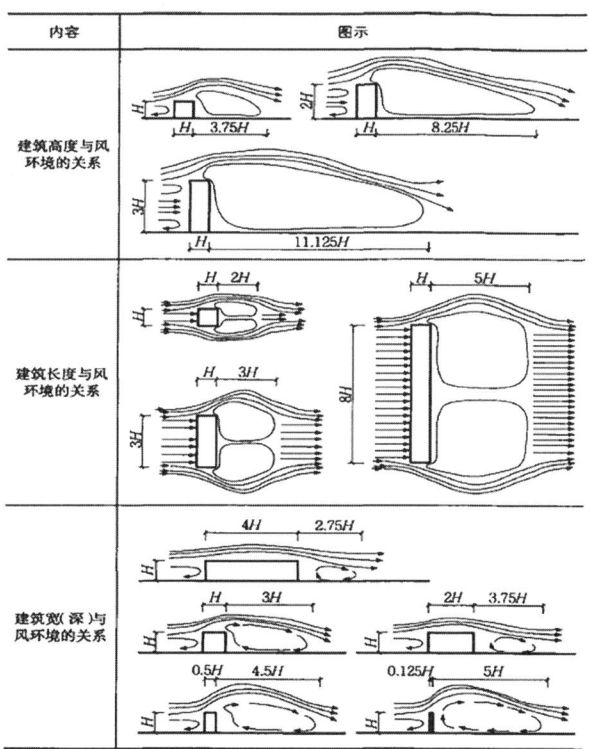

图 2-19　建筑不同形体对风环境的影响
（图片来源：中国建筑工业出版社，中国建筑学会．建筑设计
资料集．第 8 分册 [M]. 北京：中国建筑工业出版社，2017.）

引导气流朝有利方向发展。因而，与直线形建筑相比，在相同的来风状况下，曲线形建筑在相同的风向投射面面宽的条件下，建筑的长度可以做得更大。曲线形建筑改变了建筑迎风面与风向的角度关系，减小了下风向建筑涡流区的大小与强度。气流绕过建筑后，在背风面形成的负压区更小，曲线形建筑在负压区形成的风环境相对于直线形建筑形成的风环境状况有很大的改善（图 2-18）。[①]

除平面形式外，单体建筑的高度、长度以及宽度等因素对于建筑周边的风环境都有着明显的影响，建筑物的不同比例的长宽高所形成的周边风场都有不同，在总图设计时也需考虑布置合适形体比例的单体建筑形体（图 2-19）。

中国建筑西南设计研究院有限公司设计的成都中建滨湖设计总部，以探索夏热冬冷地区的近零能耗办公建筑设计为目标，在合理的规模控制下，综合平衡被动式设计、主动式策略和可再生能源利用，以低能耗换取室内舒适度（图 2-20）。通过测算，项目投用后冬夏季总能耗仅为常规办公建筑能耗的 1/4，对设计中如何利用场地风环境和降低建筑能耗都有很好的参考价值。

在此案例中，建筑模块的堆叠错落，形成中庭、边庭、下沉庭院、屋顶花园、架空外廊等类型丰富的室内外过渡空间，使得自然风能更容易地穿过整个建筑群。因为沿湖岸为主导风向，所以 H 形的建筑形体积极地拥抱来自南向和湖边的自然风，通过贯穿建筑南北的平面风道与立面风洞，优化室外风场环境。加上感应式电动天窗、智能光导管、手动平开窗单元、绿植遮阳等自主调

①　应小宇，龚敏作．风环境视野下的建筑布局设计方法 [M]. 北京：中国建筑工业出版社，2022.

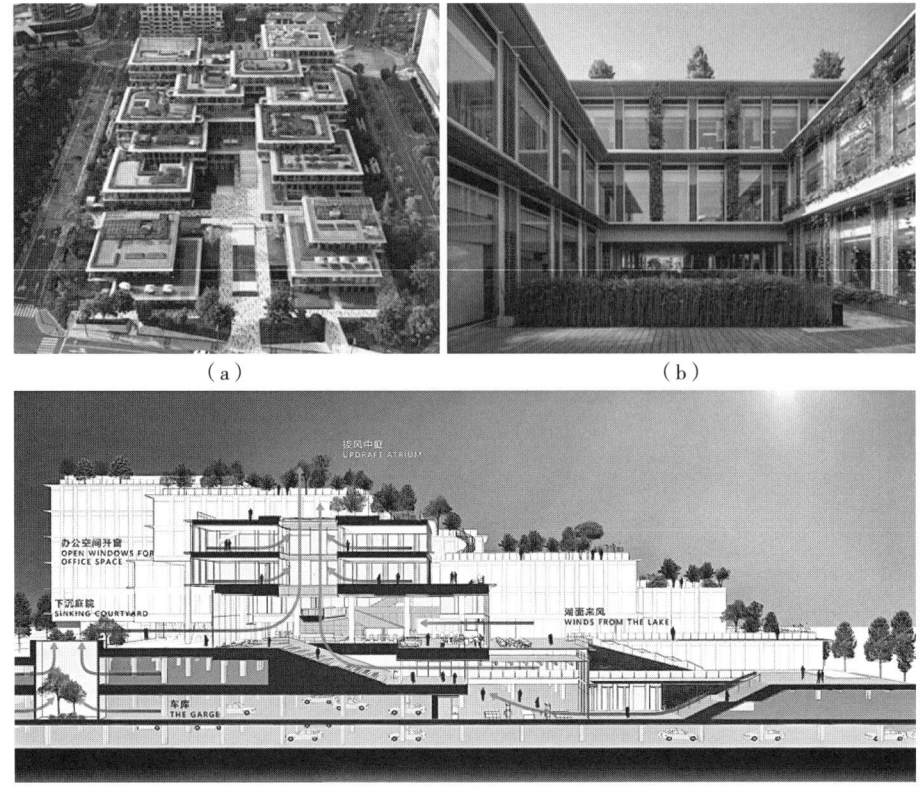

（a）   （b）

（c）

图 2-20　成都中建滨湖设计总部建筑形态、架空风廊、剖面自然风利用示意图
（a）退台式形体布局适应来自南向和湖边的风；（b）H形形体和底层架空更好地促进通风；
（c）建筑与场地风环境分析图
（图片来源：中国建筑西南设计研究院有限公司，摄影：存在建筑）

节措施，形成光、热、风环境有效交互的微环境系统。建筑室内则通过中庭拔风，加速室内外的空气交换，为建筑室内也能带去凉爽的自然风，来自室外的热空气经由三处天窗排出，能够实现过渡季节自然通风，减少空调的开启时间。

2）高层建筑与风环境

高层建筑会给城市风环境造成直接的影响，在高层建筑集中区域，城市局地微气候会发生一些显著变化，影响到周边环境的光线、日照、阴影以及空气流动模式，如造成倒灌风、突然阵风和角流风等，且风速会随高度升高呈指数倍增加（图 2-21）。高层建筑容易受到巨大的侧向风力影响，会在一些塔楼的底部形成强烈的下行风和旋风，其速度甚至达到 4 倍于由低层建筑所围合的街道风速，从而明显影响到地面行人和建筑物。高层建筑所产生的强烈的下行风，其利和弊主要取决于气候条件。在炎热地区，它能降低街道温度，增加行人舒适性；而在寒冷地区，则会影响街道环境的舒适性。

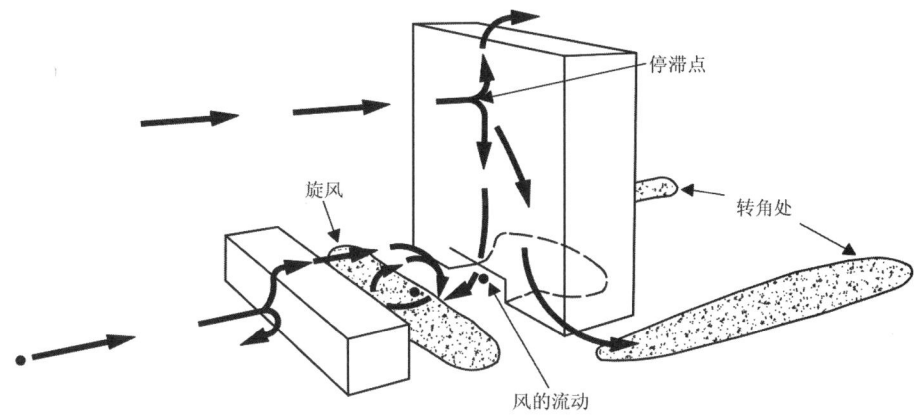

停滞点

旋风

转角处

风的流动

图 2-21　高层建筑对城市风环境的影响

（图片来源：HOUGH M.都市和自然作用 [M].洪得娟，颜家芝，李丽雪，译.台北：田园城市文化事业.1998.）

　　在城市设计层面，通过城市高度分区和对高层建筑形体进行导控，可以有效提升城市整体风环境，例如旧金山市区的高度分区规划。对于高层建筑的形体设计，可以在一定高度之上采取层层退台的形式，逐渐递增的高度可使大部分风掠过建筑物顶部而减少街道上的寒风 [①]（图 2-22）。

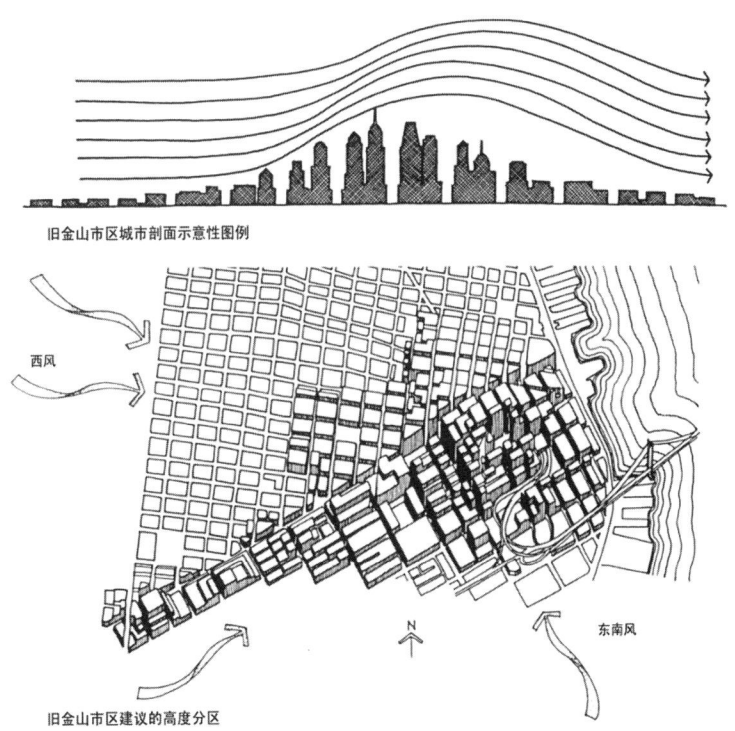

旧金山市区城市剖面示意性图例

西风

N

东南风

旧金山市区建议的高度分区

图 2-22　美国旧金山城市剖面和高度分区规划示意

（图片来源：G.Z.Brown，Mark Dekay.Sun ，Wind & Light—Architectural Design Strategies[M]. 2nd. New York：John Wiley & Sons，INC.，2001.）

---

① 　徐小东，王建国 . 绿色城市设计 [M]. 南京：东南大学出版社，2018.

在总图设计中，充分考虑光环境和热环境对于提升建筑环境、促进节能降碳具有重要意义。光环境和热环境具有密切的相关性，在本节中以"光热环境"为题进行阐述。光热环境组织良好的总图设计，能够使场地和建筑获得尽可能多的自然采光，并充分利用太阳能，减少对化石能源的依赖，实现节能减排的目标。良好的光热环境还能提升环境质量，创造出愉悦、舒适的空间氛围，促进人们的身心健康。

2.4.1 建筑光环境及其影响要素

1）建筑光环境

光环境是建筑物理环境的一个重要组成部分，与热环境、湿环境、风环境等并列。光环境是总体环境设计的核心影响因素，是决定场地选址、布局以及建筑物朝向、间距控制的关键考量因素。绿色建筑设计无论在场地规划还是建筑设计中，都充分考虑对自然光的应用。日照是总图设计中表征光环境的重要因素，主要技术参数为日照时数、日照率以及太阳高度角和方位角。

2）光环境的影响要素

光环境的影响要素较多，在实际项目中需要根据具体情况进行分析和评估。在总图设计中，光环境的影响要素包括建筑朝向、建筑间距、建筑布局形式等。

在建筑（群）整体规划设计中，光环境与建筑布局密切关联，建筑布局对场地光环境的影响也是室外活动场地布置与景观设计的重要考虑因素之一。建筑布局过程中应兼顾太阳辐射和室外风场，综合调节微气候，从而调控和优化光环境。充分的日照对于建筑光环境也有着密切的关系，可以帮助建筑获取尽可能多的自然采光，从而积极改善室内微气候，提高室内环境质量。

通过参数化设计平台 Ecotect 等量化工具，可以更加有效地研究总图中的光环境与建筑空间布局设计的关系，并结合气候适应性等要素进行综合考量，高效获得多个符合经济技术指标的平面布局方案，充分实现光环境优化与空间布局设计的协同 [①]。

3）日照包络面

日照包络面（Solar Envelope）是近年来城市设计和总图设计研究时采用的重要方法。日照包络面的概念由美国南加州大学研究团队提出，他们根据对日照和能源有效利用的时间长短、基地的几何尺寸，综合地形、朝向、地

---

① 张悦. 绿色公共建筑的气候适应机理研究 [M]. 北京：中国建筑工业出版社，2021.

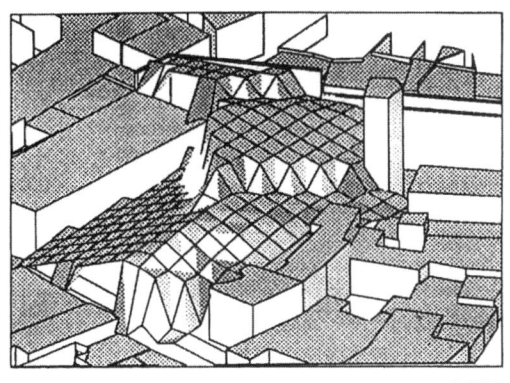

图 2-23 日照包络面
（图片来源：Watson D .Time–Saver Standards for Urban Design[M]. New York：McGraw–Hill, 2003）

理纬度等因素，得出环境设计可以利用的三维空间，并且要求在规定的时间内对邻近用地的日照不形成遮挡，塑造在空间与时间上与太阳光同步的城市与建筑形态[①]（图 2-23）。日照控制面的大小和形状，随着"日照持续时间、用地位置和形状，以及周围条件不同而不同"。日照包络面的概念和技术方法可以用于城市设计与管理，在保证阳光权利的同时能够提高街区容积率，并进一步增加新的建筑方案的可能性以及设计方案与该地区自然环境要素和人工环境要素的整体和谐性[②]（图 2-24）。

图 2-24 按日照包络面概念设计的方案
（图片来源：Knowles R L. The solar envelop：its meaning for energy and buildings[J]. Energy & Buildings, 2003
（35）：15–25.）

2.4.2　建筑热环境及其影响要素

1）建筑热环境

建筑热环境可以从两个层面来理解。一是城市层面的热环境，是由太阳辐射、气温、周围物体表面温度、相对湿度与气流速度等影响人体冷热感觉的物理因子综合构成的环境；二是建筑层面的热环境，是影响建筑健康舒适品质的重要因素。建筑热环境的主要参数有建筑室内的空气温度、空气相对湿度、空气流速、平均辐射温度和围护结构内表面温度等。

2）建筑热环境的影响要素

城市设计层面建筑热环境的提升需要综合考虑温度、湿度、风速及太阳辐射热等影响要素。其中，太阳辐射热在规划与设计中起到了关键性作用。

---

① G.Z. 布朗，马克·德凯 . 太阳辐射·风·自然光：建筑设计策略 [M]. 常志刚，刘毅军，朱宏涛，译 . 北京：中国建筑工业出版社，2008.
② 徐小东，王建国 . 绿色城市设计 [M]. 南京：东南大学出版社，2018.

太阳辐射的强弱和不同地区对日照要求的差异使得城市布局、建筑群体组合和单体设计的原则、方法都有所不同。通常来说，在不同的气候环境中，针对太阳辐射热有两种策略，即争取太阳辐射热与减少太阳辐射热，需要根据场地地理位置和气候特征，精心规划建筑的朝向和布局，以最大化地接收冬季的太阳热辐射，同时减少夏季直射阳光的影响。

在总图设计中，除了建筑布局之外，通过合理配置绿色植物、水体以及场地下垫面材质可以有效调节场地的温度和湿度，改善热湿环境。总图中的热环境可以通过 EnergyPlus、Ladybug 等量化工具进行模拟研究，并结合气候特征进行综合考量，有效优化建筑空间布局。

2.4.3 光、热环境的协同设计

1）光、热环境的协同作用

在建筑总图布局中，光环境和热环境的影响既相互独立又协同作用。光环境对热环境的影响主要体现在日照对建筑得热的影响。在夏季，如果建筑暴露在持续的阳光下，日照会增加建筑表面的热量，导致建筑内部温度升高。相反，冬季充足的日照可以提供来自太阳的热能，减少建筑的供暖需求。这导致在不同的气候分区中光热环境对总图的布局具有不同的影响，特别是在夏热冬冷地区和夏热冬暖地区，对光和热的需求会出现相互矛盾的现象。

在夏热冬冷地区中，夏季人们需要充足的天然采光，但并不希望过多的太阳辐射热进入室内，因此建筑总体布局需要考虑如何最大限度地减少夏季阳光的照射，例如通过合理的建筑朝向来减少太阳辐射热。而在冬季，人们希望获得充足的阳光来提高室内的舒适度，并且希望利用太阳能来提供热量、减少采暖成本。建筑在布局上最大化地利用冬季的阳光，南侧尽量布置高度较低的建筑，而北侧尽量布置较高的建筑。

在夏热冬暖地区中，夏季需要最大限度地减少室内的热量，以保持舒适。因此，在建筑总图布局中，重点会放在夏季如何最大限度地利用天然光，同时最小化阳光的热量进入，并带走室内多余的热量。因此，建筑在布局上会考虑最大化夏季遮阳和通风的利用，为公共空间和建筑尽量提供遮阳设施，建筑南侧利用高大的乔木遮阳等[1]。

2）光热环境与建筑布局

建筑布局对于场地与建筑的光环境与热环境会产生显著影响，应综合利用场地自然条件（气候、风向、日照等）进行建筑布局、朝向与间距设计，

---

① 谭良斌，刘加平. 绿色建筑设计概论 [M]. 北京：科学出版社，2021.

使建筑获得良好的采光和通风条件。不同的气候条件下，与其相适应的建筑布局是不同的。图 2-25 反映了不同的建筑布局、朝向和间距与建筑在不同气候区的夏至日对建筑日照和荫蔽程度的影响。

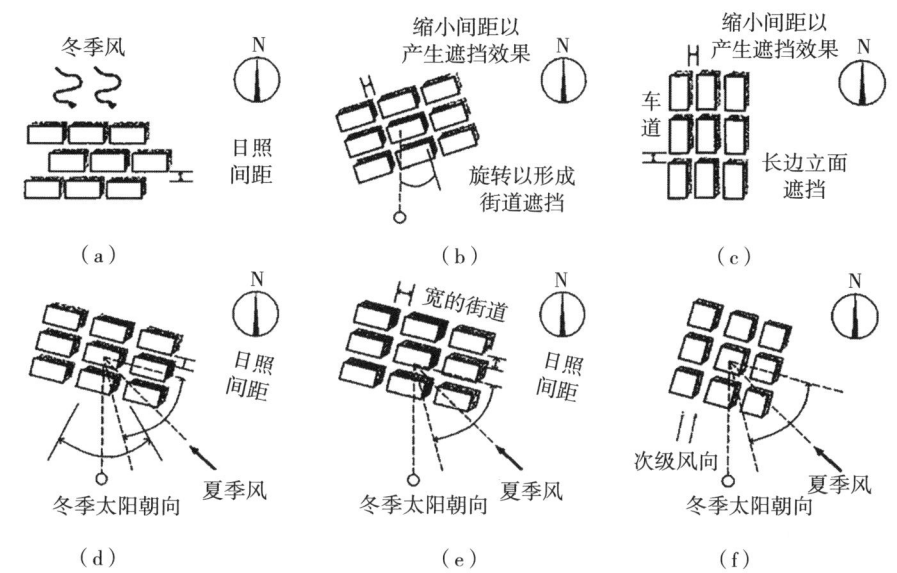

图 2-25　不同气候条件下的建筑布局
（a）寒冷气候；（b）干热气候；（c）热带干旱气候；（d）温和气候；（e）湿热气候；（f）热带潮湿气候
（图片来源：G·Z·布朗，马克·德凯 . 太阳辐射·风·自然光：建筑设计策略 [M]. 常志刚，刘毅军，朱宏涛，译 . 北京：中国建筑工业出版社，2008.）

　　在总图布局中，通过建筑布局的合理规划设计可以既节约用地又取得良好的日照效果。一般根据建筑类型的不同来规定不同的连续日照时间，进而确定建筑最小间距，在保障良好日照的前提下达到集约利用土地的目的。位于奥地利维也纳的某一个住区开发项目（图 2-26），其场地狭长，沿南北向延伸，西侧面向主要街道。在该方案的总图设计中，建筑师把建筑布置成向南的 12 栋 3 层的联排住宅，临街布置了一条长条状住宅。联排住宅在南北方向上足够的间距保证冬季有充足的日照。西侧的东西向长条状住宅日照较差，在建筑设计中通过将东立面的窗户倾斜成东南向来加以改善[①]。

　　在意大利威尼斯的某个公共住宅区中（图 2-27），南北向建筑的排列紧凑而有效。整个建筑群呈现出南低北高的排列方式，使得每个主要居住空间都能够获得更多的阳光。最高的建筑位于北侧，共有 4 层，其下部光线较差的空间则设计为用作次要空间。

---

① G·Z·布朗，马克·德凯 . 太阳辐射·风·自然光：建筑设计策略 [M]. 常志刚，刘毅军，朱宏涛，译 . 北京：中国建筑工业出版社，2008.

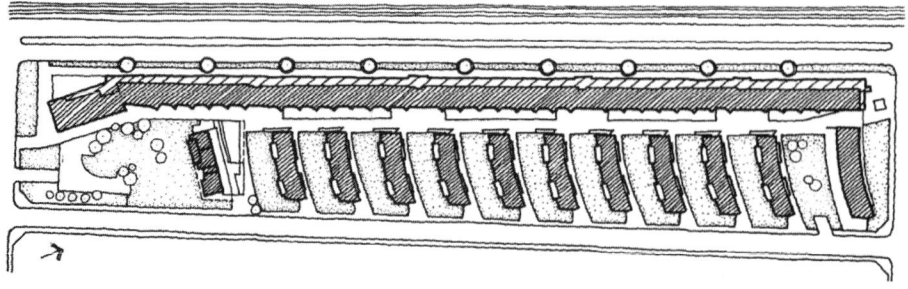

图 2-26　奥地利维也纳南北向排列的住区总平面

（图片来源：G·Z·布朗，马克·德凯 . 太阳辐射·风·自然光：建筑设计策略 [M]. 常志刚，刘毅军，朱宏涛，译 . 北京：中国建筑工业出版社，2008.）

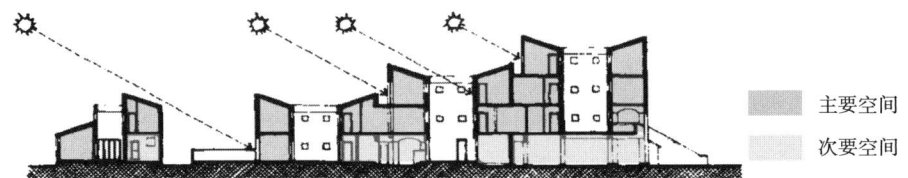

主要空间

次要空间

图 2-27　意大利威尼斯公共住宅区南北向排列的剖面

（图片来源：根据参考文献 [16] 改绘）

3）合理的建筑（群）朝向

建筑朝向即建筑采光集热面与太阳水平角度的关系，是总图设计中需要关注的基本问题之一。通过不同气候区、不同长宽比的建筑形体的热工性能的比较可以发现，对北半球区域来说，朝南是最理想的朝向，良好朝向的区间是南偏东、偏西不超过 30°，且南侧尽量留出开阔空间以利于迎纳阳光和夏季主导风[①]。

对于寒冷地区需要采暖的建筑而言，建筑朝向选择尤为重要，朝向决定了太阳能的最佳获取途径。在四川若尔盖的名为"暖巢"的学校设计中，项目用地海拔约 3500m，常年平均气温 1.1℃，最低温度 -20℃以下，以冬季被动式采暖为第一诉求。设计首先从场地空间布局上践行了被动式采暖的设计逻辑，以确保建筑整体的热工性能和使用舒适性。宿舍最初规划为东西向，但考虑到若尔盖地区冬季拥有良好的太阳辐射，属于利用太阳能的适宜区。因此设计师将新建宿舍布局规划改为南北朝向，比较了正南向、南偏东 15°和 24°方案所对应的极端最低温度模拟结果，并综合场地空间效果，最终选择了南偏东 15° 的朝向[②]（图 2-28）。

① 谭良斌，刘加平 . 绿色建筑设计概论 [M]. 北京：科学出版社，2021.
② 钱方 . 面对慷慨的错误——四川若尔盖暖巢项目设计思考 [J]. 建筑学报，2021（5）：62-69.

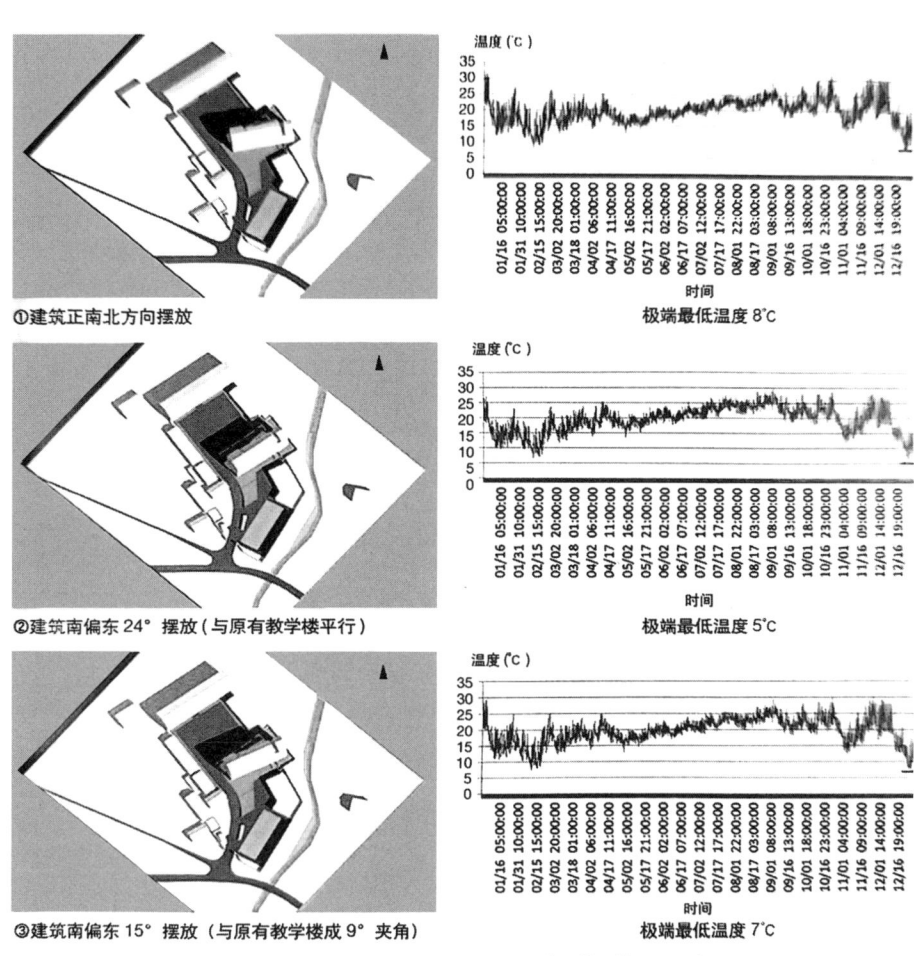

①建筑正南北方向摆放

极端最低温度 8℃

②建筑南偏东 24° 摆放（与原有教学楼平行）

极端最低温度 5℃

③建筑南偏东 15° 摆放（与原有教学楼成 9° 夹角）

极端最低温度 7℃

图 2-28 四川若尔盖暖巢项目对应极端低温模拟的朝向选择

（图片来源：钱方 . 面对慷慨的错误——四川若尔盖暖巢项目设计思考 [J]. 建筑学报，2021（5）：62–69.）

4）植物布局与场地光热环境

在总图设计中，植物布局与场地光热环境息息相关，也与场地所在的气候区域密切相关。各个气候区域的建筑周围的理想种植形式应考虑到冬季的防风保温需求，优先选择在场地西侧和北侧种植常绿植物。随着气候区域的不同，植物布局形式也会呈现出不同的特征（图 2-29）。

夏热冬冷地区理想情况下的植物布局设计：在夏季，可利用东西两侧的植物遮挡阳光，或在建筑设计时，利用建筑南侧的屋顶挑檐、门廊或植物（冬季落叶）遮挡部分太阳辐射热。在冬季，北侧通过常绿乔木和灌木阻挡凛冽的寒风。日照方面，由于冬季太阳高度角低，南面的挑檐、门廊等不会遮挡太阳光的照射，落叶及距离建筑足够远的植物不会阻碍建筑物对太阳辐射热的获取。

寒冷地区理想情况下的植物布局设计：高纬度地区冬季漫长而寒冷，夏季短暂而温和，树木的种植应当使其在冬季不会阻碍场地和建筑对于太阳辐射热的吸取。在冬季，建筑需要获得尽可能多的阳光来补充热量。如果树木

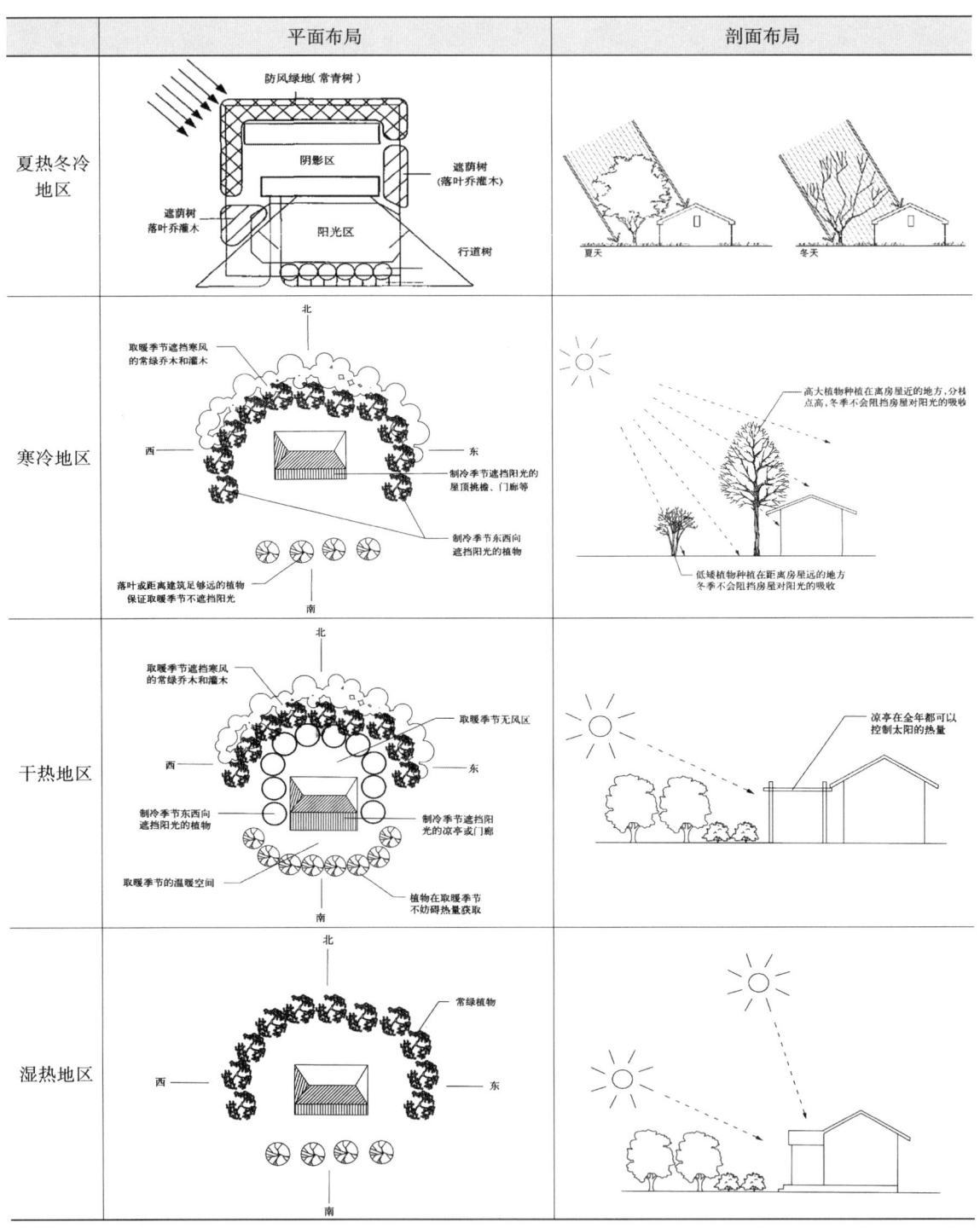

	平面布局	剖面布局
夏热冬冷地区		
寒冷地区		
干热地区		
湿热地区		

图 2-29　不同气候区域的植物布局设计
（图片来源：根据参考文献 [30] 改绘）

种植在建筑的南面，应距离足够远，以免阻挡冬季的阳光。如果南侧的树木靠近建筑的话，可对树枝进行适当修剪，以迎纳更多的阳光。

干热地区理想情况下的节能种植设计：在炎热干旱气候中的种植以及建筑设计关键在于夏季要阻止热量的吸收，实现建筑的有效荫蔽。在夏季应避免阳光照射到建筑的东面、西面和南面，用以控制建筑室内的得热量。树木应种植在建筑的东、西以及南面来阻止夏日的热量获取，而在冬季主导风向可种植高大乔木和灌木丛以阻挡冬季寒风。

湿热地区理想情况下的节能种植设计：针对湿热气候，植物种植以及建筑设计应考虑在夏季阻止热量的获取，并且冬季允许建筑的南面获得阳光。建筑南部应种植大树，且栽种时要使树枝和树干不会阻挡冬季的低角度阳光。在东部和西部可以栽种常绿树或者落叶树[①]。

此外，建筑室外场地下垫面和建筑立面的材料属性也会影响建筑热环境调控。硬质地面或高蓄热建材会在夏季吸收和储存大量的热量，在夜间释放，使得环境的整体温度在昼夜较高。相比之下，若建筑下垫面采用尽可能多的绿化，利用植物在白天受热速率较低，夜间冷却速率较高的特点，调节整体室外环境的温度，从而可以改善室外空间的热环境。

<h2>2.5 典型教学案例</h2>

<h2>2.5.1 绿色城市环境塑造与空间组织：城市 RBD 中心区</h2>

东南大学 2014 春季、2023 春季建筑学四年级建筑设计课题，指导教师：徐小东

该教学案例是东南大学建筑学院建筑学四年级建筑设计课程，教学时长 8 周。

课程在梳理城市设计发展历程的基础上，结合当下绿色城市设计研究的主流方向与领域，将"绿色低碳"设计的理念贯穿于城市设计教学全过程。通过课程学习，引导学生关注绿色城市设计生态策略的主要内容：土地的高效集约利用、能流系统的优化、绿色交通体系的构建、多元复合的功能分区、气候适应性城市设计以及绿色城市设计评价体系的构建等。

课题强调城市中心区 RBD（Recreational Business District，以下简称 RBD）环境塑造与城市空间组织的互动关系，重点研究如何打造功能定位合理、特色鲜明、充满活力的高品质 RBD。课程强调从绿色低碳理念出发，基于特定目标导向对城市设计的对象、空间，进行适度、有效的界定和实施引导。鼓励学生利用以被动式技术为主、主动式技术为辅的生态策略与方法，鼓励学生积极利用可再生能源，初步领会能源中心与能源系统建设的概念及应用。

---

① 谭良斌，刘加平. 绿色建筑设计概论 [M]. 北京：科学出版社，2021.

绿色城市环境塑造与空间组织：城市RBD中心区

讲课与评图	体形环境设计	交互驱动	课程重点
第一周 讲课：绿色城市设计——课题讲解	基地考察、相关案例分析、上位规划解读	总图设计 ⇄ 数据交互 ⇄ 形式修正	1.熟悉地形环境与课题要素 2.练习快图与模型，训练快速建构思维能力 3.查阅资料，学习典例
第二周 讲课：基于生物气候条件的绿色城市设计	现状调研与分析，规划意象解析 概念总图，相关体块模型		1.梳理功能分区与城市空间布局 2.提出绿色城市设计生态空间模式
第三周 讲课：超越石油的城市 生态城市主义	概念深化 空间模式研究	总图设计 ⇄ 数据交互 ⇄ 形式修正	1.总体方案推敲 2.空间—功能—场地循环深入 3.明确生态空间模式
第四周 讲课：森林都市 基于可持续发展准则的绿色城市设计	总图设计，空间设计		
中期评图			
第五周	总图优化 技术路线梳理	总图设计 ⇄ 数据交互 ⇄ 形式修正	1.总体方案深化 2.布局—交通—地景循环深入 3.重点节点深化 4.明确生态空间模式
第六周	绿色技术、软件模拟，可视化分析		
第七周 讲课：设计表达	设计分析与表达	总图设计 ⇄ 数据交互 ⇄ 形式修正	1.梳理表达线素 2.总平定稿 3.各类分析图纸、模型定稿 4.组版、成果模型、PPT准备
第八周	正图与模型制作		
终期评图		设计成果综合呈现	

教学架构

1. "MIX" (学生：吴奕帆，姚舟，陈乃华)

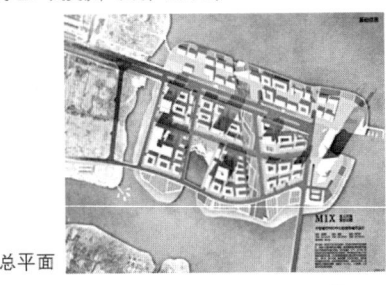

总平面

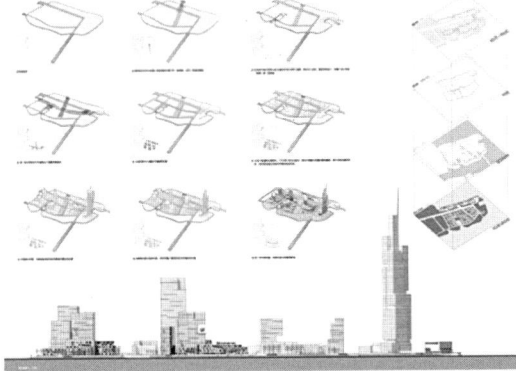

策略分析

2. "绿网城市" (学生：周星宇，沈略)

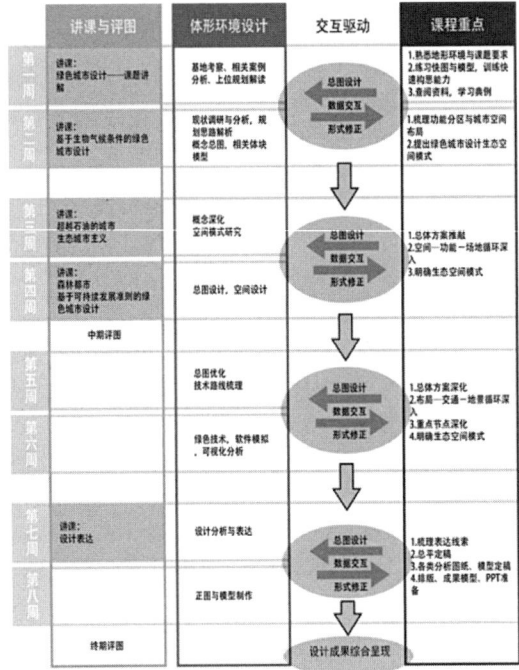

总平面

鸟瞰图

剖面图

本教学案例详细内容请见建工书院公众号相关推文
示范课教学视频《气候适配与资源节约的总体环境设计》请见"建工书院"网站

典型教学案例 2.5.1

在不同教学时段，提供了两块不同的教学场地，基地一：位于宜兴氿滨大道以东，解放东路的东端地段，整个基地呈半岛形突入水面，环境优美；基地二：位于南京江心洲中新生态科技城核心区，基地四面环水，环境优美，地块内部地势较为平坦。学生以 2~3 人为一个教学组，通过实地调研、数据分析与方案比选，建立适应基地特征和绿色城市设计要求的交通组织、绿地系统建构、功能复合、城市空间布局及绿色建筑设计与构思。引导学生在现有技术和环境条件下，选择适宜的技术手段和生态策略，如气候适应、地形再构、复合功能、低碳交通，以及高效能源系统等。

2.5.2 延伸思考

（1）在城市 RBD 中心区的总图设计中，如何综合分析与评价场地中的气候与地形要素对总体环境设计的影响？

（2）从绿色城市设计的角度出发，在城市 RBD 中心区设计时如何实现气候适应、地形再构、水绿系统建构、城市功能复合等因子的整合与优化？

参考文献

［1］ 徐小东，王建国 . 绿色城市设计 [M]. 南京：东南大学出版社，2018.
［2］ 维特鲁威 . 建筑十书 [M]. 高履泰，译 . 北京：知识产权出版社，2001.
［3］ 潘谷西 . 中国建筑史 [M]. 北京：中国建筑工业出版社，2014.
［4］ 中国城市规划执业制度管理委员会 . 城市规划原理 [M]. 北京：中国建筑工业出版社，2000.
［5］ 韩冬青，顾震弘，吴国栋 . 以空间形态为核心的公共建筑气候适应性设计方法研究 [J]. 建筑学报，2019（4）：78-84.
［6］ 中国建筑标准设计研究院有限公司 . 民用建筑设计统一标准：GB 50352—2019[S]. 北京：中国建筑工业出版社，2019.
［7］ 吴庆洲，李炎，吴运江，等 . 城水相依显特色，排蓄并举防雨潦——古城水系防洪排涝历史经验的借鉴与当代城市防涝的对策 [J]. 城市规划，2014，38（8）：71-77.
［8］ 封吉昌 . 国土资源实用词典 [M]. 湖北：中国地质大学出版社，2011.
［9］ 伯格曼，著 . 可持续设计要点指南 [M]. 徐馨莲，陈然，译 . 南京：江苏科学技术出版社，2014.
［10］ 杨柳 . 建筑气候学 [M]. 北京：中国建筑工业出版社，2010.
［11］ 刘加平，董靓，孙世钧 . 绿色建筑概论 [M]. 北京：中国建筑工业出版社，2010.
［12］ 中国城市科学研究会绿色建筑与节能专业委员会绿色人文学组 . 绿色建筑的人文理念 [M]. 北京：中国建筑工业出版社，2010：238.
［13］ 卢济威，王海松 . 山地建筑设计 [M]. 北京：中国建筑工业出版社，2001.
［14］ SIMONDS J. O. Landscape Design：Site Planning and Design Manual [M]. Philadelphia：Saunders, 1974.
［15］ BROWN G. Z. DEKAY M. Sun, Wind & Light——Architectural Design Strategies[M]. 2nd. New York：John Wiley & Sons, Inc., 2001.

［16］G・Z・布朗，马克・德凯.太阳辐射・风・自然光：建筑设计策略［M］.常志刚，刘毅军，朱宏涛，译.中国建筑工业出版社，2008.

［17］宋德萱.节能建筑设计与技术［M］.上海：同济大学出版社.2003.

［18］傅抱璞.我国不同自然条件下的水域气候效应［J］.地理学报，1997（3）：56-63.

［19］阿尔温德・尚里克，尼克・贝克，西莫斯・扬纳斯，S.V.索科洛伊.建筑节能设计手册——气候与建筑［M］.北京：中国建筑工业出版社，2005.

［20］孟宪磊.不透水面、植被、水体与城市热岛关系的多尺度研究［D］.上海：华东师范大学，2010.

［21］曾旭东，金昊.生态系统动态平衡下的重庆坡地公共建筑底层架空设计初探［J］.西部人居环境学刊，2013（5）：39-43.

［22］方智果，陈晓向.架空在滨水建筑中的运用及其价值［J］.中外建筑，2006（6）：5-8.

［23］东南大学.中国建筑设计研究院有限公司编著.韩冬青主编.气候适应型绿色公共建筑集成设计方法［M］.南京：东南大学出版社，2021.

［24］陈瑾民，燕海南.基于风环境优化的街区尺度建筑布局研究——以湿热地区城市广州为例［J］.建筑技艺，2021，27（9）：73-77.

［25］陈飞.建筑风环境.夏热冬冷气候区风环境研究与建筑节能设计［M］.北京：中国建筑工业出版社，2009.

［26］中国建筑工业出版社，中国建筑学会.建筑设计资料集.第1分册［M］.北京：中国建筑工业出版社，2017.

［27］中国建筑工业出版社，中国建筑学会.建筑设计资料集.第8分册［M］.北京：中国建筑工业出版社，2017.

［28］应小宇，龚敏.风环境视野下的建筑布局设计方法［M］.北京：中国建筑工业出版社，2022.

［29］张悦.绿色公共建筑的气候适应机理研究［M］.北京：中国建筑工业出版社，2021.

［30］谭良斌，刘加平.绿色建筑设计概论［M］.北京：科学出版社，2021.

［31］钱方.面对慷慨的错误——四川若尔盖暖巢项目设计思考［J］.建筑学报，2021（5）：62-69.

第 3 章

气候适应的建筑体形设计

作为空间环境的三维构成，建筑体形从根本上决定了室内环境与外部气候之间能量交换的效率。世界各地的乡土建筑，在长期的演进过程中，其体形样态无一不显示出与当地气候环境长相适应的选择。因此，建筑的体形选择和几何确定在绿色建筑设计中具有根本性的意义。

本章首先解读了表征建筑体形的六项体形因子、定义环境性能的五项环境气候因子之间相互作用的机理，由此引出气候适应的建筑体形设计的两种主要类型——热性能调控形体和风性能调控形体，并进一步通过自得热、自遮阳和导风、阻风的不同目标导向下的一系列优秀设计案例解析，讲授气候适应的建筑体形设计方法。本章最后提供两则典型教学案例及其成果作为学习参照。

3.1 建筑体形的气候理性

3.1.1 气候与建筑体形的类比

对于因地制宜的乡土民居而言，气候环境敏锐而直接地反映在建筑形体特征上。体形系数[①]是用以判断建筑能量积蓄或排出的参数，对体形系数的研究本质上指向对建筑体形的热力学类型研究。在每个气候类型[②]中找到1~2种典型乡土民居，建立体形分析模型，计算得到各自的体形系数，在此基础上绘制出与气候类型对应的各地乡土民居体形类型分布图，可以看出建筑体形清晰呈现出具备生物气候理性的应对机制与地域特征。根据体形系数计算值及与气候区域的分布对应，将各地的乡土建筑体形分为集约型、适中型和松散型三种类型（图3-1）。

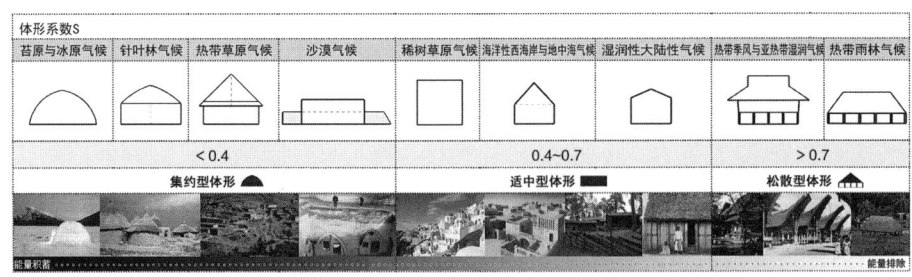

图3-1 乡土建筑体形与气候的类型对应

---

① "体形系数"是指建筑物与室外大气接触的外表面积与其所包围的体积的比值。一般认为建筑体形系数与建筑物的节能有直接关系；体形系数越大，说明同样建筑体积的外表面积越大，散热面积越大，建筑能耗就越高，对建筑节能越不利。

② 采用的气候类型分类方法是被广泛使用的"柯本气候分类法"，柯本气候分类法将全球气候分为12型——热带雨林气候、热带季风气候、热带草原气候、沙漠气候、稀树草原气候、地中海气候、亚热带湿润性气候、海洋性西海岸气候、湿润性大陆性气候、针叶林气候、冰原气候、苔原气候和山地气候。

乡土建筑体形与气候的类型对应揭示了各地原生建筑在所处气候条件下的选择和适应。长期以来在乡土建筑中，人们通过建造本身的形态适应和环境调控，取得相对的舒适感，较少耗费外加的动力和能源。

3.1.2　建筑体形性能机理

建筑体形性能机理是指建筑体形与环境性能之间相互影响和作用的机制，这是气候适应的建筑体形设计的认识基础。为了揭示这一多维复杂的交互机制，分别选取 6 项建筑体形因子和 5 项环境性能因子，对这两组因子进行逐对分析研究。选取的建筑体形因子包括热方位角、热倾斜角、风方位角、风倾斜角、负体形高宽比和负体形口底比，环境性能因子分别是操作温度、太阳辐射、相对湿度、空气流速和照度（图 3-2）。

其中"负体形"用于表述与建筑形体具有紧密而明确几何相关性的外部空间，如庭院、天井等。负体形具备独立完整的几何形状，对建筑室内物理环境产生可以解析的作用与影响，一般情况下起到过渡、缓冲以及调节环境性能的作用，而高宽比和口底比作为描述负体形的典型因子，其参数变量体

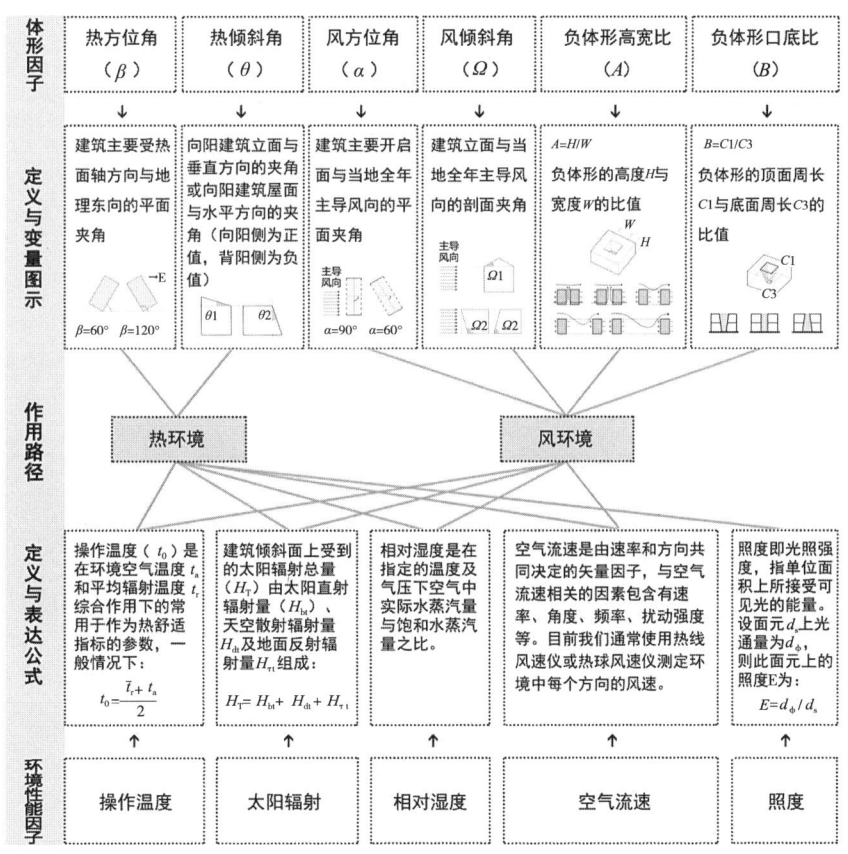

图 3-2　建筑体形因子与环境性能因子的定义及其相互作用路径

63

现了对室内风环境产生的影响。

在选取和定义了体形因子和环境性能因子之后，对于其相互作用机制的研究在两组变量 11 对交互关系间展开，采用的方法包括性能模拟、性状界面实测、参变量计算、机制耦合等。显示的是热方位角 β 与太阳辐射、热倾斜角 θ 与太阳辐射、风方位角 α 与空气流速、风倾斜角 Ω 与空气流速、负体形高宽比 A 与空气流速、负体形口底比 B 与空气流速等 6 对因子间的作用机制（图 3-3）。

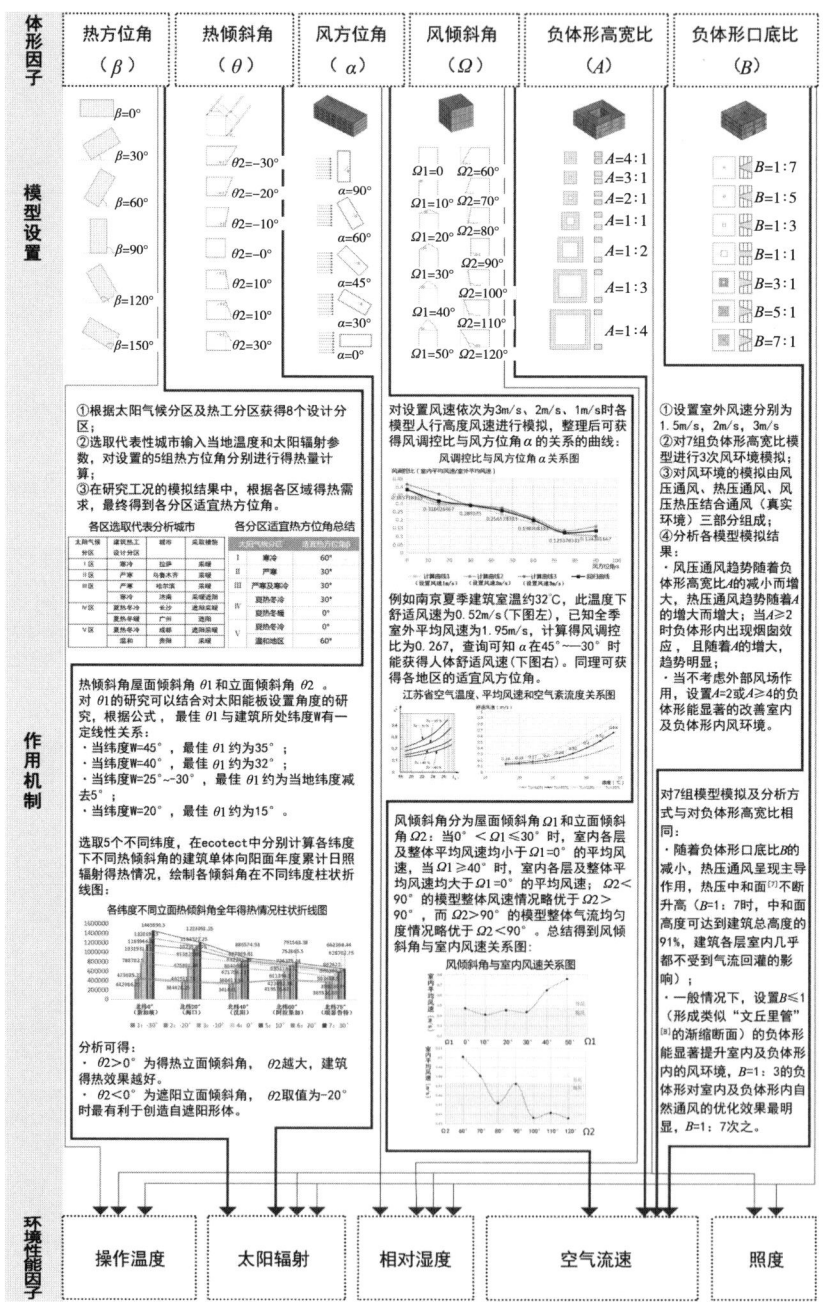

图 3-3　建筑体形因子与环境性能因子的相互作用机制

建筑体形性能机理的研究和揭示，直接导向在建筑设计中如何通过形体及其组成构件的设计对建筑环境，尤其是热环境和风环境施以调控，由此得出气候适应的建筑体形设计的两种主要方法——热性能调控形体和风性能调控形体（图3-4）。

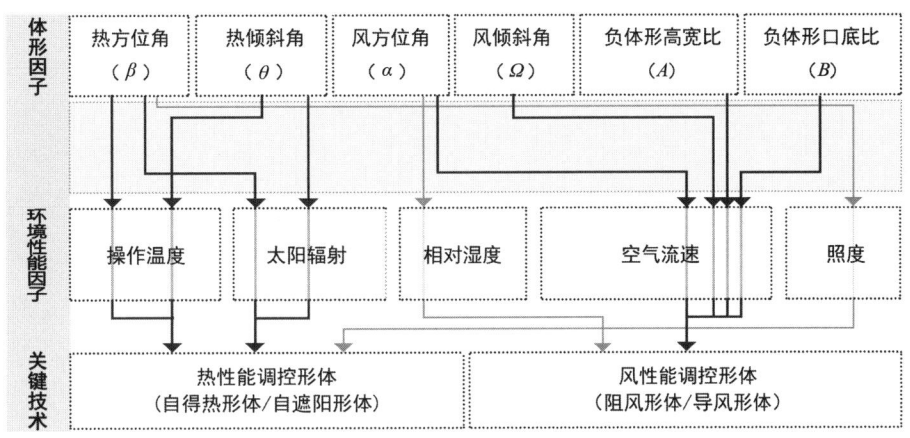

图 3-4 建筑体形性能机理与适应性体形设计关键技术

3.2.1　定义和作用机理

热性能调控形体包含自得热与自遮阳形体，是指利用建筑形体塑造来获得或屏蔽太阳辐射得热的设计技术。热性能调控形体设计体现在建筑体形的倾斜、旋转和扭曲等，建筑根据太阳高度角和方位角以及环境需求来确定各体形面的朝向、角度和形态，塑造自得热或自遮阳形体，以此适应所在地区气候，调控优化室内外热环境。

建筑外部形态的设计在很大程度上奠定了建筑热环境基础，例如下部向外延伸的外倾斜立面会使建筑表面获得更多太阳直射辐射量，下部向内收缩的内倾斜立面会在一定程度上遮蔽太阳直射辐射，同时给自身形成阴影；建筑外形的外凸或内凹程度的不同也会给建筑室内带来不同的太阳辐射得热。根据太阳的行动轨迹来调整建筑的外部形态，成为性能化绿色建筑设计的重要手段。

人们很早就意识到太阳热与建筑形体相互作用的关系，建筑师依据太阳运行轨迹提出日照包络面（Solar Envelope）、太阳雕刻（Solar Carve）等形体生成方法，建筑形体设计通过几何变形来回应所需的太阳辐射量，主要形体调控策略包括：倾折式表面、扭变式外形、消隐式体量（图3-5）。

1）倾折式表面包括立面倾斜和立面折叠等建筑形体设计方法。立面倾

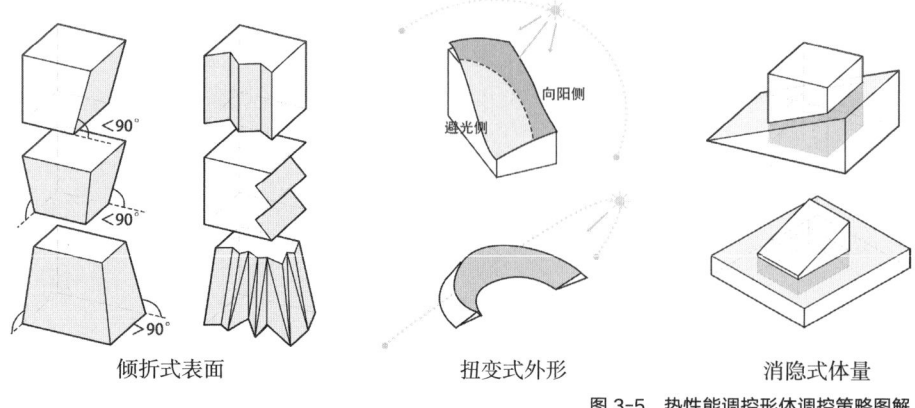

| 倾折式表面 | 扭变式外形 | 消隐式体量 |

图 3-5　热性能调控形体调控策略图解

斜是指建筑立面与水平面的夹角大于或小于 90°，倾斜面的选择基于建筑所处位置的太阳方位角。在北半球，南立面常作为主要设计面，以太阳直射辐射的入射角度为依据，具体倾斜角度需要根据建筑所处气候区、建筑所在地的太阳高度角以及建筑自身功能来确定。通常而言，立面向内倾斜起到遮阳的作用，立面向外倾斜起到得热的作用。立面折叠是指建筑立面呈现多方向连续变化的建筑形体，以横向层叠及纵向弯折为主要形态，通过对折叠方式、折叠角度以及折叠率进行比较研究，使经过折叠后的建筑立面可对直射太阳光线进行多次反射，从而折减太阳辐射得热，或起到延展热交换界面从而进行热量补偿的作用。

2）扭变式外形是指建筑屋面或立面被赋予非线性状态后获得的建筑形体。屋面和立面作为建筑单体与太阳光最直接的接触面，承担了全时段、全方位接收和调节太阳辐射的任务。扭变式外形可以连续并灵活处理建筑表面，分区域精确调节太阳辐射得热，综合天然采光因素，协同优化室内热环境和光环境。

3）消隐式体量是指建筑可直接接收太阳辐射的表面面积小于形体实际表面面积的形体类型，例如局部被土壤覆盖的覆土建筑或半地下建筑。相比于其他建筑，形体隐匿后建筑能够接收太阳辐射的表面面积减少，是一种高效的手段。得益于土壤等大热质量的良好隔绝与吸热特性，被覆盖在土壤中的部分可以拥有稳定的热环境。

建筑热环境及其冷热负荷常用 Energyplus 软件来模拟分析，包括建筑全年总能耗、制冷能耗、采暖能耗、典型日温度变化。Energyplus 使用流程包括：准备建筑模型、构建模拟输入文件、设置模拟参数、定义热舒适和能耗目标、输入气象数据、配置 HVAC 系统、设置内部负荷、进行模拟运行、结果分析。室内光环境常用 Ecotect 软件来模拟分析，一般过程有：导入建筑模型、设置建筑属性、配置光源和照明系统、设定模拟参数、选择模拟类型、运行模拟、结果可视化、性能评估。通过模拟，可以获得热性能调控形体对能耗、室内热环境和光环境的影响，据此初步判断形体的光热平衡程度。在实际设计过程中，需根据设计问题，权衡模拟结果得出相对最优策略。

3.2.2 自得热形体

建筑日照有着重要的健康卫生意义、良好的取暖和干燥作用以及一定的节能效益。在日照时间短，太阳辐射不足的地区，建筑外部形态设计有助于强化对日照和太阳辐射的摄取。

自得热形体指建筑物通过形体设计（包括倾斜、旋转、扭曲、变化）来获取足量日照和太阳辐射热的设计方法，主要依据热方位角和热倾斜角对太阳辐射，并进而对室内操作温度进行调控。

根据功能类型与设计方法的不同，自得热形体以扩展向阳面、延长得热时间和提升热辐射效率为主要设计导向，以倾折式表面和扭变式外形为主要策略。

1）倾折式表面

倾折式表面的设计方法，可以意大利建筑师曼弗雷第·尼科勒提（Manfrdi Nicoletti）为意大利卡塔尼亚大学动物学研究所设计的热带蝴蝶温室（Greenhouse for Tropical Butterflies）为例。由于热带蝴蝶无法在空调房间中生存，为了模拟出类似热带雨林的气候条件，建筑通过调控太阳辐射来选择性获取适度的热量，取得较为恒定的室内温度。建筑师通过不同朝向、倾角和形状的围护界面及其在西西里岛特定日照条件下的精确组合，来实现蝴蝶温室内部所需的恒定室温（图 3-6）。

与规整形态的建筑不同，热带蝴蝶温室通过计算模拟，采用多向折面以延展热交换界面进行热量补偿，主要体现在对各立面倾斜角度的巧妙设计，以达到在不同季节获得几近平衡的太阳辐射热。温室所在的卡塔尼亚地处北纬 37.71°，冬至日和夏至日正午太阳高度角分别为 28.79° 和 75.79°。热倾斜角为 −25° 的围护界面在冬季不会阻碍室内获得足够的太阳辐射热；而在夏季则形成了形体自遮阳，屏蔽了过多的太阳辐射热，在夏至日正午，向南的立面甚至完全避开了太阳直射。此外，建筑师也考虑了全天不同时间的太阳辐射强度，正午 12 时，太阳照射到的建筑受热面远比早上 8 时少，以此来平衡全天不同时段的建筑得热量。

从 6：00—17：00 可接受太阳直射辐射的建筑外立面示意图来看，虽然在综合考虑热方位角和热倾斜角后获得了最佳平衡得热方案，在 14：00 后蝴蝶温室仍会受到周边建筑的遮挡，于是建筑师利用玻璃良好的透光性和钢

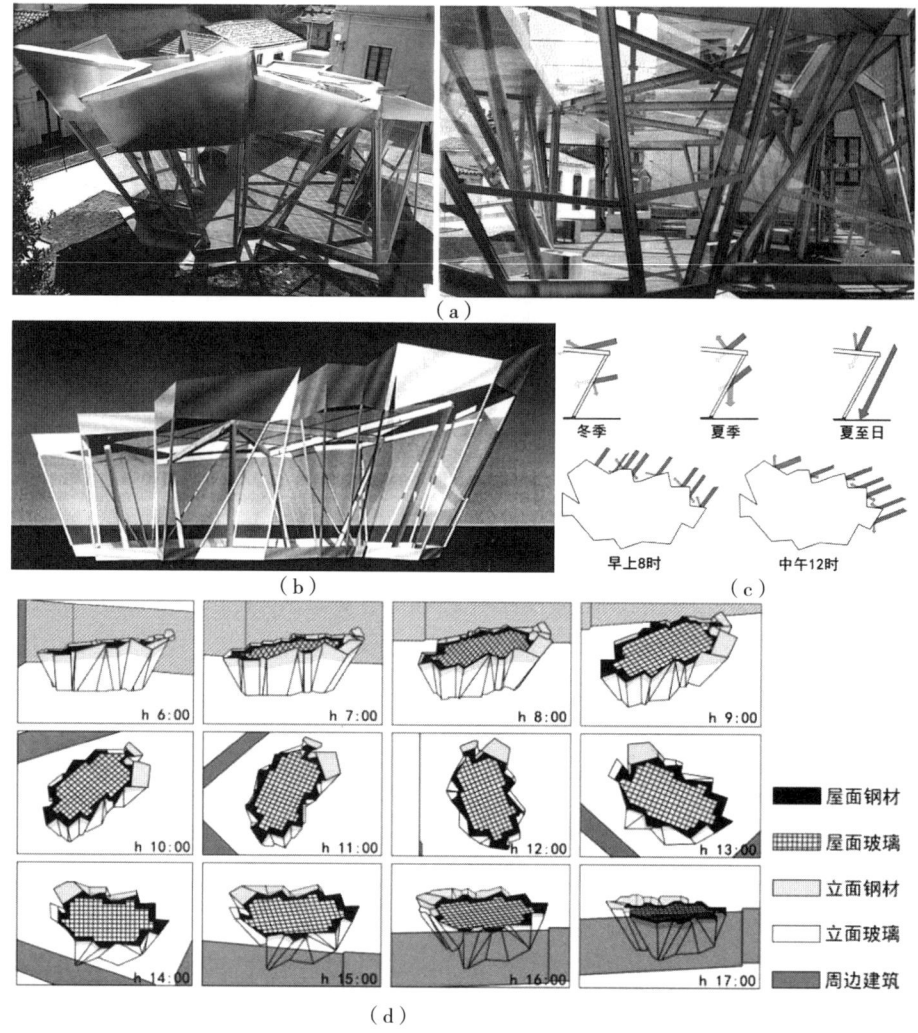

（a）

（b）

冬季 夏季 夏至日

早上8时 中午12时

（c）

h 6:00 h 7:00 h 8:00 h 9:00

h 10:00 h 11:00 h 12:00 h 13:00

h 14:00 h 15:00 h 16:00 h 17:00

■ 屋面钢材
▦ 屋面玻璃
▧ 立面钢材
□ 立面玻璃
■ 周边建筑

（d）

图 3-6 意大利卡塔尼亚热带蝴蝶温室的倾折式设计
（a）热带蝴蝶温室实景照片；（b）热带蝴蝶温室模型；（c）不同季节及不同时刻得热示意图；
（d）全天不同时刻建筑外立面接受太阳直射辐射示意图
（图片来源：肖葳，张彤. 建筑体形性能机理与适应性体形设计关键技术 [J]. 建筑师，2019（6）：16-24.）

材优秀的传热性能，加大对太阳辐射的吸收，实现最大程度的温度平衡。热带蝴蝶温室通过建筑形体与空间的形状，精确地营造了一个热平衡空间。经过实测，温室内一天中不同时间以及一年中不同季节的温度可以保持基本恒定。

2）扭变式外形

扭变式外形的设计方法以荷兰建筑师事务所 MVRDV 为台湾电力股份有限公司设计的台湾彰化离岸风力发电厂运维中心：光能之石（Sun Rock）为例。建筑包含办公室、维修工厂、存储空间和公共展厅，通过建筑形态和立面造型将太阳能发电效率最大化（图 3-7）。

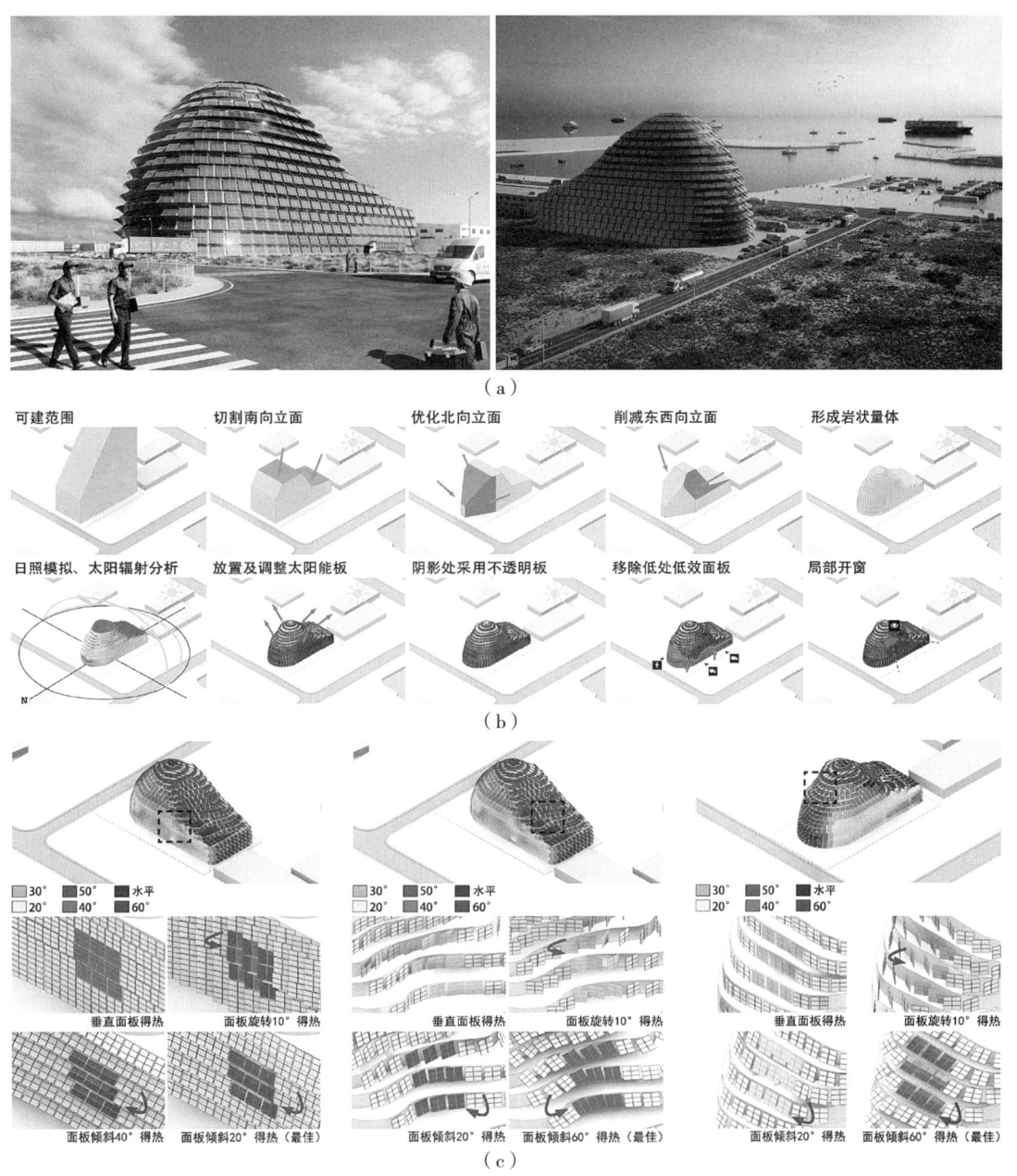

（a）

可建范围　　切割南向立面　　优化北向立面　　削减东西向立面　　形成岩状量体

日照模拟、太阳辐射分析　放置及调整太阳能板　阴影处采用不透明板　移除低处低效面板　局部开窗

（b）

30° 50° 水平
20° 40° 60°

垂直面板得热　　面板旋转10°得热

面板倾斜40°得热　面板倾斜20°得热（最佳）

30° 50° 水平
20° 40° 60°

垂直面板得热　　面板旋转10°得热

面板倾斜20°得热　面板倾斜60°得热（最佳）

30° 50° 水平
20° 40° 60°

垂直面板得热　　面板旋转10°得热

面板倾斜20°得热　面板倾斜60°得热（最佳）

（c）

图 3-7　光能之石的扭变式外形设计
（a）建筑形态；（b）建筑形态生成逻辑图示；（c）西立面（左）、南立面（中）、北立面（右）的面板倾斜角度分析
（图片来源：根据 MVRDV 事务所官网资料改绘）

　　建筑位于彰化沿海的彰滨工业区，其主要用途是为离岸风电可持续能源设备提供储存与维护空间。基地全年都拥有充沛的日照，"光能之石"的外形轮廓意在让建筑的各个角度都可以最大限度地吸收太阳能。建筑根据太阳高度角及方位角，对形体进行切割和优化。南侧采用倾斜的屋面，制造出更大面积的外墙来吸收正午太阳的直射；北侧采用圆形屋顶，以最大

限度增加建筑表面接收日照的面积。大楼顶层在太阳能板构筑的圆顶下，设置了一座种满树木的露台，向游客和公司员工开放，提供休憩放松的宜人空间。

同时建筑拥有横向"折叠"的立面，以最大化地吸收太阳能。折面上附着光伏电池板，且折叠的角度根据各向的太阳入射强度进行了最优化调整，例如西立面面板倾斜 40°，南立面和北立面面板倾斜 60°，从而充分发挥太阳能板的发电潜力。经过形体优化设计，建筑可以承载 4000m² 以上的光伏面板，每年可产生近 100 万 kWh 的绿色能源——相当于燃烧 85t 原油所产生的能量——使大楼能够完全实现能源的自给自足。建筑形体作为一个性能导向的设计，成功将可持续建筑中的绿色能源利用推向极致。

3.2.3 自遮阳形体

在炎热地区，日照时间长，太阳辐射强烈，建筑物的整体形状及某些部位如立面、屋面、外廊与窗口等需要调节太阳直射辐射，以扬其利而避其害。尤其是建筑外部形态的设计，是建筑整体太阳辐射控制的先决条件，也可以为后续的遮阳设计奠定基础。

自遮阳形体指建筑物通过形体设计（包括倾斜、旋转、扭曲、变化）来规避过量日照和太阳直射辐射得热的设计技术，主要依据热方位角和热倾斜角控制太阳辐射，并进而对室内操作温度实施调控。

根据功能类型与设计手法的不同，自遮阳形体以缩减向阳面、缩短得热时间和降低热辐射效率为设计导向，以倾折式表面、扭变式外形、消隐式体量为主要策略，或单独使用，或叠加运用于建筑形体设计。

1）倾折式表面

倾折式表面的设计方法以诺曼·福斯特（Norman Foster）设计的英国伦敦新市政厅（London City Hall）为例。新市政厅坐落于泰晤士河旁，总建筑面积 12000m²，为市政公职人员提供办公场所，为了体现市政办公的透明性，内部分隔及外墙大量采用玻璃材料。建筑设计以减少夏季太阳辐射热的吸收和增大冬季得热保温为出发点，通过精确的计算和实验模型验证，建筑的整体形态最终呈现为一个向南倾斜的球形变体（图 3-8）。

向南倾斜的目的是使南向外围护界面以最小面积暴露在夏季的阳光下，南向各层逐层向外挑出形成阴影。由建筑剖面可见，建筑南立面热倾斜角为遮阳倾斜角，角度在 10°~25° 之间，南立面底部内缩式的倾斜无疑减少了太阳辐射得热量，形成建筑的"形体自遮阳"。这种倾斜设计考虑的另一个因素是避免市政厅建筑在河边的人行道上投下巨大阴影，以保证公共空间的阳

（a）

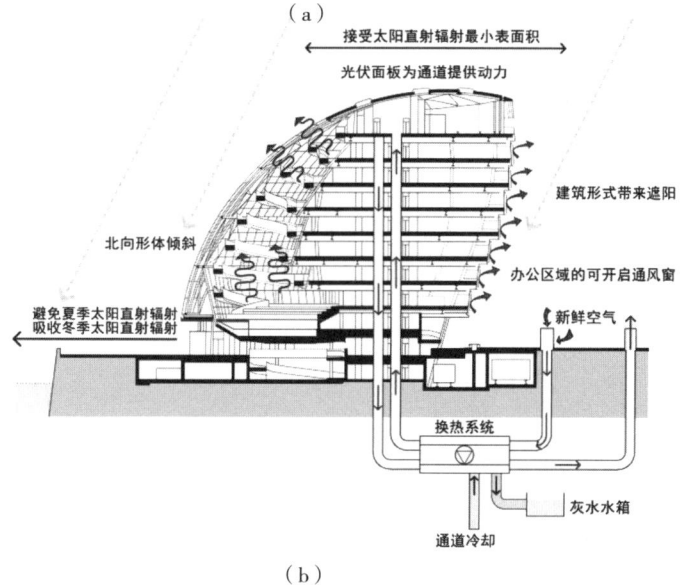

（b）

图 3-8 英国伦敦新市政厅倾折式表面设计
（a）英国伦敦新市政厅实景；（b）建筑节能形体与主动式节能设备示意图
（图片来源：肖葳，张彤 . 建筑体形性能机理与适应性体形设计关键技术 [J]. 建筑师，2019（6）：16–24.）

光与通透。需要说明的是，形体设计除了在南向形成自遮阳外，其北侧向外倾斜增大了得热面积，设置于建筑北部的交通空间构成腔体，大面积被玻璃覆盖，形成温室效应，实现建筑的"自得热"。

市政厅内还设置水源冷却和换热系统。夏季，地下水源相对室外空气温度较低，通过与室内热空气进行热交换可有效地降低室温。而在冬季，地下水源相对室外空气温度较高，通过热交换可以升高室温。

该建筑采用了适宜的性能化形体设计，在夏季避免了办公区域接受过多热量，在冬季通过被动式太阳能采暖，延缓了内部热量的损耗。这是自遮阳形体和自得热形体的综合案例，通过气候适应性的建筑体形设计取得了热环境平衡。官方网站数据显示，该建筑供暖和制冷系统能耗只有相同体积矩形建筑的四分之一。

2）扭变式外形

扭变式外形的设计方法以荷兰建筑师事务所 MVRDV 设计的上海兰桂骐中国技术研发中心为例。这座 11 层的办公楼建筑位于上海临港新城滴水湖畔，阶梯状露台形成的体形以扭转的姿态展现出醒目的曲线造型（图 3-9）。

扭曲的屋面形态使该建筑拥有应对南北两侧太阳辐射的不同姿态，南侧屋面呈外凸状，尽可能与太阳入射角垂直，覆有太阳能光电板；而北侧屋面呈内凹状，最大程度上躲避太阳直射。镂空的形态使得露台能获得适量的采光和通风，露台覆以木材和绿植，设有通往建筑顶端的公共通道，为公司提供交流、展示和讨论的空间。同时，屋面和露台之间的空隙也形成了热压通风的通

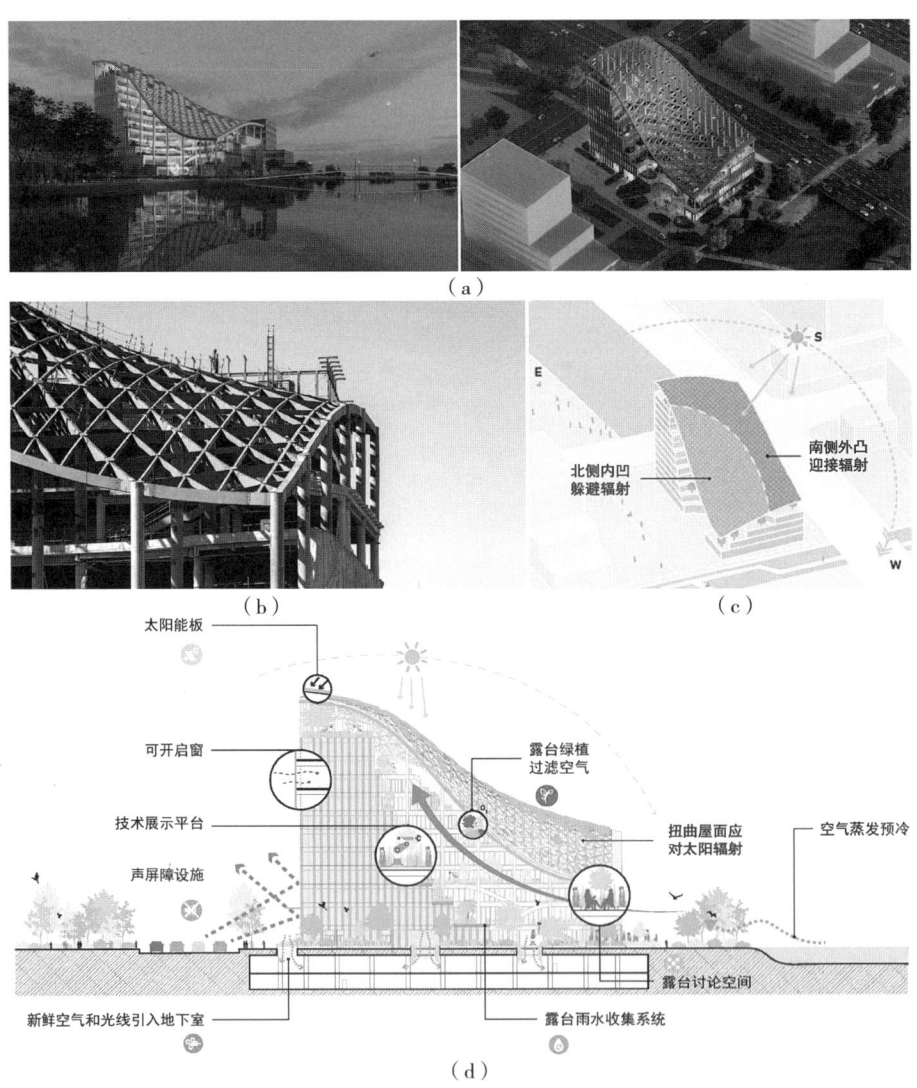

图 3-9　上海兰桂骐中国技术研发中心的扭变式外形设计
（a）建筑形态；（b）扭曲屋面建设实景；（c）屋面应对太阳辐射示意图；（d）建筑节能分析
（图片来源：根据 MVRDV 事务所官网资料改绘）

道。建筑形态使其在高效完成太阳能得热的同时也形成了建筑自遮阳。据数据分析，该建筑运行耗能几乎为零，隐含碳将比同类型建筑低40%。

3）消隐式体量

消隐式体量的设计方法以希腊建筑师事务所 Mold Architects 设计的希腊塞里福斯岛 NCaved 住宅为例。NCaved 住宅坐落于希腊塞里福斯岛（Serifos Island）一处僻静的岩石海湾上，项目场地视野开阔，但却暴露在强烈的太阳直射和北风之下。为了充分发挥场地的景观优势，同时规避气候条件带来的劣势，Mold architects 采用了覆土建筑的形式，使得建筑几乎完全隐蔽在场地中，创造出一个与山体融为一体的庇护所（图 3-10）。

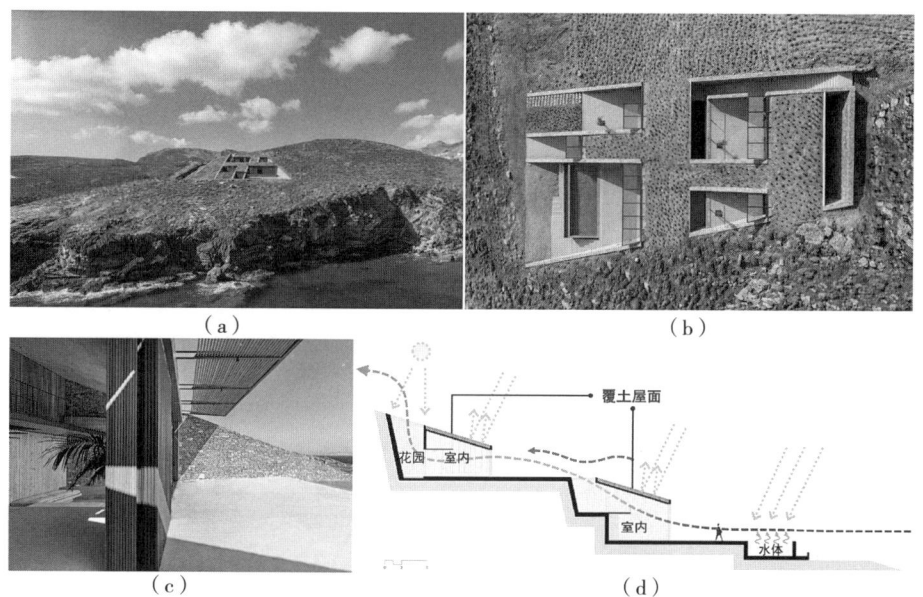

（a）　　　　　　　　　　　　　　　　　（b）

（c）　　　　　　　　　　　　　　　　　（d）

图 3-10　希腊塞里福斯岛 NCaved 住宅的消隐式体量设计
（a）建筑实景；（b）建筑鸟瞰；（c）建筑东北向界面；（d）通风采光示意图
（图片来源：Architects M. 隐匿天地间：希腊 NCaved 住宅 [J]. 室内设计与装修，2021（6）：18-23.）

建筑面向大海，呈东北朝向，其矩形网格结构使三层空间嵌入山体的斜坡之中。石砌的纵向墙起到挡土的作用，并将访客的视线引向海平线。而玻璃构成的横向墙体则是轻质的，前部完全向东北敞开，后部则与山体一起围合出室内花园，构成建筑的自然通风与采光通道。建筑的东北朝向使得室内可以获得充足采光的同时，不受太阳直射辐射的困扰；消隐式体量使外围护界面几乎不暴露在阳光下，可直接接收太阳辐射的表面积只有建筑实际表面积的20%；纵向石墙和绿色屋顶使得建筑室内温度波动较小。在当地最热日超过40℃的气温下，室内能保持在30℃。同时，建筑围护结构配合以高性能隔热材料和节能玻璃面板，使得 NCaved 住宅拥有出色的节能效果。

3.3.1　定义和作用机理

风性能调控形体包含阻风与导风形体，是指利用建筑形体塑造来抑制或促进室内外自然通风的设计方法。风性能调控形体设计体现在建筑体形的倾斜、旋转和扭曲等。设计根据当地主导风向和环境需求确定各体形面的风方位角和风倾斜角，来塑造阻风或导风形体，调控优化室内外风环境。

太阳辐射和风作为建筑物外部最主要的气候条件，一方面为建成环境提供能源，另一方面又决定了空气的质量和性状。建筑外形的设计在很大程度上奠定了风环境营造的基础，迎风面的外凸程度或内凹程度决定和影响了建筑周围及室内风压、风速、气流分布情况。建筑形体的合理设计可以避免很多建筑节能的"先天不足"。

对于自然通风的考量在传统民居中有着鲜活的体现。不同风环境中的民居有着不同形式的屋面，例如福州滨海地区的传统民居通过坡度平缓的屋面降低台风的影响，而徽州民居通过屋面倾斜和热压的共同作用获得了充足的自然通风。风性能调控形体的设计基于风方位角、风倾斜角对空气流动的作用机理，通过与风环境拟合的几何形变对外部气流进行引导或阻拦，主要设计策略包括：倾斜式形体、流动式形体、包裹式形体（图 3-11）。

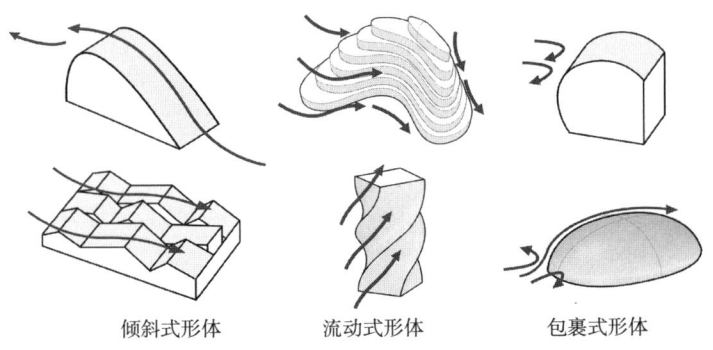

倾斜式形体　　　　流动式形体　　　　包裹式形体

图 3-11　风性能调控形体调控策略图解

倾斜式形体包括建筑外墙和屋面的倾斜处理。倾斜面的选择基于建筑所处位置的全年风向，具体倾斜方向和倾斜角度需要根据建筑所处地区风况以及建筑自身功能来确定。以屋面为例，当风掠过倾斜屋面时，由于伯努利效应[①]，倾斜面上气流速度增大，产生负压，倾斜角度的大小决定迎风向屋面的正负压力差，从而决定了建筑的导风或阻风作用效果。

---

① 1726 年，伯努利发现"边界层表面效应"，为纪念这位科学家的贡献，这一发现被称为"伯努利效应"（Bernoulli Effect）。伯努利效应适用于包括气流在内的一切流体，是流体作稳定流动时的基本现象之一，反映出流体的流速与压强的关系：流体的流速越大，压强越小；流体的流速越小，压强越大。

流动式形体是指建筑为顺应或阻抗气流运行、根据流体力学原理设计的具有连续性和流动性特征的建筑形体。流动式形体可以使建筑形态更好地适应空气流动的特性，一方面引导气流改善建筑内部通风，另一方面顺应气流提高结构安全和稳定。对于高层建筑密集的区域，还可以改善建筑体量对城市风环境产生的影响。

包裹式形体是指将集约形体、阻风立面和覆土埋藏等方法用于阻风、避风和防风的建筑形体设计。具体表现在：体形选择规则集约，体现密闭性；形体组织多为围合或半围合状态，以有效阻风；围护结构精细化处理，确保防风防渗。其中形体边角较为关键，一般采用圆润化处理以减弱高速边角风的影响。

建筑设计中常使用 CFD 软件 Fluent 来模拟风性能调控形体对建筑风环境的影响。一般按照以下流程进行：模型建立、网格划分、边界条件设定、物理模型选择、模拟参数设置、求解计算、结果分析。在实际设计过程中，根据分析结果调整建筑设计方案，如调整建筑朝向、倾斜角角度、根据所需气流强度选择策略类型等，经多次模拟优化得到相对最优的设计策略。

3.3.2　导风形体

导风形体指利用建筑形体设计促进室内外环境自然通风，体现在建筑形体及其围护界面的倾斜、变形、扭转等，根据当地主导风向合理运用倾斜式形体、流动式形体策略可以有效改善室内风况。

1）倾斜式形体

德国建筑师托马斯·赫尔佐格（Thomas Herzog）为 2000 年德国汉诺威世界博览会设计的 26 号展厅（Hall 26 for the Deutsche Messe AG Hannover）是以倾斜式形体策略进行导风的优秀案例（图 3-12）。作为一个大型展厅，建筑师主要采用倾斜式屋面来进行导风，有效组织内部高大空间的通风。该建筑设计体现出形式、技术与功能的统一（图 3-13）。

展厅包括灵活划分的大空间展示区以及展区之间的交通和服务空间。大空间展区布有支架型钢柱，用来支撑悬挂式屋面。建筑师将屋面作为主要迎风面倾斜设置，以控制负压区面积。同时，倾斜屋面使内部空间呈现上小下大的形状，根据文丘里效应[①]的原理，空气从屋面开启排出时会随通风横截面的减少而加速，流速差产生的压力差进一步加强通风效率。此外，屋面倾

---

① 文丘里效应，也称文氏效应，是由意大利物理学家文丘里（Giovanni Battista Venturi）发现并以他的名字命名的一种流体力学现象。该效应表现为当流体通过一个逐渐缩小的通道时，流速会增加，而流体压力会降低。具体来说，受限流动在通过缩小的过流断面时，流体出现流速增大的现象，其流速与过流断面成反比。

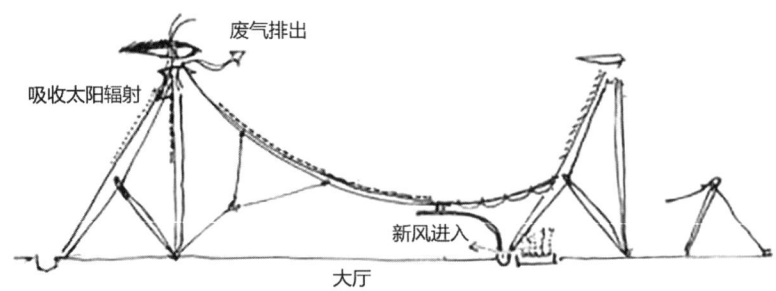

废气排出

吸收太阳辐射

新风进入

大厅

图 3-12 汉诺威世界博览会 26 号展厅的初步设计构想
（图片来源：HERZOG T, SCHRADE H J, SCHNEIDER R, et al. 2000 年德国汉诺威世博会 26 号
展厅 [J]. 城市环境设计，2016（3）：20-29.）

（a）

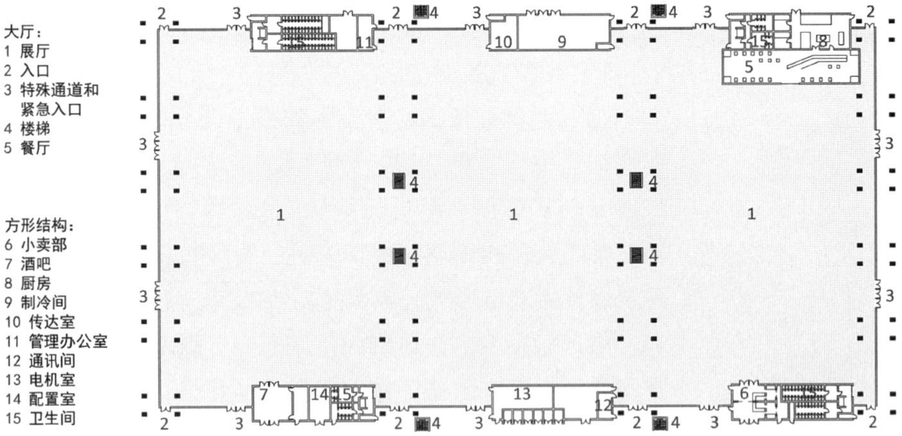

大厅：
1 展厅
2 入口
3 特殊通道和
　紧急入口
4 楼梯
5 餐厅

方形结构：
6 小卖部
7 酒吧
8 厨房
9 制冷间
10 传达室
11 管理办公室
12 通讯间
13 电机室
14 配置室
15 卫生间

（b）

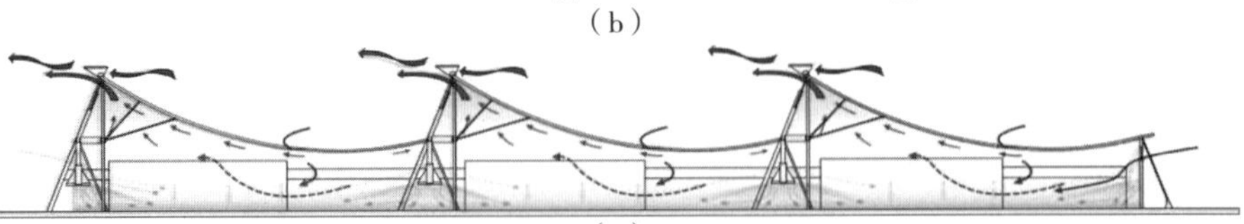

（c）

图 3-13 汉诺威世界博览会 26 号展厅的屋面倾斜设计
（a）26 号展厅实景；（b）26 号展厅平面图；（c）自然通风示意图
（图片来源：HERZOG T, SCHRADE H J, SCHNEIDER R, et al. 2000 年德国汉诺威世博会 26 号展厅 [J].
城市环境设计，2016（3）：20-29.）

斜角的存在使得高起部分吸收更多的太阳辐射，由此形成建筑内部的温度差，强化热压通风效果。污浊的空气由屋脊部分安装的排风叶片排向室外，排风叶片的开闭幅度根据风向的变化而变化。设计在为展厅提供足够高度的室内空间的同时，也利用空间高度实现了自然通风。

由华蓝设计（集团）有限公司设计的广西南宁生态环境科普教育馆，是倾斜式形体的又一个典型案例。广西自然条件优越，雨水充沛，但是夏天气温较高，潮湿的空气导致体感闷热，舒适感较低。建筑设计采用倾斜式形体加强对气流的引导，改善自然通风（图 3-14）。

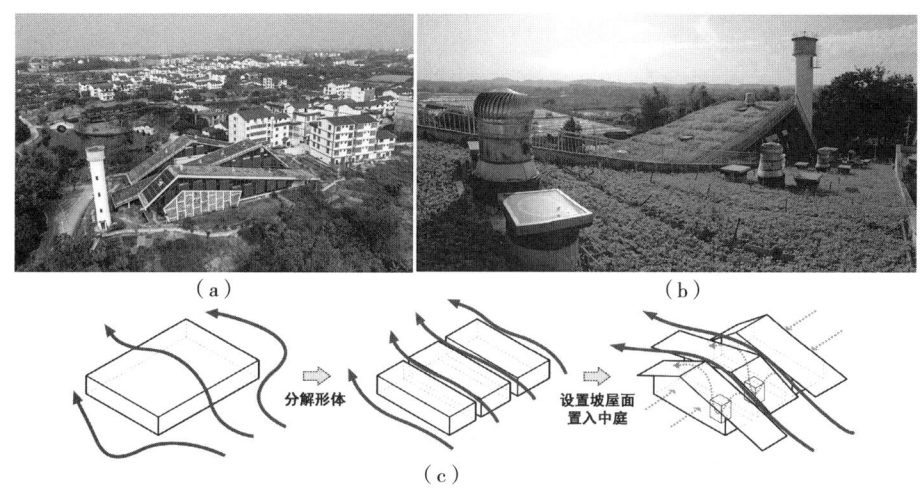

图 3-14　广西南宁生态环境科普教育馆的倾斜式形体设计
（a）建筑实景；（b）无动力风帽实景；（c）建筑的导风形体生成示意图
（图片来源：庞波，郑霁雯，苏波．地域适宜和低能耗的可持续建筑设计——广西南宁生态环境科普教育馆项目建造实践 [J]．建筑技艺，2019（4）：24-29.）

建筑物的面宽越大、高度越高，其外部风阻就越大。在南宁地区常年静风率高的不利气候条件下，气候适应性建筑的形体设计需减少迎风面面积，此外适当将形体敞开有利于形成负压区域，利用风压实现自然通风。项目设计采用分散形体的方式，将建筑朝向夏季主导风方向的立面分成三段，并且将其屋面设置为斜坡屋顶，尽可能减小迎风面面积，避免形成垂直于主导风向的横向挡墙。切分迎风面后，气流从建筑形体间的缝隙流入，在狭缝处形成较高速气流，形成负压区，将室内热空气抽出带走。为了创造更好的通风条件，除了通过建筑形体错位产生的一些起伏变化外，还在建筑内部适当位置设置了两个中庭，减小建筑的进深，增加了建筑表面积，增大了建筑与室外环境的接触面。分解的建筑形体在通风缝隙和中庭的综合作用下，自然通风状况明显优于大面宽的连续实体立面。

为了进一步优化室内通风，设计还在建筑斜坡屋顶设置了无动力风帽，利用自然风推动风机的涡轮旋转，在顶部形成抽风效应，加速排出室内的热污染气体。无动力风帽不用电、无噪声，可持续运转，是一种效果显著的低成本节能措施。实践证明，在风帽系统"关闭"和"开启"不同状态下，内部的"闷热"感受有着明显差别。

2）流动式形体

意大利建筑师伦佐·皮亚诺设计的新喀里多尼亚岛（Nouvelle-Calédonie）、努美阿（Nouméa）吉巴欧文化艺术中心（Tjibaou Cultural Centre），是通过流动式形体策略进行导风的优秀案例。建筑坐落于南太平洋新喀里多尼亚岛首府努美阿，当地气候温暖潮湿，属热带草原气候，一年中温度变化较小，年均气温30℃，夏天比较潮湿，相对湿度超过80%。当地有稳定的东南信风，常年微风宜人，但在某些季节会出现剧烈龙卷风。建筑师关注到信风和阳光对当地气候的积极影响，受到当地乡土棚屋的启发，建筑形体设计的概念之一是设计一种"编织"状的捕风结构，诱导宜人的新鲜空气穿透建筑，形成自然通风（图3-15）。

（a）

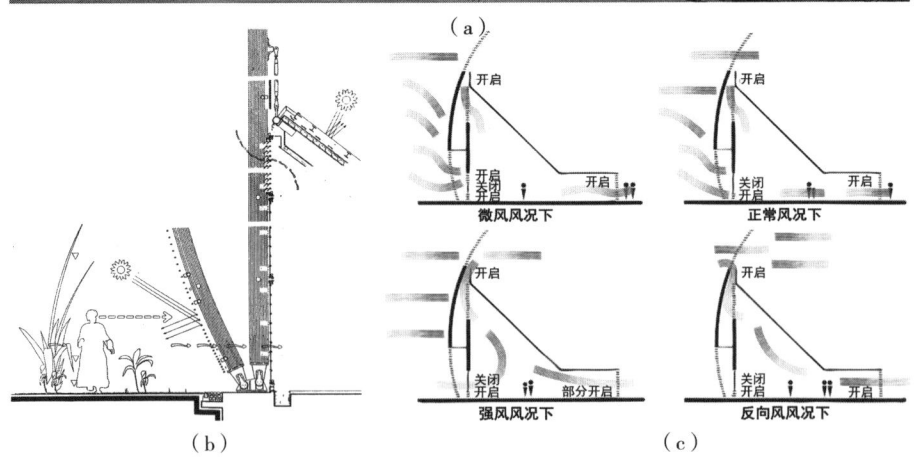

（b）　　　　　　　　　　　　　　　　　　（c）

图3-15　吉巴欧文化艺术中心的流动式形体
（a）吉巴欧文化艺术中心实景；（b）双层外围护结构示意图；（c）空气流动调节示意图
（图片来源：周浩明，冯文静.伦佐·皮亚诺："自然之魂"木建筑奖2000[M].南京：东南大学出版社，2002.）

建筑外围护采用了双层结构，由外层弯曲肋板和内层竖直肋板构成，其间形成空气流通的腔体。设在外层和顶部天窗的开口用于引导和调节室内气流。在正常风况下，底部可调节式百叶窗根据通风需求进行开启和关闭的控制，风穿过双层外围护结构进入室内，再经由建筑另一侧门窗和庭院屋顶上的孔洞排出；在微风风况下，室内热空气沿倾斜的屋顶上升并从墙顶部的固定式百叶窗排出，而位于双层结构之间上升的热气流进一步加强了热压通风；强风风况下，底部百叶窗自动关闭以阻止强风侵袭。建筑的流动式形体由倾斜的屋顶和双层围护结构组成，构成了一个可调节适应不同风力情况的有机结构（图 3-15）。

3.3.3 阻风形体

阻风形体是指利用建筑形体设计来阻挡、遮蔽、减弱室内外环境通风，体现在建筑形体及其围护界面的倾斜、变形、扭曲等，通常采用包裹式形体、流动式形体等策略应对不利于室内环境的强风。

1）包裹式形体
意大利建筑师马里奥·库奇内拉（Mario Cucinella）于 2013 年设计的阿尔及利亚阿尔及尔（Algiers）ARPT 总部大楼（ARPT New Headquarters）方案采用包裹式形体策略进行阻风。阿尔及利亚夏季酷热少雨，建筑体形的设计参考了沙丘的空气动力学原理，在北侧处凸起以阻隔夏季热风，在南侧凹陷以捕捉夜间凉风。该设计在建筑内部置入了绿植以及负体形，因势利导，调节建筑物的自然通风（图 3-16）。

建筑北立面总体呈现微凸的壳形，立面风倾斜角为 80°~85°，可以有效阻挡夏季主导风带来的热量。同时在凸壳表面上还设置了雨水回收和冷凝系统，充分利用热风带来的雨量和水分。建筑南立面呈现微凹的扇形，立面风倾斜角为 30°~40°，能够吸纳从绿洲吹来的凉风。同时，建筑体量将负体形空间包裹在内，通过中庭和绿植调节建筑室内的热湿和照度环境。建筑师通过对建筑形态的控制，因势利导，应用包裹式形体策略应对场地不利风环境，同时积极调动有力的自然要素改善微气候环境。

2）流动式形体
由意大利建筑师曼弗雷第·尼科勒提（Manfredi Nicoletti）设计的哈萨克斯坦阿斯塔纳国家大剧院（Kazakhstan Central Concert Hall），是运用流动式形体策略进行建筑阻风的典型案例。剧院占地 54000m²，其建筑体形采用流线形，花瓣状的建筑表皮交织错落，倾斜平滑的表面层层包裹，高

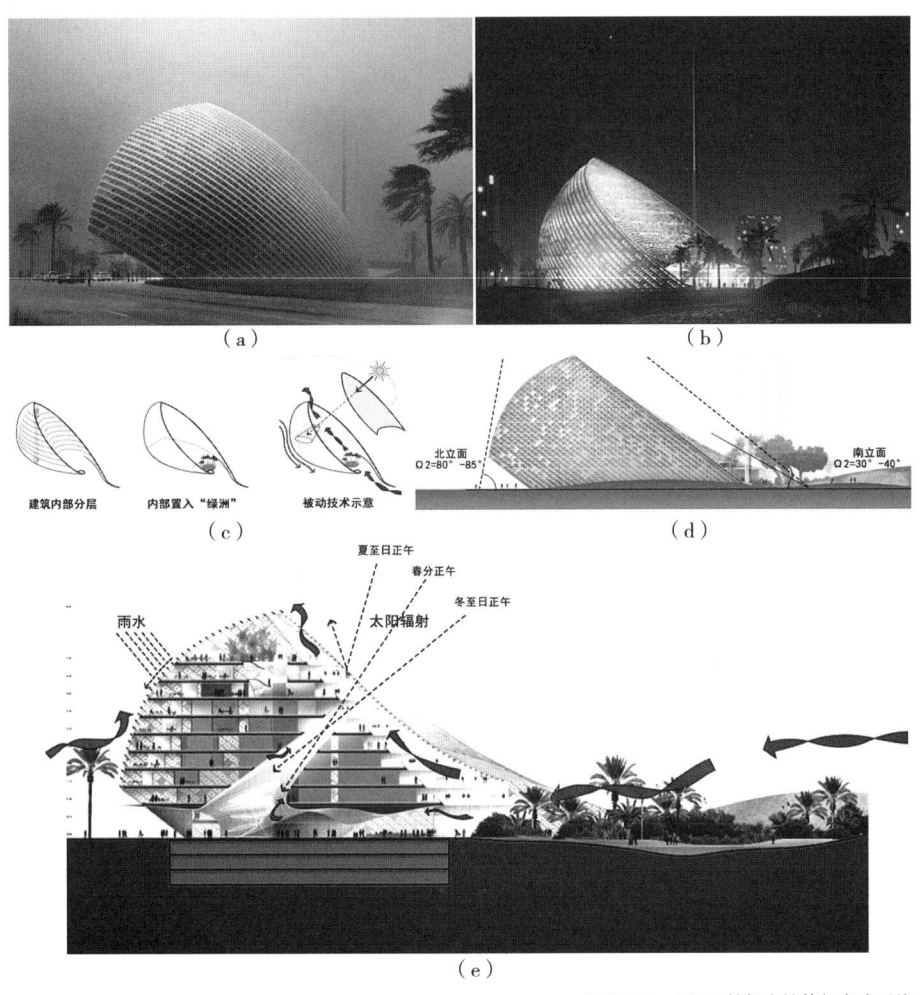

图 3-16 ARPT 总部大楼的包裹式形体

（a）北向阻风外壳；（b）南向迎风凹面；（c）建筑形体与环境适应解析；（d）建筑立面风倾斜角示意图；

（e）建筑被动式环境策略图解

（图片来源：肖葳，张彤．建筑体形性能机理与适应性体形设计关键技术 [J]．建筑师，2019（06）：16-24．）

效的空气动力性能使其在强风中具备优异的阻风效应（图 3-17）。

哈萨克斯坦具有地球上最恶劣的极寒极热气候，温度跨度 −40℃ ~ 40℃，同时冬夏盛行季风。阿斯塔纳国家大剧院的建筑体形设计充分考虑了对不利风环境的应对。首先，建筑体形采取流动形态，平面形状宛如水滴，剖面形状层层退台，这些流动的线条能够有效地分散风的压力，减少风阻。同时，设计师还通过优化建筑的立面布局和开口位置，使风能够更顺畅地穿过建筑，减少在建筑表面形成涡旋和湍流的可能性。其次，立面层叠的"挡板"形成了八片"帆翼"，高度为 5m 或 20~45m，倾斜度大约为 70°，错落的帆翼参考了机翼的空气动力学原理，可以减少尾流，导流的同时阻挡气流渗透至室内。

（a）

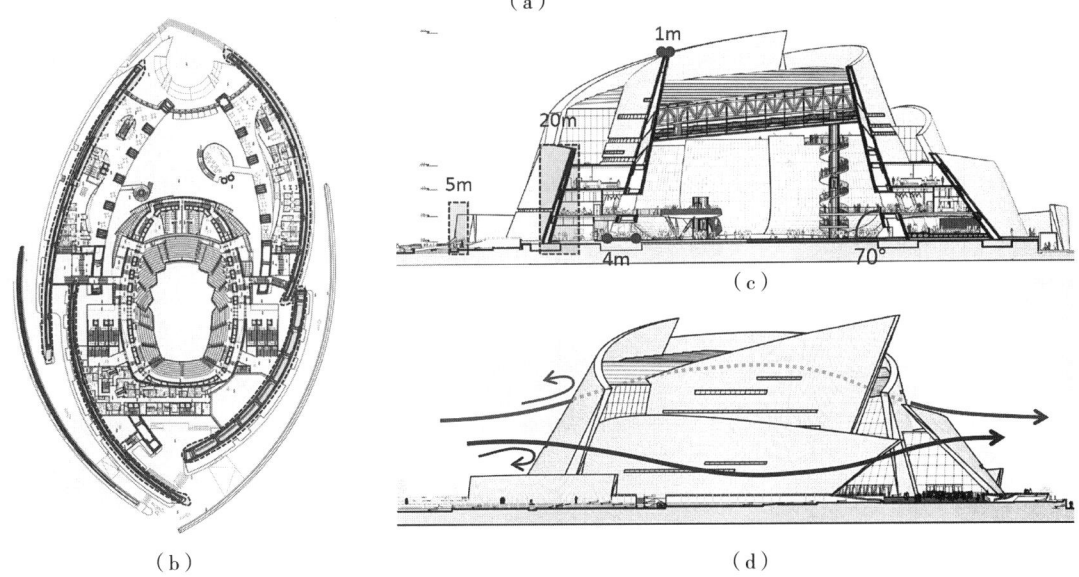

（b）　　　　　　　　　　　　　　　　　（c）

（d）

图 3-17　阿斯塔纳国家大剧院的流动式形体
（a）音乐厅外观；（b）音乐厅平面图；（c）音乐厅剖面图；（d）立面造型对风的引导示意图
（图片来源：NICOLETTI M，许松华. 阿斯塔纳中央音乐厅 [J]. 建筑创作，2011（4）：124–133.）

3.4.1　体量算法生成：绿色高层办公综合体设计——基于性能模拟及参数化设计

天津大学 2020—2023 学年建筑学四年级建筑设计课题，指导教师：刘丛红，赵娜冬，杨鸿玮

该教学案例是天津大学建筑学院建筑学四年级建筑设计课程，教学时长 96 学时。

"建筑设计 5- 绿色建筑专题设计"是天津大学建筑学专业四年级（五年制）的核心课程，旨在引导学生在常规四年级大跨度与高层建筑设计教学的基础上，依托建筑气候设计原理，立足计算性设计思维，运用建筑仿真模拟及参数化工具，控制设计方案的生成和优化，达成低碳健康的绿色设计目标。课程设计对象为集 5A 级写字楼、会所（俱乐部）、商业于一体的大型办公综合体，总建筑面积 70000m² （含地下车库），并以天津滨海新区响螺湾中心商务区某地块为例，给出推荐用地，学生亦可根据志趣自选基地区位和形态。

教学以 7 个环节组织实施，构建："问题（Problem）—原理（Rules）—探索（Exploration）—计算（Calculation）—概念（Ideas）—策略（Strategies）—表达（Expression）"于一体的"PREC-ISE"教学模式。方案设计中，学生基于原理和工具学习，从气候和环境出发，完成场地分析、气候分析、功能定位、交通梳理，形成具有地域性和气候适应性的概念构思；进一步通过性能模拟和优化算法，推敲建筑体量生成、空间流线组织。绿色性能分析始终贯穿设计过程，辅助设计决策，逐步建立"场地环境—问题提出—应对策略—设计手法"的目标导向思维。

学生以 1~2 人为一个教学组，通过自选基地，策划出位于气候温和湿润的贵阳市的"层·峦"、位于干热少雨的乌鲁木齐的"其·间"等设计方案，整体从气候环境出发，将建筑形式应对的气候特征和环境问题拆解清晰，将形式语言转化为数理模型，理性推演建筑生成，以达到气候适应性策略的落位和绿色理念的贯彻。

3.4.2　延伸思考

（1）依靠算法实现多目标优化不应取代建筑师的主体地位，那么如何平衡算法优化与建筑师主观判断的关系呢？

（2）我们应该如何利用算法优化的过程来表达自己的想法，通过算法优化，我们最终应该如何回到建筑设计本身？

（3）建筑性能模拟和参数化工具的介入为绿色设计找到了理性支撑，但

体量算法生成：
绿色高层办公综合体设计——基于性能模拟及参数化设计

Problem 设计问题
Rule 原理学习
Exploration 调研探索
Calculation 性能计算
Idea 方案构思
Strategy 策略优化
Expression 成果表达
任务书解读
自主结组选地
高层要点
选址汇报
公建设计原理
气候设计原理
被动设计原理
基于风的构思
基于光的构思
快速设计
实地调研
网络云调研
城市数据分析
物理环境实测
思维导图优化
LA+HO
PHOENICS
WALLECEI
NSGA-II
空间原型提取
案例讨论
总平面设计
体量生成
剖面设计
一草评图
单体设计
空间组织
结构选型
性能分析校核
中期评图
方案优化
图纸绘制
规范审查
排版设计
终期评图

PREC-ISE 绿色建筑教学模式

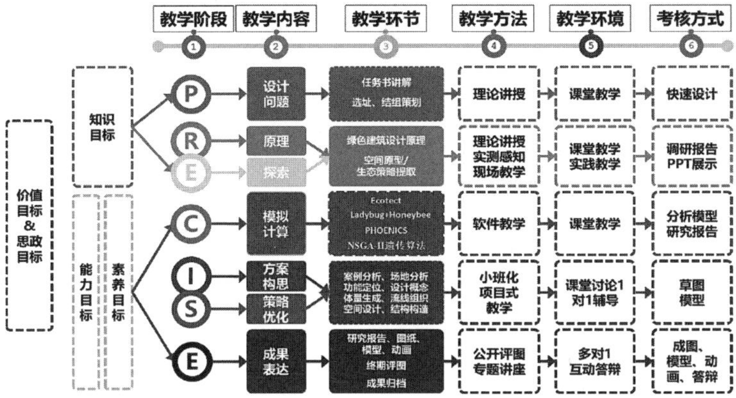

教学阶段
教学内容
教学环节
教学方法
教学环境
考核方式
价值目标&思政目标
知识目标
能力目标
素养目标
P
R
E
C
I
S
E
设计问题
原理
探索
模拟计算
方案构思
策略优化
成果表达
任务书讲解
选址、结组策划
绿色建筑设计原理
空间原型/生态策略提取
Ecotect
Ladybug+Honeybee
PHOENICS
NSGA-II遗传算法
案例分析、场地分析
功能定位、设计概念
体量生成、流线组织
空间设计、结构构造
研究报告、图纸、模型、动画
终期评图
成果归档
理论讲授
理论讲授
实测感知
现场教学
软件教学
小班化
项目式
教学
公开评图
专题讲座
课堂教学
课堂教学
实践教学
课堂教学
课堂讨论1对1辅导
多对1
互动答辩
快速设计
调研报告
PPT展示
分析模型
研究报告
草图
模型
成图、模型、动画、答辩

教学组织和考核方式

1. 层·峦（学生：徐灏轮，杨钦惠）

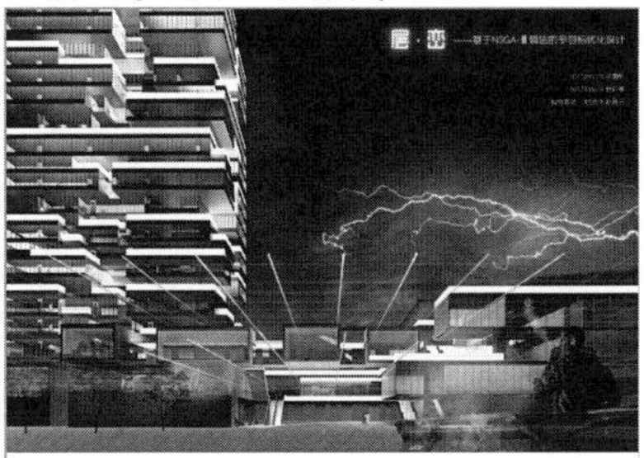
效果图

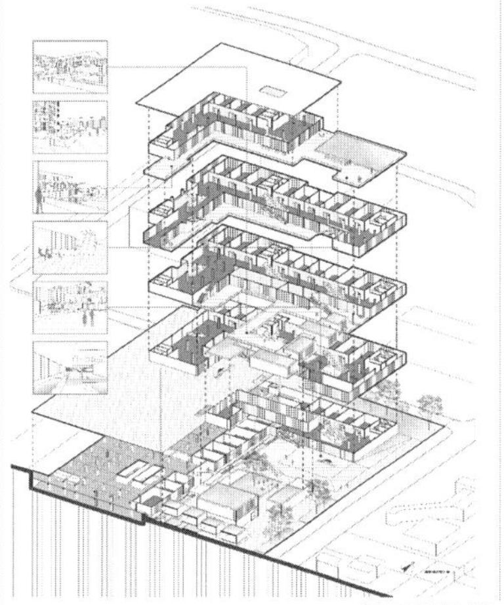
轴测爆炸图

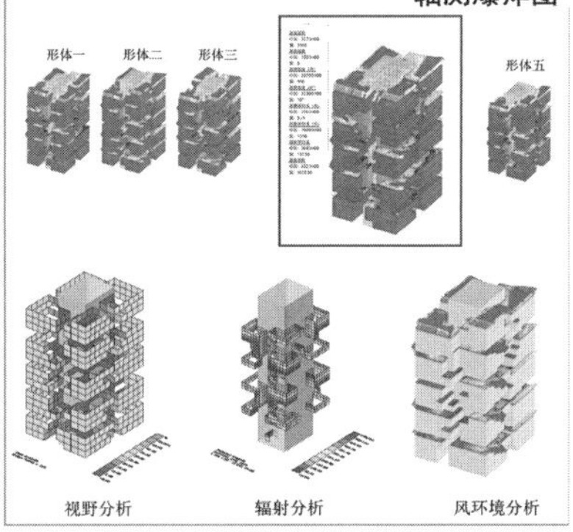

形体一
形体二
形体三
形体五
视野分析
辐射分析
风环境分析

分析图：优化解性能分析图

2. 其·间（学生：运乃博）

效果图

轴侧爆炸图

剖面图

本教学案例详细内容请见建工书院公众号相关推文

典型教学案例 3.4.1

形式逻辑和技术逻辑的博弈也凸显出来，对设计师的跨学科能力提出更高的要求。在方案创作过程中，我们应该如何避免从形式出发后辅以数字化分析和技术堆砌的方式，以免偏离设计初衷？同时，我们应该如何避免完全依赖量化数据，防止形式逻辑沦为技术逻辑的傀儡？

参考文献

［1］ OLGYAY V. Design With Climate[M]. Princeton：Princeton University Press，1963.

［2］ 张彤 . Space Conditioning 建筑师的"空调"策略 [J]. DomusChina，2010（7/8）：100–104.

［3］ 肖葳 . 适应性体形绿色建筑设计空间调节的体形策略研究 [D]. 南京：东南大学，2018.

［4］ 肖葳，张彤 . 建筑体形性能机理与适应性体形设计关键技术 [J]. 建筑师，2019（6）：16–24.

［5］ TRIPATHY M，SADHU P K，PANDA S K. A critical review on building integrated photovoltaic products and their applications[J]. Renewable & sustainable energy reviews，2016.

［6］ 伊纳吉·阿巴罗斯，蕾纳塔·森克维奇 . 建筑热力学与美 [M]. 周渐佳，译 . 上海：同济大学出版社，2015.

［7］ NICOLETTI M，University of Rome "La Sapienza". Chapter 11 – Greenhouse for Tropical Butterflies & Sport Palace – Sicily[M]. Brighton：The Energy for the 21st Century World Renewable Energy Congress VI，2000.

［8］ Architects M. 隐匿天地间：希腊 NCaved 住宅 [J]. 室内设计与装修，2021（6）：18–23.

［9］ 林建鹤 . 福州市柴栏厝民居空间适应性探究 [D]. 西安：西安建筑科技大学，2022.

［10］ HERZOG T，SCHRADE H J，SCHNEIDER R，et al. 2000 年德国汉诺威世博会 26 号展厅 [J]. 城市环境设计，2016（3）：20–29.

［11］ Herzog+Partner. 汉诺威博览会 26 号展厅 [J]. 建筑创作，2004（1）：58–71.

［12］ 庞波，郑霏雯，苏波 . 地域适宜和低能耗的可持续建筑设计——广西南宁生态环境科普教育馆项目建造实践 [J]. 建筑技艺，2019（4）：24–29.

［13］ 周浩明，冯文静 . 伦佐·皮亚诺："自然之魂"木建筑奖 2000[M]. 南京：东南大学出版社，2002.

［14］ 陈飞 . 生态意义的理解与表达——从吉巴欧文化艺术中心看待生态建筑的创作 [J]. 建筑师，2005（6）：78–82.

［15］ NICOLETTI M，许松华 . 阿斯塔纳中央音乐厅 [J]. 建筑创作，2011（4）：124–133.

第 4 章

能量理性的建筑空间形态设计

地球环境的自然进化史表明，一切物质存在的形式都是其能量获取、输送和转化的合理呈现。气候，本质上是太阳辐射和地球自转带来的，在地表与地球大气内的能量交换和转化。人类建造活动的基本动机和过程，是在气候与身体之间寻求平衡。建筑环境调控的所有技术和方法都是为了在大的能量系统中通过再次转化，帮助人类取得身体和心理反应的平衡。建筑在与所在地区气候相适应的长期演进中，形成一种体现气候理性和能量逻辑的稳定的空间形态。从这个意义上说，建筑是气候和能量的构形，其空间形态是能量保蓄、释放和转化的形式固化与秩序表达。

本章首先从"气候—空间—能量"协同关联的视角，诠释了建筑中能量流动引发的物理变化与构形调节带来的环境变化之间的转译结构；然后根据光热环境和风热环境的调控目标，提出能量理性的空间形态设计的两项主要策略——空间气候梯度和环境气流组织。进一步通过中心包裹式、横向递进式和竖向层叠式三种几何组织方式，以及对应通风机制的风压通廊、热压竖井两种设计路径，结合案例分析，讲授具体设计方法。本章最后提供两则典型教学案例及其成果作为学习参照。

4.1 建筑空间形态的能量逻辑

第 1 章已阐明，建筑的空间形态与能量流动的方式及其效能之间存在着相互作用和影响的关系，建筑的演进和发展遵循着一个基础性法则——形式的能量法则。建筑的空间形态既是调节和引导能量流动的物质结构，又是稳定和维持物质形态的能量组织。各地原生建筑的空间形态事实上揭示了所在气候环境中建筑内外能量流动和转化的机制，形式的能量法则塑造和奠定了世界各地建筑类型中最为恒定的内核。

地球上的建筑，从能量流动和转化的角度，可以归纳为两种基本原型——"温室"和"凉棚"[①]（图 4-1）。前者对应于寒冷气候，环境调控的目标主要是集纳和保蓄热量，建筑空间一般呈现出封闭、集约的形态特征；后者对应于炎热气候，环境调控的目标转为隔绝和驱散热量，建筑空间形态则表现为开敞和离散[②]。

如果说中国建筑有一个代表性的空间类型，那一定是"院子"。从寒冷的东北到湿热的华南，院子也是中国建筑适应广阔疆土各种气候类型的能量转化结构。从严寒气候区的"东北大院"到寒冷气候区的"四合院"，从夏热冬冷气候区的"天井院"到夏热冬暖地区的"手巾寮"，可以看到室外空

---

① 伊纳吉·阿巴罗斯，周渐佳.室内"源"与"库"[J].时代建筑，2015（2）：17-21.
② 仲文洲，张彤.形式与能量——建筑环境调控的生物气候理性[J].世界建筑，2020（11）：68-73.

图4-1 "温室"（左）和"凉棚"（右）

（图片来源：左图：NORMAN F, CARVER JR. Italian Hilltowns[M]. Michigan: Documan Press Ltd, 1979.
右图片：WATERSON R. The Living House, an Anthropology of Architecture in South-East Asia[M].
Singapore: Oxford University Press, 1993.）

间占比逐渐减少，"院子"的空间形态逐渐从以采光集热为目标的轩敞院落衍变为以遮阴拔风为目标的狭深天井，而介于室内外之间的"灰度区域"，在院落空间体系中起到调控和缓冲作用，其占比逐渐升高。中国"院子"从北到南的形态演变印证了气候适应和能量调控的内在逻辑（图4-2）。

	严寒地区/东北大院	寒冷地区/北京四合院	夏热冬冷地区/徽州天井院	夏热冬暖地区/泉州手巾寮
气候区典型民居				
形体空间类型				
空间气候梯度				

图4-2 中国"院子"从北到南的形态演变

将能量议题引入空间气候关系，建立"气候—空间—能量"协同关联的视角，有利于跨越建筑空间形态与气候能量之间的知识边界，以空间形态为核心，观察和认识这三者之间的交互机制，理解能量流动引发的物理变化与构形调节带来的环境变化之间的转译结构，从而为空间形态的设计建立能量逻辑的依据。

以环境性能和人体舒适度达成为目标引导，建筑中的能量调控主要着力于光热环境和风热环境。以下从空间气候梯度和环境气流组织两个方面阐释原理、方法和代表性案例。

4.2 空间气候梯度

4.2.1　定义和作用机理

空间气候梯度是指针对建筑内部不同使用空间对能量和舒适度的差异化需求，通过合理的空间配置构建建筑内部的气候梯度，使对环境有严格调控要求的区域处于非严格调控区域和气候缓冲区的包裹之中。其体现为不同功能和不同热舒适层级的热调控体、热受体的层级分布，由此形成对热受体的热阻尼效应和用能的梯度化配置。

空间气候梯度概念中的热受体是指建筑空间组合中有较多人员长时间停留，或对空间物理环境有精密要求，需得到严格环境调控的功能区域，如影剧院的厅堂、图书馆的书库和阅览室、学校的报告厅等；热调控体是指人员流动性强、对空间物理环境要求不高的区域，如影剧院厅堂外的休息厅和门厅、一般公共建筑中的走廊、楼梯等；建筑中还有一些空间区域很少有人停留，如车库、杂物库房、设备用房等，可以不做环境调控要求。合理的空间布局是以不需环境调控或环境调控要求不高的空间，对那些需要严格环境调控的区域进行层级化围合包裹，使后者不直接与室外产生热交换，取得较为稳定的室内物理环境，从而减少空调等主动设备的能耗。

空间气候梯度是通过合理的空间布局和组合使得建筑用能结构得以优化的设计策略。根据梯度构成的几何形状可以分为中心包裹式、横向递进式和竖向层叠式三种方式（图 4-3）。

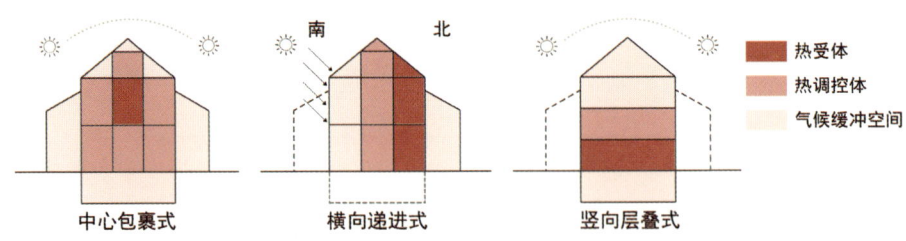

图 4-3　空间气候梯度布局策略

对空间布局的环境调控作用及实效的定量评估通常借助性能模拟软件。常用的模拟建筑全年总能耗、制冷能耗、采暖能耗、典型日温度变化的软件为 Energyplus。模拟过程包括：准备建筑模型、构建模拟输入文件、设置模拟参数、定义热舒适和能耗目标、输入气象数据、配置 HVAC 系统、设置内部负荷、进行模拟运行、结果分析等。通过模拟，空间气候梯度对能耗和室内温度变化的影响可以定量预测，以此初步判断空间布局的适宜程度。在实际设计过程中，需要根据具体设计问题，经多次模拟优化得到相对最优的策略。

4.2.2 中心包裹式

中心包裹式空间气候梯度是指在空间排布上，根据各类型空间对于热量需求的差异，将热受体置于空间中心位置，使其被热调控体和气候缓冲空间包裹，使严格环境调控的功能区域拥有最优的热稳定性，以此降低设备能耗。

中心包裹式的空间设计方法，可以德国建筑师事务所 BRT（Bothe Richter Teherani）设计的位于德国汉堡的双 X 大楼（Doppel-X-Hochhaus）为例。建筑以办公和居住为主，根据各功能空间对热的不同需求进行空间布局，采用布置多个温度缓冲空间的方式在平面中进行了热梯度整合。办公楼平面呈双 X 形，共 12 层，每层转角处有 4 个三角形的阳光间作为共享办公室，建筑共有 6 个屋顶可开启的三角形通高中庭作为热缓冲空间。双 X 形状中间部分由连接通道和绿植花园逐层交替布置，使得主要使用空间同时具备便捷交通和绿色自然环境。在 X 形的交叉处是修理房、复印室、水电中心等服务空间。用于居住的主要使用空间被包裹在阳光间、热缓冲空间和服务空间之间，拥有稳定的热环境（图 4-4）。

大楼的围护结构由双层幕墙组成，外层幕墙像一个"玻璃盒子"。两层幕墙之间形成过渡缓冲空间，缓冲空间的存在使得建筑在冬季可最大程度存储太阳辐射能并减少热损失，而在夏季可通过开启天窗促进热压通风以排除多余热量，起到了热平衡作用。

与普通建筑相比，其主要的使用空间基本没有与外部环境的直接接触面，从而得到了更好的保护，建筑也充分利用温室效应。该办公楼建成后运行效果良好，合理的空间组织大大节省了能耗，冬季采暖费用较当地普通建筑节省 50%。

4.2.3 横向递进式

横向递进式空间气候梯度是指在空间排布上，根据各类型空间对于热量需求的差异，在水平方向上依次通过气候缓冲空间、热调控体逐级消解外部环境对热受体的不利因素。例如，在强风地区将热受体置于背风侧，在炎热地区将热受体置于背阳面等。横向递进式空间气候梯度适用于功能层级清晰的建筑类型。

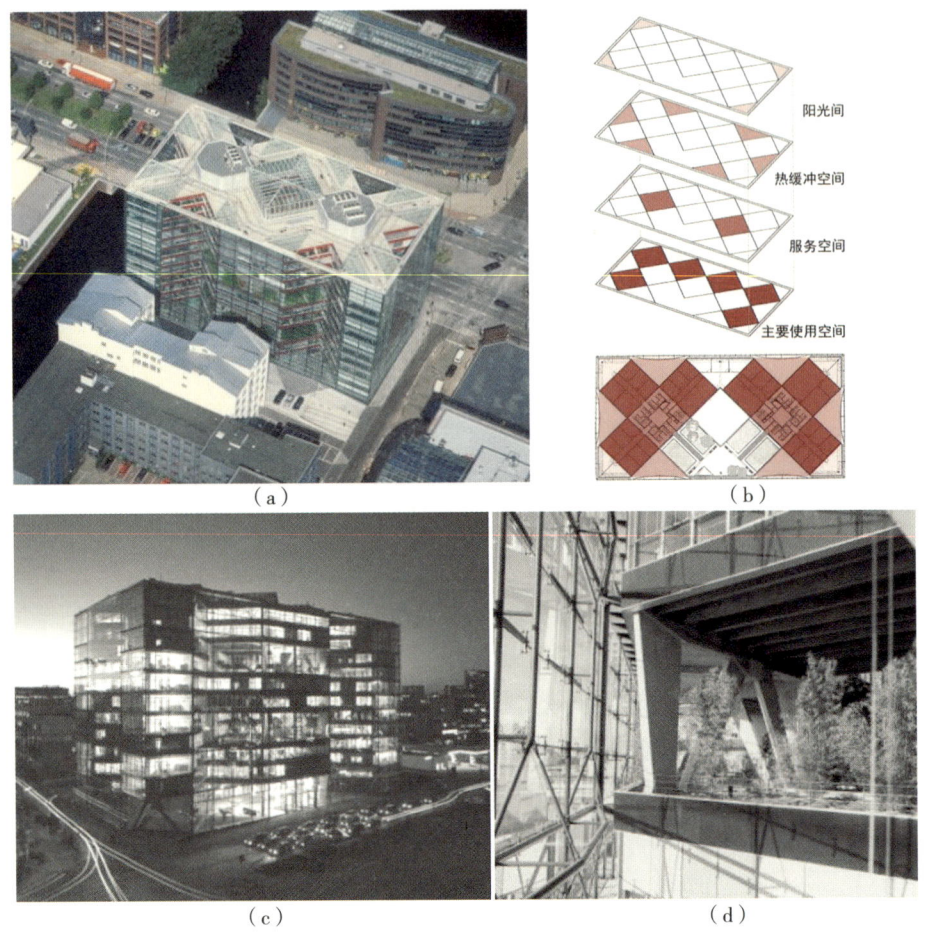

（a）

（b）

（c）

（d）

图 4-4　中心包裹式的双 X 大楼
（a）双 X 大楼实景；（b）双 X 大楼中心式气候梯度布局示意图；（c）外层幕墙形成"玻璃盒子"；
（d）气候缓冲空间内景
（图片来源：肖葳，张彤 . 建筑体形性能机理与适应性体形设计关键技术 [J]. 建筑师，2019（6）：16–24.）

横向递进式空间设计方法，可以托马斯·赫尔佐格设计的德国雷根斯堡住宅（Regensburg House）为例。这座住宅位于风景秀美的山林中，屋面大面积采用玻璃，赫尔佐格以简约的单坡顶回应南向的景色与阳光。南向坡屋面一直倾斜延伸到地面，透明的玻璃界面形成室内外空间的视觉连通，使人身处室内可以感受到自然之美（图 4-5）。

雷根斯堡属于寒冷地区，因此在热工设计中主要考虑冬季采暖。大面积的玻璃屋面具有很强的集热功能。与简约单坡形态对应的是层层递进的层级式平面——由南向北分别为阳光间、主要使用空间、服务空间、绿篱。第一层阳光房采用玻璃屋顶，利用温室效应蓄热，在不阻碍室内观景视线的同时为主要使用空间提供一层热包被；第二层的主要使用空间与阳光房相隔一条走廊，在需要时可打开走廊上的分隔，打通起居与观景空间；第三层服务空间主要由对热需求不高、封闭性强的功能房间构成，如厨房、卫生间、杂货间，相当于一

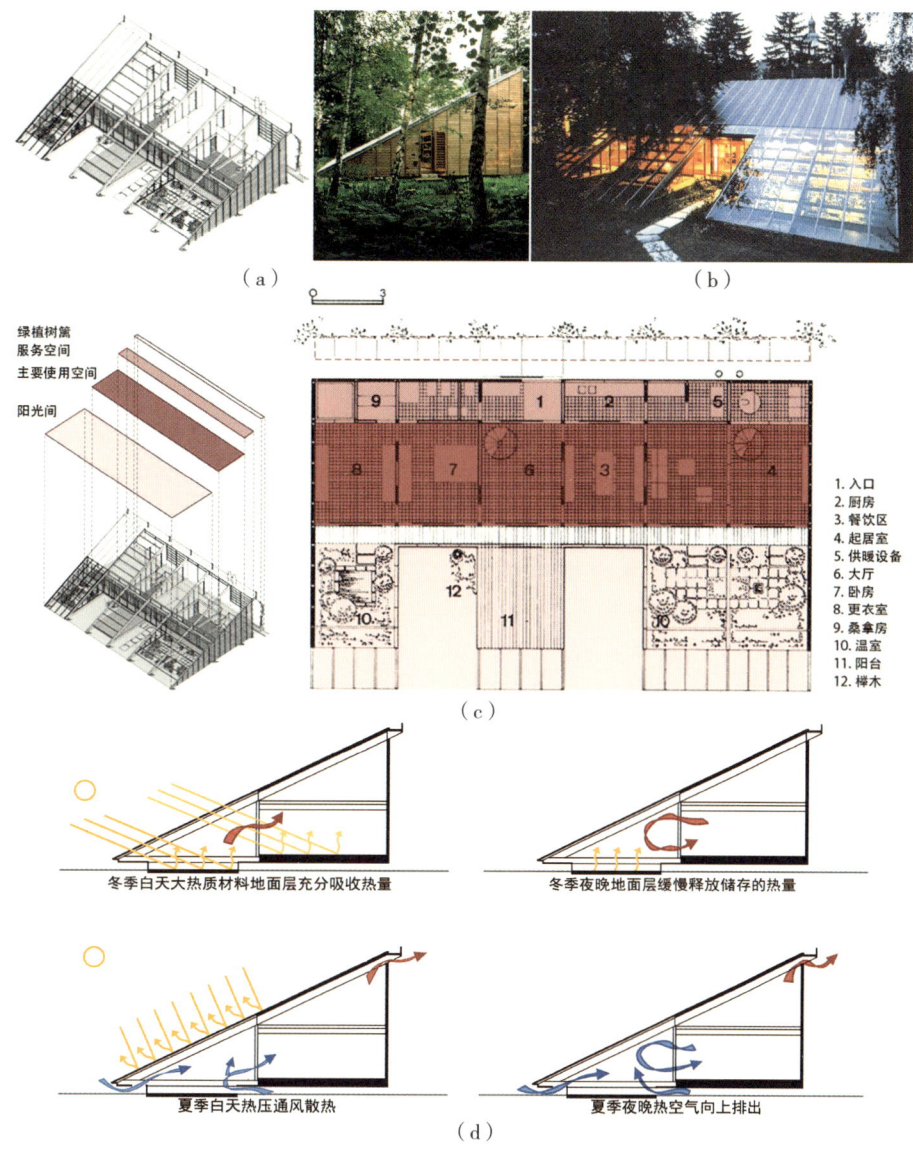

（a）

（b）

绿植树篱
服务空间

主要使用空间

阳光间

1. 入口
2. 厨房
3. 餐饮区
4. 起居室
5. 供暖设备
6. 大厅
7. 卧房
8. 更衣室
9. 桑拿房
10. 温室
11. 阳台
12. 榉木

（c）

冬季白天大热质材料地面层充分吸收热量

冬季夜晚地面层缓慢释放储存的热量

夏季白天热压通风散热

夏季夜晚热空气向上排出

（d）

图 4-5　横向递进式的德国雷根斯堡住宅
（a）轴测图；（b）住宅实景；（c）温度梯度示意图；（d）冬季得热与夏季防热示意图
（图片来源：弗拉格·英格伯格.托马斯·赫尔佐格：建筑+技术 [M]. 李保峰，译.北京：中国建筑工
业出版社，2003.）

道缓冲腔层，为卧室抵御北向的寒气、保存热量。最北部一层为绿植树篱，进一步遮挡北风。可以看到，这个小住宅的平面组织呈现出明显的梯度级差，由南向北通透性递减、热需求递减、得热量递减；将核心功能空间——起居室和卧室置于外层缓冲层之间，保护其既不过度得热又不受寒风侵袭。

在选择横向递进作为整体空间布局策略的同时，建筑师还运用了多重手法，综合提升小住宅的舒适度。住宅的屋面倾斜角度约为30°，在冬季室内得热效率较高，整个建筑就像一个巨大的太阳能集热器，可以直接利用太阳辐射得热来提高室内温度，并且将白天吸收的热量于夜晚缓慢释放；建筑师同时也考虑了夏季防热策略，在倾斜面与地面交接部分以及北侧实墙顶部都设置通风口，可以通过热压通风带走部分室内热量，防止出现室内过热。这个作品充分展示了建筑能量平衡中对太阳能的合理利用方法。

4.2.4 竖向层叠式

竖向层叠式空间气候梯度是指根据功能空间对于热量需求的差异，在竖向布局上将热受体、热调控体和气候缓冲空间分层布置，弱化热受体与外环境的直接接触，同时便于实现分级、分层调控。

竖向层叠式空间设计方法，可以托马斯·赫尔佐格设计的另一个作品，奥地利林茨设计中心（Design Center, Linz）为例[7]。设计中心长 204m，跨度 80m，呈平拱形，是林茨市经济和地域文化的展览中心，同时承接大型的宴会活动。建筑整体采用屋顶采光，为内部提供了充足的自然光，同时也带来了太阳辐射热。为了满足不同功能区域的得热需求，建筑将主展厅和会议室作为需要严格环境调控的区域置于底层，而将非严格环境调控的临展厅置于中间层，上层则通过拱形屋面和吊顶空间自然形成气候缓冲层。这样的布局使得上层和中层空间逐渐减弱了太阳辐射的影响，从而为首层提供了一定程度的保护。为了增加空间的灵活性，首层的展厅和会议室之间设置了可移动的隔板，以便根据功能使用的需要进行调整。在供冷和供暖的季节，可以对主要使用空间、次要使用空间分别进行不同程度的热环境调控，在确保空间舒适度的同时减少制冷和采暖负荷（图 4-6）。

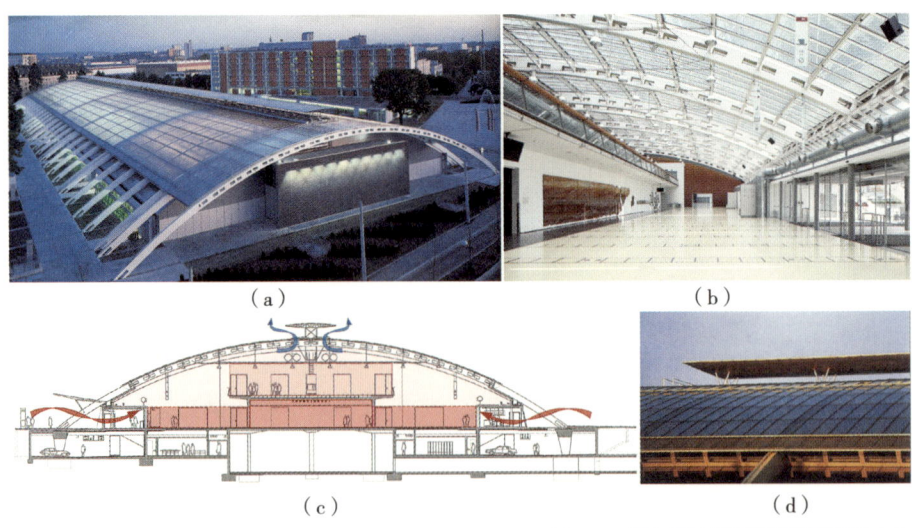

（a）　　　　　　　　　　　　　　　　（b）

（c）　　　　　　　　　　　　　　　　（d）

图 4-6　竖向层叠式的奥地利林茨设计中心
（a）林茨设计中心鸟瞰；（b）林茨设计中心室内实景；（c）空间气候梯度的竖向层叠布局；（d）顶部流线形盖板
（图片来源：Herzog+Partner. 林茨设计中心 [J]. 建筑创作，2004（1）：48–56.）

屋顶圆拱的顶部是一个贯穿整个建筑通长的通风口，上面是一个 7m 宽的流线形盖板，根据流体力学的原理，当室外气流经过时能起到拔风作用，可带动室内空气排出。在室内的地板和大厅四周设置了通风孔，送入新鲜空气，进入室内的空气经加热后上升，最终排出室外。在过渡季节，利用屋顶的巧妙设计，通敞的顶层空间可以使建筑内部形成良好的自然通风，保证室内热舒适。林茨设计中心的设计呈现出一种高能效的空间布局，在全年都取得了较好的节能表现。

4.3

环境气流组织

4.3.1　定义和作用机理

环境气流组织是指利用风压通风和热压通风机制，通过建筑形体与空间的形态设计促发气流诱导，在室内外形成较为舒适和均匀的自然通风，改善热湿环境。

风压通风是最常见的自然通风方式，利用迎风面和背风面的空气压力差实现空气流动。当风吹向建筑时，会在建筑迎风面产生正压力，气流绕过建筑，则会在其背面形成负压力。如果建筑设有开口和风廊，气流从正压区流向负压区。流动的空气随着流速的增加而压力减小，从而形成低压区，周围的空气补充过来又会促进空气对流。

热压通风是利用建筑内部空气热压差来实现空气流动的通风方式。热空气密度小，由于浮力作用而上升，带动建筑内部空气流动。如果说风压通风是平向设计，那么热压通风就是竖向设计。在空间底部设进风口，上部设排风口，新鲜冷空气从底部进入，污浊的热空气从上部排出。热压作用与进、出风口的高差和温差正相关，高差和温差越大，热压通风机制越明显。而在高度不够、通风路径长、流动阻力大或动力不足时可以配合机械辅助，利用设备加热出风口或给进风口降温来强化热压通风。与风压通风相比，在不稳定或者不良的外部风环境中，热压通风是更常使用的通风方式。

根据空气流动的作用机制，结合建筑功能和空间形态设计，环境气流组织可以分为两种主要设计策略：风压通廊和热压竖井（图 4-7）。

常用的模拟建筑环境气流组织的量化工具为计算流体动力学软件如 ANSYS Fluent，工作流程包括：模型建立、网格划分、边界条件设定、物理模型选择、模拟参数设置、求解计算、结果分析。在实际设计过程中，根据分析结果调整建筑设计方案，如调整窗户位置和大小、优化建筑布局、根据所需气流强度选择策略类型等，经多次模拟优化得到相对最优的设计策略。

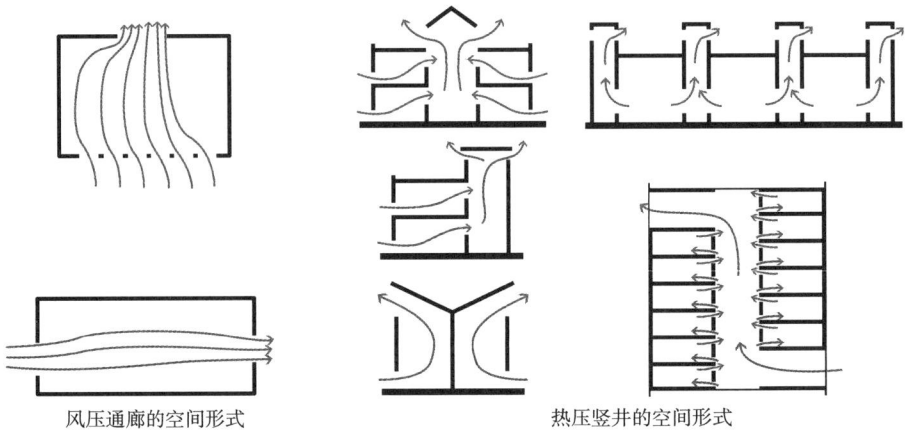

风压通廊的空间形式　　　　　　　　　　　　热压竖井的空间形式

图 4-7　环境气流组织调控策略

4.3.2　风压通廊

风压通廊是指根据风压通风原理，在建筑空间结构中设置通廊，通过调整两端风压差，以获得适宜自然通风的设计策略。在设计时一般将通廊布置在与风向呈一定锐角的方向，有利于调控气流。

印度艾哈迈达巴德（Ahmedabad）管式住宅（Cube House）是印度建筑师查尔斯·柯里亚（Charles Correa）在 1960 年印度古吉拉特邦住宅委员会举办的一次低造价住宅设计竞赛中的一等奖方案。建筑建造于艾哈迈达巴德，当地属热带季风气候，分春、夏、雨、秋、冬、凉六季，其中以夏、雨、凉季为主。夏季受西南季风影响，炎热干旱，雨季湿热多暴雨，凉季受东北季风影响，干旱凉爽。当地民居中常见共用墙体的狭长住宅，空间形同管状。

由于该住宅的使用者是社会底层的低收入者，没有条件使用空调，柯里亚受当地民居的启发，采用"管式"空间形式，通过建筑自身空间形态来组织自然通风，调节室内环境。管式住宅成为早期的"被动式节能建筑"的一个成功案例（图 4-8）。

管式住宅平面面宽 3.6m，进深长 18.2m，平面布局紧凑，起居空间置于前，次要和辅助用房位于后，各房间之间通过窄长的过道联系。两侧长墙封闭，采光和通风通过短边组织，内部空间如同前后贯通的风管，空间组织有效强化了风压通风机制。建筑设计尽量减少门窗开口，除入口大门外，只有淋浴间和卫生间设有两个门。这种方式有效隔绝了过多的太阳辐射，通过联排组织减少长侧墙的受热，同时也节约了造价。

管式住宅在之后得到了进一步的发展，除了结合热压通风模式衍生出可调节的屋面开口与分别适应冬夏两季的剖面形式，还从水平排列迈向了竖向发展。最具代表性的作品就是 1983 年的印度孟买干城章嘉公寓（Kanchanjanga Apartments）。公寓位于孟买的滨海区域，高 85m，一共 28 层，

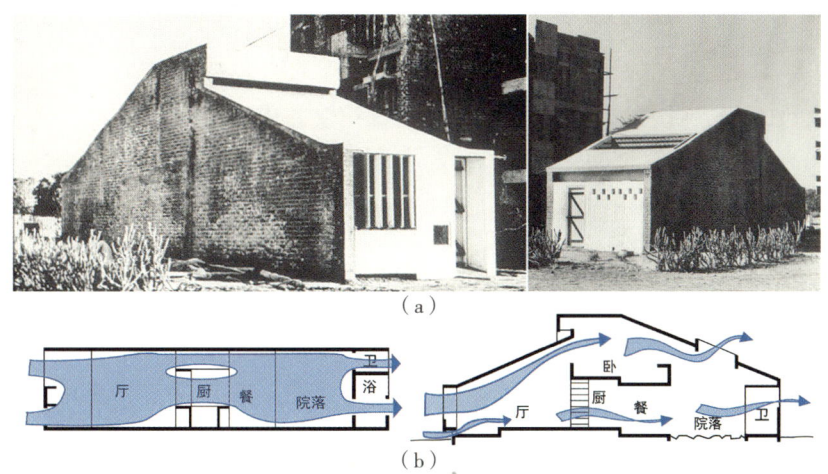

图 4-8 管式住宅通风示意
（a）"管式住宅"实景；（b）管式住宅通风示意图
（图片来源：张彤.整体地区建筑[M].南京：东南大学出版社，2003.）

将多个管式住宅组合层叠。建筑面向西侧的大海，这也是主导风向和主要的景观朝向。柯里亚将狭长的单元进行相互咬合，缩短了房间的进深。每户占据纵向的两个狭长开间，东西贯通以增强通风效果。公寓中总共有 34 种户型，每户都拥有一个悬挑的转角花园式阳台。房间的窗户较小，可以有效遮蔽烈日与风雨的侵袭，同时又带来自然景观的体验（图 4-9）。

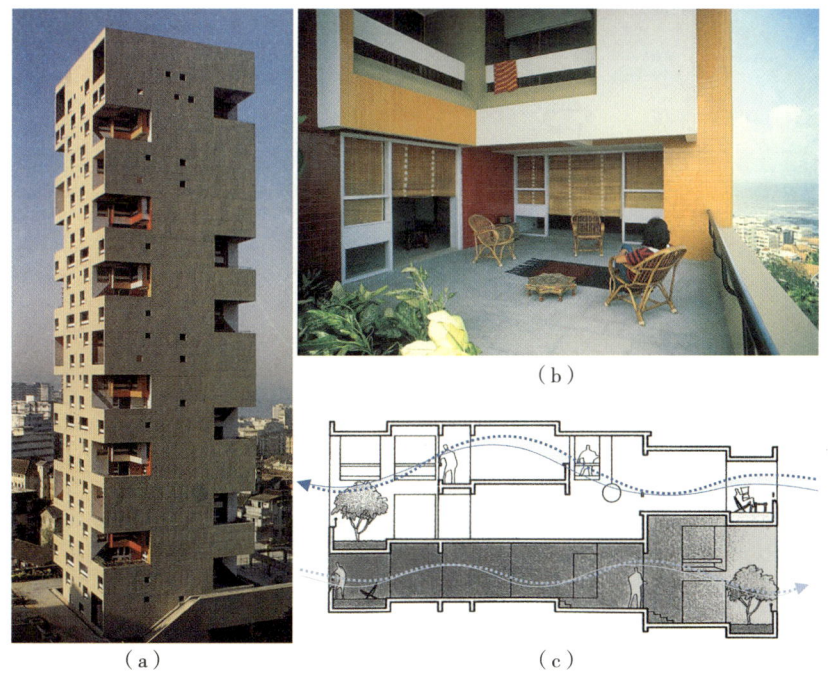

图 4-9 干城章嘉公寓通风示意
（a）干城章嘉公寓实景；（b）转角花园式阳台实景；（c）干城章嘉公寓单元通风示意图
（图片 a、c 来源：张彤.整体地区建筑[M].南京：东南大学出版社，2003.
图片 b 来源：查尔斯·柯里亚基金会官方网站）

4.3.3 热压竖井

热压竖井是指根据热压通风原理，在建筑空间组合中设置竖向风井，通过调整竖井的高宽比和口底比，优化烟囱效应，调控室内外微气候环境。

由于热压通风效果与高差和温差成正比，空间设计时可以通过两种途径予以强化：一种是在温差一定的情况下加大竖井高度和进出风口的高差；另一种是在高度一定的情况下，利用太阳能或机械设备提高出风口的温度，加大进出风口温差。热压竖井对自然风的依赖程度较低，可以获得较为稳定的气流动力。

英格兰考文垂大学弗雷德里克·兰切斯特图书馆（The Frederick Lanchester Library，Coventry University）由英国建筑师艾伦·肖特（Alan Short）设计。基地是一个斜坡，邻近主要交通道路，持续受到噪声和汽车尾气污染，加之安全需求，建筑师最终选择了简单集约的平面形式，并最大程度上考虑天然采光、自然通风等被动式节能方法（图 4-10）。

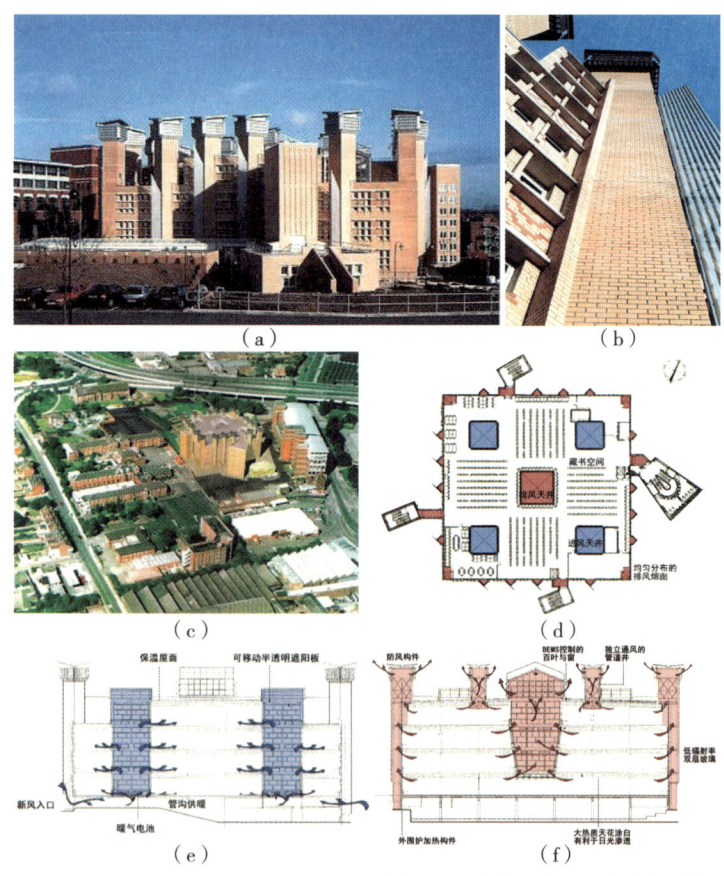

图 4-10　费雷德里克·兰切斯特图书馆
（a）弗雷德里克·兰切斯特图书馆外景；（b）"烟囱"近景；（c）弗雷德里克·兰切斯特图书馆鸟瞰；（d）热压竖井的平面排布示意图；（e）天井进风剖面示意图；（f）中央天井及周边烟囱排风剖面示意图
（图片 a、c、d、e、f 来源：肖葳，张彤.建筑体形性能机理与适应性体形设计关键技术 [J].建筑师，2019（6）：16-24.图片 b 来源：SHORT A. The Recovery of Nuatural Environments in Architecture：Air，Comfort and Climate[M]. London：Routledge，2017.）

建筑设计在满足图书馆使用功能的前提下，在大进深平面中均匀插入 5 个采光天井。这种均布式采光的方式比布置单一大中庭更能高效均匀地分配自然光，使得室内照度，尤其是光照均匀度得到明显提升。

单靠天井的置入并没有完全改善图书馆大进深室内的自然通风，建筑师又结合建筑四周外围护结构增设了 24 个"烟囱"，烟囱沿建筑立面均匀排布。5 个天井将建筑平面平均分为 4 个部分，每个部分拥有一个天井以及周边排布的 6 个烟囱。在建筑底部设置新风入口，通过 4 个角部天井送入新风。由于烟囱顶部快速吸收太阳辐射促进热压通风，周边烟囱和中央天井共同组成气流路径，减小了进风口与出风口的距离，促进了建筑室内自然通风。

在冬季，空气由新风入口进入，经由预热盘管加热（盘管位于进风天井的底部及天井对应楼层壁面沟槽中），暖空气在室内循环流通；在夏季，空气循环带走室内多余热量。实测数据表明，当夏季户外温度达到 27℃时，室内平均温度为 24℃。由于中央天井口底比为 1∶1，顶层会有热压中和面出现，为避免出现废气回流，建筑师在顶层额外设置了 4 个独立通风井来调节顶层通风。

弗雷德里克·兰切斯特图书馆在大进深平面中均匀置入天井，沿周边规律排布拔风烟囱，并针对性采用性能化通风管井，全面利用热压竖井的通风机制实现了均匀舒适的自然通风。

同样由艾伦·肖特所在的肖特福特事务所（Short Ford and Associates）设计的英格兰莱斯特德蒙福特大学女王馆（Queens Building, De Montfort University）是又一个利用热压竖井组织自然通风的优秀案例。作为工程与制造学院的教学楼，该建筑基地是一个紧邻私人住宅的 L 形地块，由于预算受限，只够在部分区域安装空调系统，而建筑内部涉及制造技术的实验，会产生大量的热。于是建筑师将大体量建筑切分成一系列小体块，既便于利用自然通风实现风环境调控，又能在尺度上与周围的老街区相协调，形成一种有节奏的韵律感（图 4-11）。

整个女王馆分为三部分：中央教学楼、机械实验室和电子实验室。中央教学楼包括了中央大厅、报告厅、教室和普通实验室。切分的小体量减小了进出风口距离，提高自然通风效率。建筑的层高大于传统建筑，增加了进、出风口的垂直距离，进而加大由高差产生的压力差，促进热压通风。从建筑外观可以看到设置有较多的"烟筒"，充分利用热压竖井机制促进自然通风。

中央教学楼是功能最复杂的部分。中央大厅起到了连接各部分空间的作用。位于两翼的实验室、办公室进深较小，可以利用屋顶天窗进行自然通风；而夹在中间的报告厅、中央大厅及其他教室则需更多地依靠热压通风。中央教学楼热压通风的气流路径与立体的空间组织充分结合，中央大厅的新风主要通过一层教室、二层报告厅和实验室引进，新风经中央大厅进入绘图

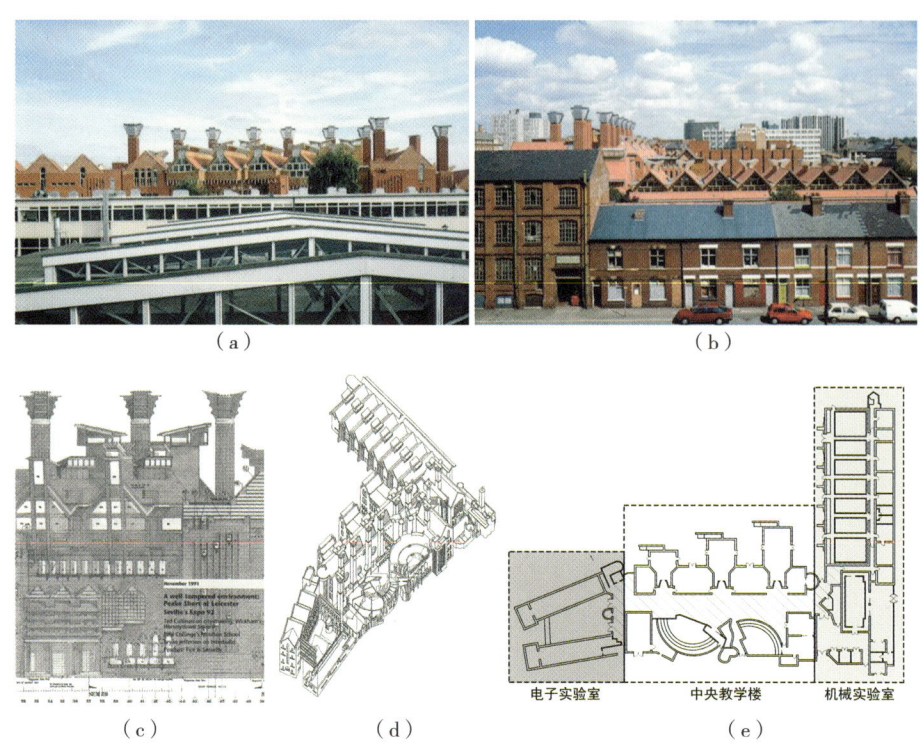

（a）　　　　　　　　　　　　　　　　　　（b）

（c）　　　　　　　　（d）　　　　　　　（e）

图 4-11　德蒙福特大学女王馆
（a）西北侧实景；（b）东侧实景；（c）第一版设计图；（d）轴测图；（e）平面图
（图片 a、b、d、e 来源：肖葳，张彤 . 建筑体形性能机理与适应性体形设计关键技术 [J]. 建筑师，2019
（6）：16–24. 图片 c 来源：SHORT A. The Recovery of Nuatural Environments in Architecture：Air,
Comfort and Climate[M]. London：Routledge, 2017.）

室，然后由北向玻璃天窗排出。报告厅内部的新风通过外墙开口和座位底下倾斜的木地板引入，然后由一个 13.3m 高烟囱将空气抽出。在冬天，空气经由安装在竖向窗户上的真空管加热后再进入室内。通风烟囱顶部配有感应室内温度的自动调节开关装置，有助于维持整个建筑室内温度的稳定。

　　机械实验室位于侧翼，为了避免设备噪声的干扰，将设备机房置于实验室一侧，另一侧设置中空扶壁。扶壁作为进气腔的同时也起到平衡吊车横向移动侧力的作用。扶壁引入的新风流经实验室后通过屋顶天窗排出。

　　另一翼的电子实验室采用小进深设计，房间均可获得适宜的风压通风和自然采光。外墙面小角度向内倾斜，利用形体自遮阳减少太阳辐射直接得热。

　　在场地给建筑带来诸多限制时，建筑师通过建筑空间的营造实现环境调控。建筑主体采用热压竖井的设计策略，两翼巧妙地结合风压通风，德蒙特福德大学女王馆成为当时整个英国最大的自然通风建筑。

　　在高层建筑中由于上层迎风面和背风面压差过大，不宜直接采用风压通风，而为实现高层建筑内部的热压通风需要创造适当高差的竖向贯通空间。

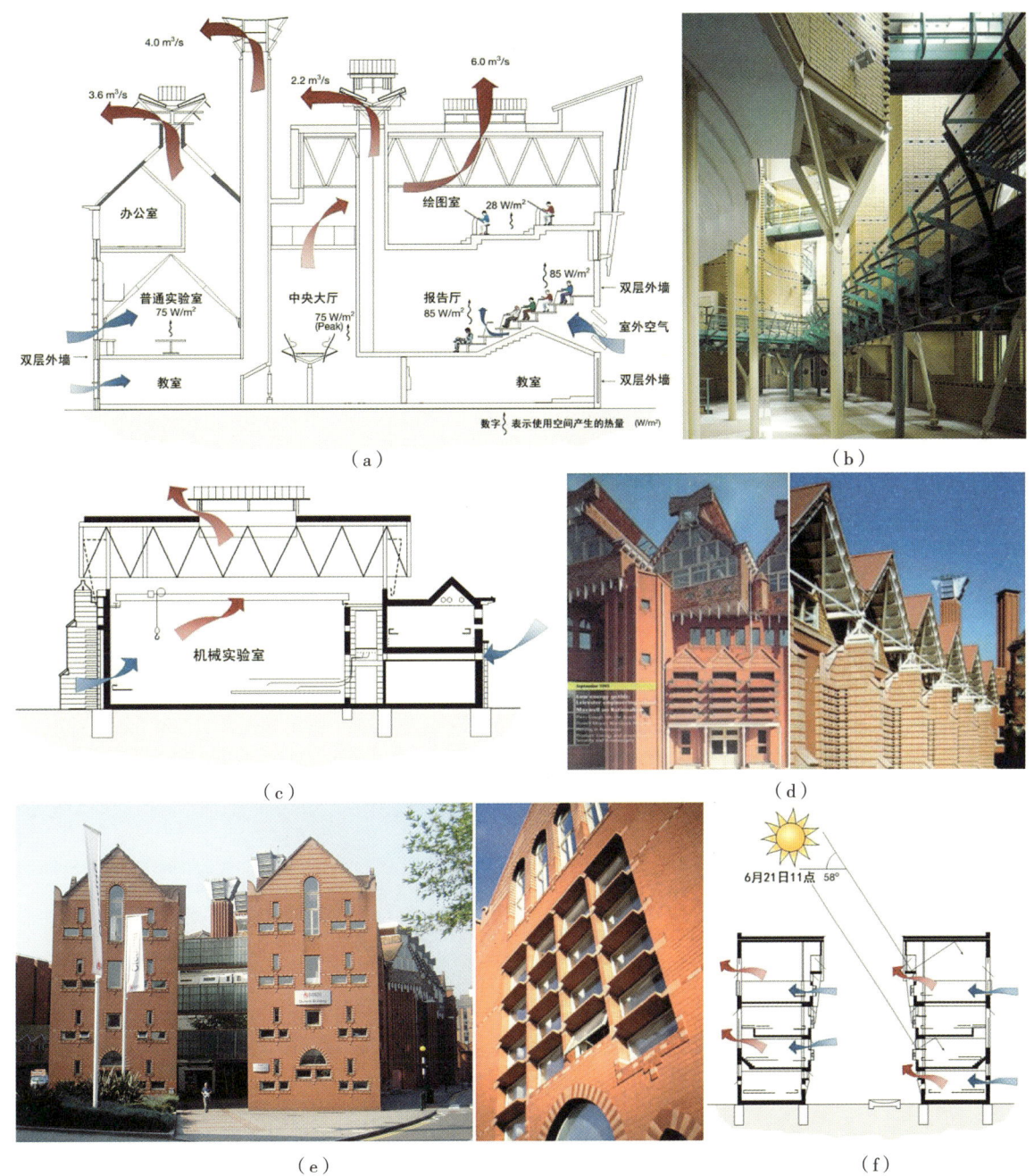

图 4-12 德蒙福特大学女王馆设计分析

（a）中央教学楼自然通风系统示意图；（b）中央教学楼中央大厅实景；（c）机械实验室自然通风示意图；（d）机械实验室的通风进
气口及屋顶出风口；（e）电子实验室的通风窗口；（f）电子实验室自然通风示意图

（图片 a、b、c、d、f 来源：肖葳，张彤 . 建筑体形性能机理与适应性体形设计关键技术 [J]. 建筑师，2019（6）：16-24. 图片 e 来源：
SHORT A. The Recovery of Nuatural Environments in Architecture：Air, Comfort and Climate[M]. London：Routledge，2017. ）

将一定数量的空间单元竖向叠加组合构成通风单元，可以取得进出风口之间
适当的高差，在高层建筑内部营造舒适宜人的自然通风环境（图 4-12）。

瑞士再保险总部大楼（the Swiss Re Building）位于英国伦敦，由建筑师

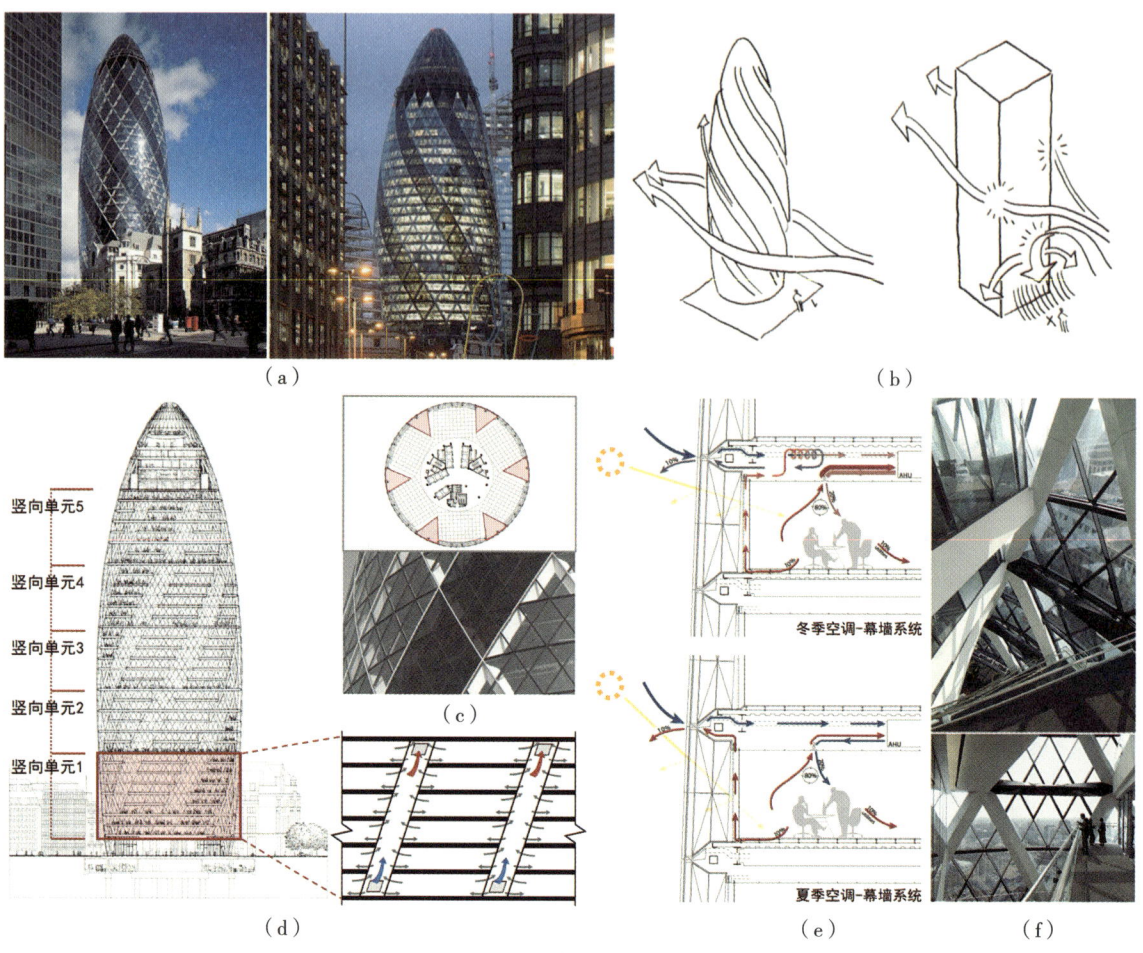

竖向单元5
竖向单元4
竖向单元3
竖向单元2
竖向单元1

冬季空调-幕墙系统

夏季空调-幕墙系统

（a）　　　　　　　　　　（b）

（c）

（d）　　　　（e）　　　　（f）

图 4-13　瑞士再保险总部大楼设计分析

（a）瑞士再保险总部大楼实景；（b）瑞士再保险总部大楼空气动力学原理示意图；（c）庭院位置示意图；（d）瑞士再保险总部大楼单元组合示意图；（e）呼吸式幕墙示意图；（f）内庭实景

（图片 a、c、d、f 来源：Foster+Partners 事务所官方网站；图片 b 来源：BOAKE T. M. Diagrid Structures：Systems，Connections，Details[M]. Basel：Birkhäuser，2014. 图片 e 来源：http：//architecturaviva，com）

诺曼·福斯特设计，于 2004 年投入使用。通过在摩天大楼中引入自然通风，使用节能照明设备，采用被动式太阳能供暖等方式，使这座高层办公楼比伦敦的普通办公楼节省约 50% 的能耗。

建筑的外形设计并不是心血来潮的形式卖弄。在风洞实验中诺曼·福斯特发现圆润的曲线外形比传统的方形体块更符合空气动力学的原理，将气流平滑地从周围引过，减少建筑的抗风荷载，同时也降低了因狭管效应[①] 对周围环境产生的影响（图 4-13）。

---

① "狭管效应"又称"峡谷效应"，是指气流由开阔地带流入狭窄处（在城市中，通常指城市高大建筑间较小的间距）时，由于气流无法大量堆积，于是流速加快，密度增大，急速流过狭窄处。当流出狭窄处时，空气流速又会减缓。由狭管效应而增大的风，称为峡谷风或穿堂风。高楼林立造成的狭管效应会加重风灾的影响。

在大楼的弧形幕墙表面分布着螺旋形的暗色条带，其内部是通风边庭。设计将每6层组合为一个单元，内有若干螺旋向上的边庭，边庭上下各设置进出风口，建筑外部气流被边庭幕墙的开启扇捕获，在建筑内部依循与室外协同的空气动力学曲线上升，从而带动周围房间的换气，形成建筑内部的自然通风。这样巧妙的设计使该建筑每年减少40%的空调使用量。6组螺旋上升的边庭同时也是该建筑使用自然光照明的采光井，并打破传统办公楼各层之间的分隔，创造宜人的共享空间。

大楼的双层呼吸式玻璃幕墙被分隔成5500块平板三角形和钻石形玻璃，构成了一套复杂的幕墙体系。办公区域幕墙由双层玻璃的外层幕墙和单层玻璃的内层幕墙所构成，内外层之间是通风空间，并加有遮阳片，一方面起到气候缓冲的作用，另一方面组合成竖向单元以获得适当的垂直风压差。螺旋形上升的边庭区域幕墙则由可开启的双层玻璃板块组成，采用灰色着色玻璃和高性能镀层来有效地减少阳光照射。瑞士再保险总部大楼的设计按照不同功能区对照明、通风的需要，通过控制幕墙的开启和关闭，形成一套可呼吸的外围护结构，使其内部获得了柔缓宜人的自然通风。

4.4 典型教学案例

4.4.1 江南气候构型与文化重塑：昆山袁家甸乡村驿站

东南大学2023-2024学年建筑学四年级建筑设计课题，指导教师：张彤，助教：仲文洲

该教学案例是东南大学建筑学院建筑学四年级建筑设计课程，教学时长8周。

课程教学依托教研团队长期开展的夏热冬冷气候区乡土建筑中"气候—空间—能量"的互成机理研究，通过理论讲授、场地调研和文献学习，让大家理解建筑在长期演进中积淀形成的体现气候理性和能量建构的形态空间原型，并将其应用到昆山袁家甸乡村驿站的设计之中。

8周教学中贯穿有两条相互交织的线索，分别是从场地到功能、从形式到结构的空间生成线索，以及依据"气候—空间—能量"互成机理的环境性能模拟与数理分析线索，包括依次推进的生物气候分析、形体空间类型、空间气候梯度、气候调控界面、性能导向构造与冷热负荷验算等五个层面。两条线索呈双螺旋结构相互交织，贯穿于设计教学各个环节，形成空间生成与性能分析彼此反馈、交互驱动的设计教学进程。

学生以2人为一个教学组，通过实地调研，策划出"木船工坊与非遗博物馆""麻将集""水上船市"等乡村驿站功能，以体现"气候—空间—能量"

江南气候构型与文化重塑：昆山袁家甸乡村驿站

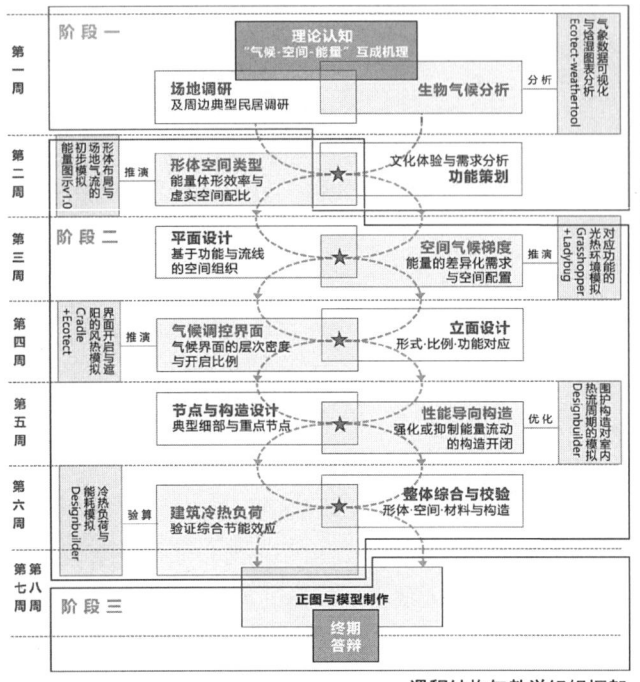

课程结构与教学组织框架

1. 锦溪船坞（学生：赵骁然，余珍蓁）

总体鸟瞰图

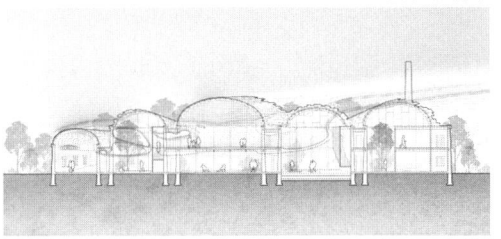

剖面气流分布动态模拟

2. 麻将集（学生：段楚韵，晏艺恒）

整体环境模型照片　　通风烟囱大样模型

剖面热压通风与风压通风耦合模拟

3. 袁甸船市（学生：崔新新，黄子杰）

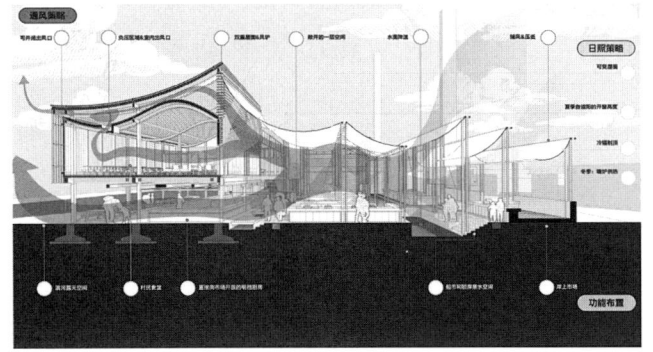

环境调控策略与空间形态剖透视图

本教学案例详细内容请见建工书院公众号相关推文

典型教学案例 4.4.1

互成机理的江南水乡空间气候构型为类型依据，在各自的功能场景中，推进场地、空间、形体、材料与构造的设计，完成气候适应和能量理性的建筑设计。

4.4.2 "热力学建筑原型"课程

同济大学建筑学本科生四年级课程，指导教师：李麟学，国际合作：Inaki Abalos、William W. Braham 等

该教学案例是同济大学建筑与城市规划学院建筑学四年级建筑设计课

热力学建筑原型课程

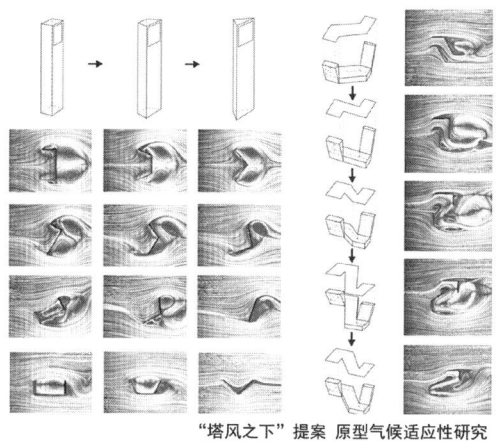

"塔风之下" 提案 原型气候适应性研究

"光合作用"（学生：郑思尧、郑馨、吕欣欣）

1. 原型研究

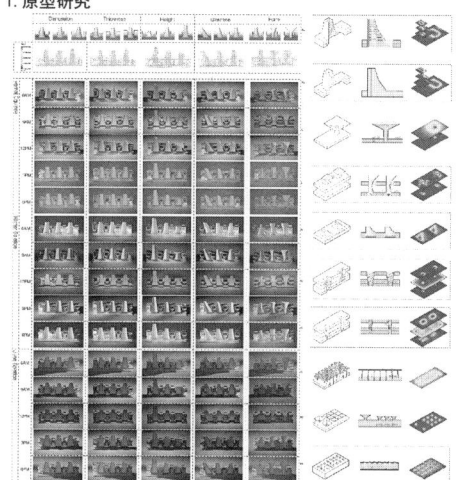

2. 设计方案

3. 材料探索

本教学案例详细内容请见建工书院公众号相关推文

典型教学案例 4.4.2

程，教学时长 8 周。

　　"热力学建筑原型"课程基于与哈佛大学、宾夕法尼亚大学的研究与教学合作，从 2014 年到 2023 年围绕"能量形式化与热力学建筑"展开持续的教学计划，通过半个学期至一个学期的专门设计训练，试图探索自然系统与建筑本体设计互动的热力学方法。通过热力学原理与法则的研究，探寻建筑形式背后的隐藏逻辑，从而将热力学性能与建筑本体设计融为一体，并探索基于中国城市与气候语境的热力学原型设计方法。并将其应用到上海市花木城市副中心面向未来的上海图书馆东馆设计中。

　　"热力学建筑原型"教学计划的设定包括以下八个主要的步骤：案例研究提炼与模型还原；气候与自然特征数据分析；能量流动机理与系统模拟；

热力学原型研究与优化；原型的建筑转化与实验检测；建筑的城市环境植入；热力学物质化与材料文化；研究与设计成果的整合。通过以上对设计进程的解析与探索，在环境的调控中，通过能量流动与数据驱动的气候分析，到原型生成和建筑转化等一系列环节，构成了热力学原型的完整设计流程，从而将"能量"作为一种结构化要素纳入建筑学的核心话语。

学生以 3 人为一个教学组，在建立热力学原型的基础上，建构与环境互动的前沿建筑的可能性。其中"光合作用"设计从植物的呼吸作用与光合作用中寻找、捕捉、转化、传导、传输、存储和输出光能的机制，得出了一个连通着"热力学烟囱"的图书馆原型，选择并优化后的原型则以不同尺度赋予其不同功能，组合和植入环境而得到建筑的基本形态。

4.4.3　延伸思考

1）形体气流组织作为一种绿色建筑空间调节设计的被动式技术策略，利用风压通风与热压通风机制，通过空间形态设计促发诱导气流，在建筑内外形成较为舒适和均匀的风热环境，其与建筑气候界面（围护结构）的设计有什么关联，如何形成协同调控？

2）形体气流组织设计中的关键构造有哪些？如何通过构造设计实现气流调控？

3）形体气流组织与作为主动式调控的暖通空调技术有无关联协同的可能？

参考文献

［1］ 伊纳吉·阿巴罗斯，周渐佳. 室内"源"与"库"[J]. 时代建筑，2015（2）：17-21.

［2］ 仲文洲，张彤. 形式与能量——建筑环境调控的生物气候理性 [J]. 世界建筑，2020（11）：68-73.

［3］ NORMAN F, CARVER JR. Italian Hilltowns[M]. Michigan：Documan Press L，1979.

［4］ WATERSON R. The Living House，an Anthropology of Architecture in South-East Asia[M]. Singapore：Oxford University Press，1993.

［5］ 肖葳，张彤. 建筑体形性能机理与适应性体形设计关键技术 [J]. 建筑师，2019（6）：16-24.

［6］ 弗拉格·英格伯格. 托马斯·赫尔佐格：建筑 + 技术 [M]. 李保峰，译. 北京：中国建筑工业出版社，2003.

［7］ Herzog+Partner. 林茨设计中心 [J]. 建筑创作，2004（1）：48-56.

［8］ 张彤. 整体地区建筑 [M]. 南京：东南大学出版社，2003.

［9］ SHORT A. The Recovery of Nuatural Environments in Architecture：Air，Comfort and Climate[M]. London：Routledge，2017.

［10］ BOAKE T. M. Diagrid Structures：Systems，Connections，Details[M]. Basle：Birkhäuser，2014.

第 5 章

环境交互的气候界面设计

气候界面是建筑室内外环境之间分界并产生交互的界面。气候界面设计对应于一般建筑设计中的立面，但又不等同于立面设计，在对象上指向建筑外墙、屋面和底板等所有与室外接触的围护结构，在内容上包含室内外风、光、热、湿环境的隔断与流通以及实施调控的所有过程。环境交互的气候界面设计是绿色建筑设计最重要的环节之一。

本章首先解析了表征气候界面的六项构形因子与定义环境性能的五项环境气候因子之间相互作用的机理，由此引导出环境交互的气候界面设计的四项主要策略——气候调节腔层、光热平衡遮阳、热质量动态调蓄和生态介质表皮，并结合优秀设计案例，分类型讲授各项策略的设计方法。其中，气候调节腔层分为包裹式腔层、层级式腔层和构件式腔层三种类型，光热平衡遮阳包括计算静态遮阳和智控动态遮阳两种发展阶段，热质量动态调蓄包括风热调蓄与光热调蓄两种协同类型，生态介质表皮则分为活墙式表皮和生境式表皮两种复杂状态。本章最后提供相关典型教学案例及其成果作为学习参照。

5.1
作为气候界面的建筑围护结构

从原始住屋的围墙到古典建筑的立面，再到当代建筑集成多种性能的复杂表皮，围护结构的发展贯穿于建筑历史的演进之中。从环境调控角度看，它不只是分界和隔离的外壳，而是整个建筑的表层体系及其空间结构，是建筑直接与外部环境接触的气候界面。当代建筑的围护结构是综合了多种性能的气候交互式集成技术系统，往往具有缓冲和调控内外气候的空间结构，以及动态平衡风、光、热等气候要素的机制，在环境能量的获取、转化和释放过程中扮演着积极和主动的角色。

围护结构与环境之间相互影响和作用的机理是围护结构设计的认识基础。从风环境、光环境和热环境三个角度可将环境性能因子分为操作温度、相对湿度、空气流速、太阳辐射和照度。根据围护结构的环境调控作用，可将围护结构构形因子分为可开启面积比、进出风口面积比、导风面方向角、窗墙面积比、综合遮阳系数和热质量。两组因子的定义和关联如图5-1所示。

建筑的风环境是指空气在建筑内外空间的流动状况及其对建筑使用的影响，与相对湿度、太阳辐射与操作温度等环境性能因子关系密切。首先，风是由气压差促使空气流动而形成的现象，而不均匀受热导致的密度差是产生气压差的原因。伴随着太阳辐射和空气中水分的相变，空气不断受热或冷却，热空气不断上升并被周围的冷空气补充，形成风。相关机理包括可开启面积比、进出风口面积比、导风面方向角分别与空气流速的关系。

建筑的光环境是指由光（照度水平和分布、照明的形式）与颜色（色

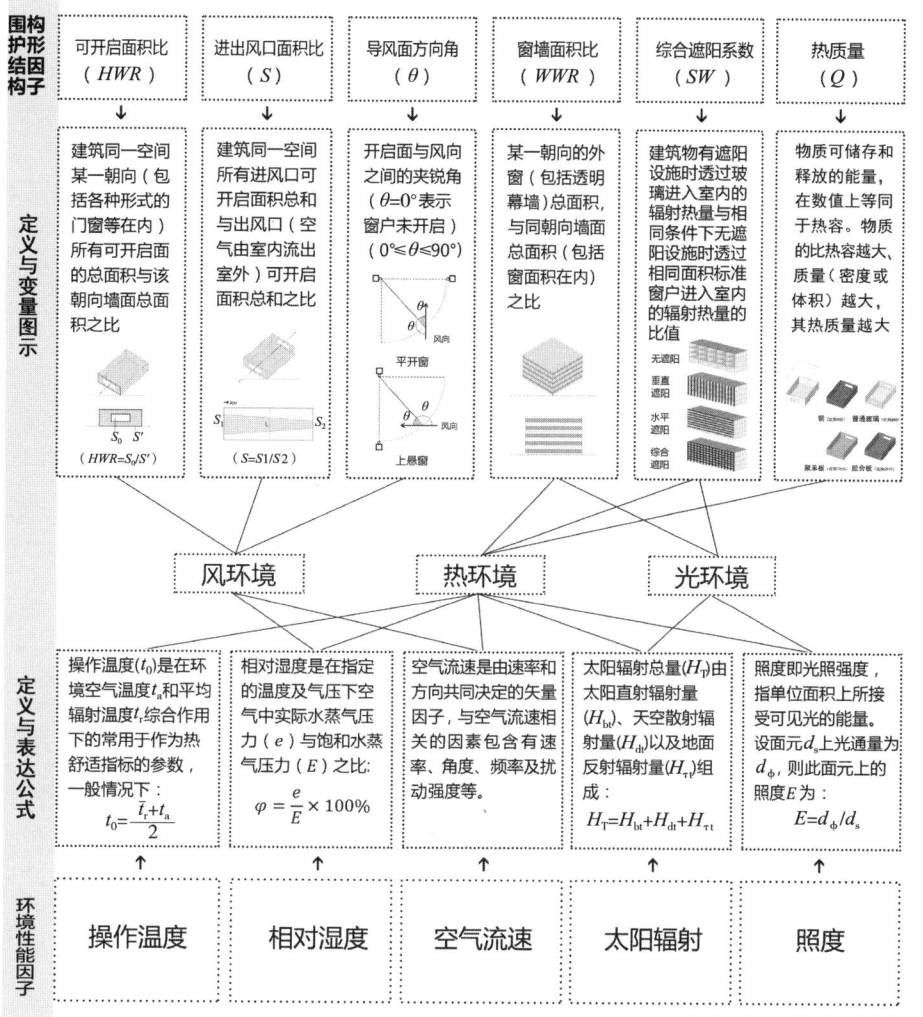

图 5-1 环境因子与围护结构构形因子的定义和关联
（图片来源：吴浩然，张彤，孙柏，等 . 建筑围护性能机理与交互式表皮设计关键技术 [J]. 建筑师，2019
（6）：25-34.）

调、色饱和度、室内颜色分布、颜色显现）在室内建立的同空间形式有关的
生理和心理环境，包括天然采光和人工照明两方面，与太阳辐射和照度这两
个环境性能因子相关。在天然采光中，组成环境光的太阳直射光、天空漫射
光和地面反射光均来自太阳辐射。不同形式的自然光决定了空间表面的总照
度，与人工照明共同影响着室内空间光的数量、质量及分布。主要机理包括
窗墙面积比与照度、综合遮阳系数与照度之间的关联。

　　建筑热环境是指影响人体冷热感觉的环境因素的综合。主要性能因子
包括操作温度、太阳辐射、相对湿度和空气流速，以人的热舒适感知作为评
价标准。室内空气温度通过影响对流和辐射的显热交换进而影响人体热舒适
度；空气湿度影响着人体皮肤表面的蒸发散热，从而影响人体的热舒适度。

室内气流能促进人体的对流换热和蒸发散热，也会影响人体的舒适感。而太阳辐射热量的大小和辐射方向，对热环境质量有很大影响。影响热环境的主要构形因子是窗墙面积比、综合遮阳系数和热质量。主要机理包括热质量与操作温度、热质量与太阳辐射之间的关系。

从风、光、热环境三个方面了解围护结构构形因子与环境性能因子之间交互影响的关系，可以对围护结构环境调控机理的整体规律和主要作用路径建立基本认识（图 5-2）。

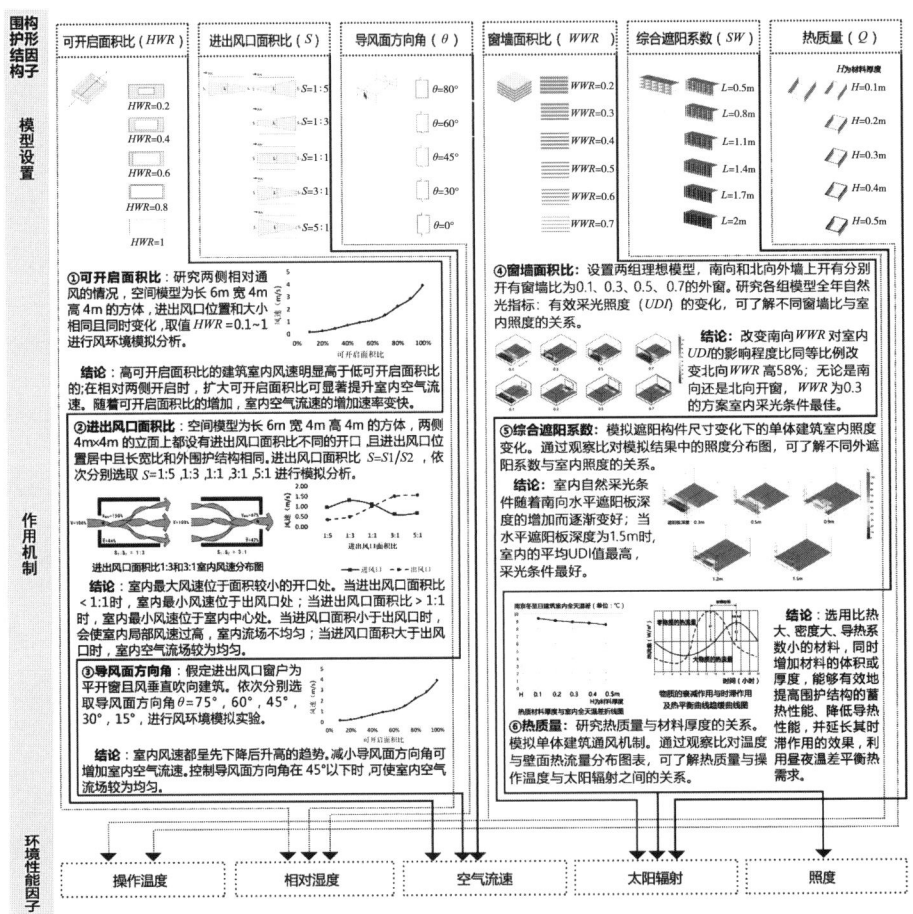

图 5-2　围护结构环境调控机理的整体规律和主要作用路径
（图片来源：吴浩然，张彤，孙柏，等 . 建筑围护性能机理与交互式表皮设计关键技术 [J]. 建筑师，2019（6）：25-34.）

基于围护结构环境调控机理推导可得出的四项基本设计策略（图 5-3）。

可开启面积比、进出风口面积比、导风面方向角对空气流速的作用机理显示，围护结构及其组件会在一定的空间深度与高度范围内导致空气流速的波动。室内空气流速会随着气候界面可开启面积比的增加呈指数级增长。这说明对环境气候的调节需充分考虑到气候界面的空间层次和深度及其组织方

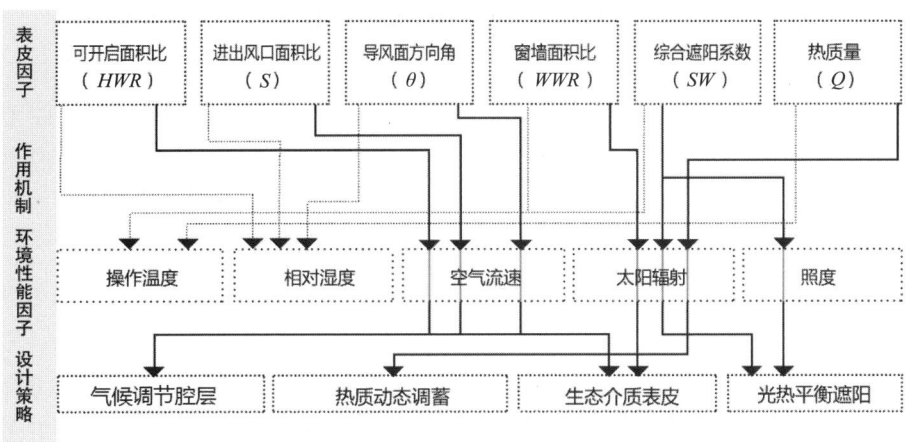

图 5-3　围护结构的设计策略与环境调控机理的关系
（图片来源：吴浩然，张彤，孙柏，等 . 建筑围护性能机理与交互式表皮设计关键技术 [J]. 建筑师，2019
（6）：25-34.）

式。因此，在室内外之间，根据外部气候条件及建筑功能设置具有一定深度及高度的腔层空间，是增进其气候交互性的一种重要选择。腔层内的各种调适行为，可强化、削弱、拒绝或诱导通过建筑表皮的气候要素，改善建筑内部空间物理环境，从而降低建筑设备能耗。基于上述认识归纳得出气候调节腔层设计策略。

综合遮阳系数对室内照度的作用机理显示，综合考虑光环境和热环境的调控时会存在采光与得热的矛盾，这意味着遮阳设计需权衡建筑得到的光和热。精确设计遮阳板的形式可提升室内全年有效采光照度，同时屏蔽辐射热。基于上述认识归纳得出光热平衡遮阳设计策略。

热质量表明物体存储热量的能力，它使建筑物能够储存热量并抵抗温度波动。热质量对太阳辐射和室内操作温度的作用机制显示，具有一定热质量的墙体能够吸收室外太阳辐射热量，延滞室内外传热作用，对热波动有一定的衰减作用。这说明在一定的热流周期内，通过增强外围护结构的蓄热能力，可缓解室外过量的太阳辐射热对室内环境的影响，同时也可以利用围护结构蓄积的热量平衡夜间的冷。基于上述认识归纳得出热质量动态调蓄设计策略。

仅调整单一界面的构形因子具有一定的局限性。如果将自然界以土地为载体的绿化延伸至建筑围护结构，一方面可弥补城市空间绿化的不足，另一方面可补充围护结构的其他环境调控功能，如改善空气质量、调节湿度和隔绝噪声。基于上述认识归纳得出生态介质表皮设计策略。

作为气候界面的围护结构应摒弃单独依赖空调的气候隔绝范式，在室内外之间创造一种可调节的交互结构，使围护结构具备如皮肤般的呼吸机能，实现对环境舒适度与能量流通的调控。以下结合典型案例分析，阐述四项设计策略的应用与成效。

5.2.1 定义与作用机理

气候调节腔层是指根据室外气候条件和室内功能与环境性能需求，利用围护结构在一定厚度或深度内的材质、构件与空间组织设计，对建筑内外风、光、热环境进行交互式调控的设计策略 [①]。

早在古罗马时期的浴场中，人们就通过管腔供暖系统（hypocaust [②]）为浴场供暖。这种加热腔体内部温度进而调节室内微气候的做法已初步体现出气候调节腔层的作用机理。随着当代建筑技术的发展，腔层的运行方式表现出主被动相结合的特征。它在建筑的内部与外界环境之间创造出一种间层气候，调节和控制着内外环境之间的能量交换。相较于传统的外墙和表皮，这一技术拓展了围护结构的单层气候界面的功能，以"腔层"的形态形成气候包裹层级。腔层既可以在一定程度防止各种极端气候对室内的影响，又可以强化各种微观气候调节作用的效果，在满足人体舒适需求的同时，避免一味采用动力设备调控环境，节约能源消耗。

在形态特征方面，气候调节腔层一般由腔层外界面、腔层内界面、空气间层与间层构件组成。腔层外界面与内界面分别是直接与室外和室内接触的界面；空气间层和间层构件（如遮阳板等）作为室内外环境之间的介质，起到调控流经内外界面的气候要素的作用。根据腔层的位置及形式的不同，腔层在建筑中具有不同的环境调控机理，包括辐射得热、土壤传热、通风散热、阻风与导风以及柔化自然光（图 5-4）。

1）辐射得热

辐射得热是指利用太阳辐射热进行室内供热。太阳辐射总得热是直射、漫射及反射太阳辐射热的总和。位于建筑南向的腔层具有最典型的辐射得热功能。与其他朝向相比，南向腔层冬季接受的太阳辐射最多，而夏季的辐射得热又比东西向少。南向腔层外表面在白天接收太阳辐射热并将热量蓄积在腔层内或传入室内，有利于保持室内的热舒适。此外，通过提升腔层内界面的中远红外线反射能力，有利于将室内向外的长波辐射重新反射回室内，提高围护结构的隔热效果，减少热损失。

2）土壤传热

土壤传热是指位于建筑首层楼板以下的腔层与大地之间发生热交换，进

---

① 吴浩然，张彤，孙柏，等 . 建筑围护性能机理与交互式表皮设计关键技术 [J]. 建筑师，2019（6）：25-34.
② "hypocaust"这个词来源于古希腊语"hypo"，意思是"在下面"和"被烧"。指通过给管道输入热空气来加热墙壁和楼板。

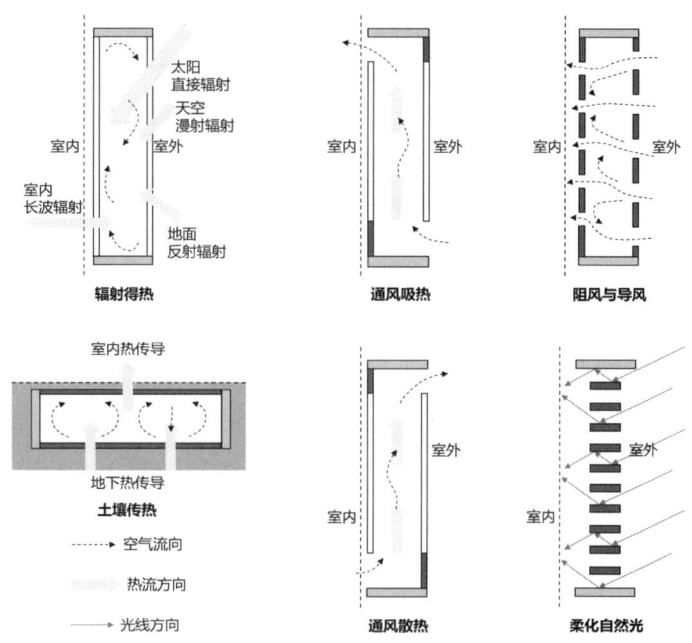

图 5-4　气候调节腔层的环境调控机理分析图

而调控室内热环境。由于底板腔层一般不暴露于室外空间，很少受室外太阳辐射和温度波动的影响，而多与地下土壤发生热传导。当建筑的热损失大于得热时，底板腔层将向室内传热；反之，当热损失小于得热时，底板腔层将向土壤传热。底板腔层既可单独发挥作用，也可与立面和屋面腔层连通，形成包裹建筑的环状腔层。

3）通风散热

通风散热是指利用腔层内空气的热压差形成自下而上的气流，并通过设置外界面高开口和内界面低开口，排出室内热空气以达到散热效果。若同时向建筑内部导入被动式预冷的空气，制冷效果更好。这一机理常发生在夏季，太阳辐射热过量且室外温度较高，建筑的总得热远大于热损失。此时，打开内外界面开口可带走室内及腔体内的热量，起到降温作用。

4）阻风与导风

过滤自然风是指利用风压作用和腔层界面一定的孔隙率，筛滤自然风，减小风速，将室外自然风转化为使人体舒适的微风。腔层外界面直接面向室外，产生第一层筛滤效果。腔层空间内存在复杂的湍流。腔层内界面产生第二层筛滤效果，使紊乱的气流变得均匀柔和。腔层导风机理在室外风速较大的地区能产生更明显的效果。相较于常规开窗，可为室内提供更加舒适的自然风。

5）柔化自然光

柔化自然光是指利用光线在腔层内经多次反射，将直射光柔化为漫射光，有效降低室内炫光的同时营造均匀光环境。建筑的近窗口处常在冬季发生炫光，一定深度的腔层结合遮阳与反光构件，可避免阳光直射室内，使腔层成为有效的光线转换空间。此外，考虑到阴天时室外照度常有不足，腔层内可设置动态遮阳构件，在无需遮阳的阴天收起，以最大化接收自然光。

运用模拟软件有助于定量地评估腔层的环境调控作用及实效，可使用计算流体动力学软件如 ANSYS Fluent 来模拟不同形式的腔层对室内风速、温度及人员舒适度的影响，使用采光模拟软件如 Radiance 来模拟腔层空间对室内天然采光的影响。在实际设计过程中，需根据具体设计问题经多次模拟优化得到相对最优的设计策略。气候调节腔层设计策略有包裹式腔层、层级式腔层和构件式腔层三种类型，以下结合案例分别阐述。

5.2.2 包裹式腔层

包裹式腔层是以整体包裹式的空间布局方式，通过多层围护结构及其之间的连续热缓冲空间来控制建筑内外热量传递。其特征是腔层空间连续贯通；整体包裹内部功能空间；在各个朝向根据不同需求设置不同的腔层深度和调控机理。

美国建筑师李·波特·巴特勒（Lee Porter Butler）在 1978 年发表的著作"Ekose'a Homes[①][②]"通过十个案例展示了围护结构的"双壳概念"（Two-shell concept），也被称为"热围护住宅"（Thermal envelope house）或"双层围护住宅"（Double envelope house）。这种住宅无需机械系统或空调装置，仅通过建筑本身与外界的能量交换便能使室内保持热舒适。与被动式太阳能住宅不同的是，双层围护住宅并不直接依赖太阳辐射得热，而是通过双层围护结构及二者之间的热缓冲腔层来控制内外热量传递。在典型的双层围护住宅中，热缓冲腔层由南侧的温室、带空气通道的双层屋顶、北侧的双层墙、地下腔层组成。热缓冲腔层构成了双层围护结构之间连续的空气间层，其功能是减少内部核心空间和室外的热量交换。当热缓冲腔层与地表热交换装置相结合时，内外围护结构之间的空气可通过与地表的热交换在夏季降温或在冬季升温，使室内空间更好地保持全年热舒适。

1977 年，巴特勒为汤姆·史密斯（Tom Smith）在美国加州太浩湖（Lake Tahoe）西岸设计的史密斯住宅，以其环状气候包裹和多模态、可切换的气流

---

① Ekose'a 是一个古典希腊语单词，意思是必不可少，巴特勒用这个词来描述有着双层围护结构的建筑类型，并用这个词来命名他的设计事务所。

② BUTLER L. Ekose'a homes：Natural energy conserving design[M]. San Francisco：Ekose'a，1978.

组织，完美展现了这一理念（图5-5）。文献显示，该建筑室外的温度波动被成功抑制和延迟，使室内温度保持相对稳定和舒适的状态[①]。

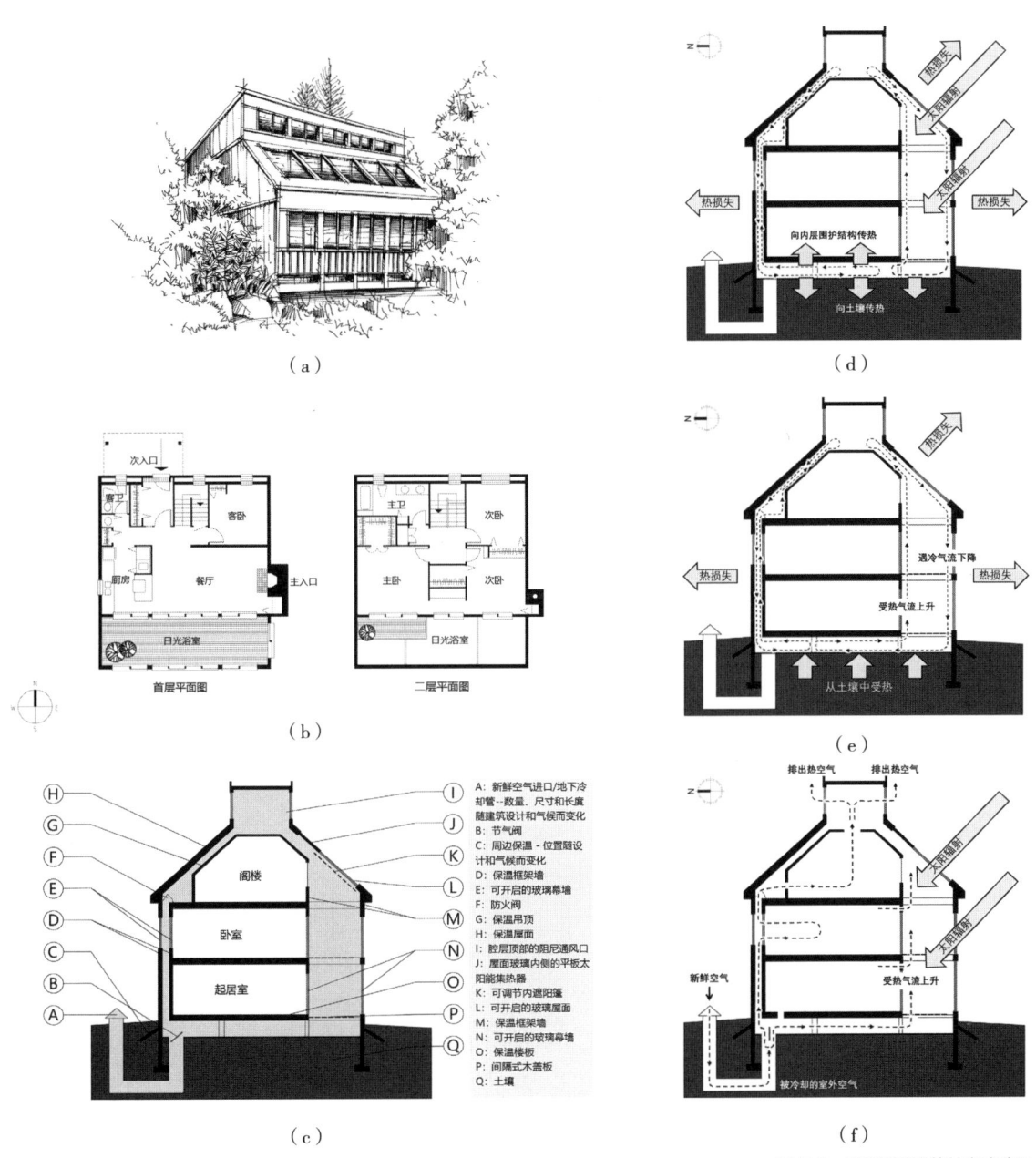

（a）外观；（b）平面图；（c）Ekose'a住宅的剖面图及建筑构件；（d）气流组织设计的冬季太阳辐射模式；（e）气流组织设计的冬季土壤传热模式；（f）气流组织设计的夏季通风散热模式

图5-5　史密斯住宅的包裹式腔层

①　SMITH T，BUTLER L. The Energy Producing House，First American Edition[M]. San Francisco：Ekose'a，1979.

1）环状气候包裹

史密斯住宅有着两层热绝缘性很好的围护结构，外层的绝缘性更高于内层，二者在空间结构上呈嵌套关系。空气可在两层围护结构之间的环状腔体内流动。建筑的环状腔层包括南向腔层、屋面腔层、北向腔层以及首层底板腔层。地道风管与腔层顶部的进/出风口均设置有开闭装置。南向腔层进深较大（4.5m左右），形成人们的活动空间，同时还可作为培育植物的温室。北向腔层进深较小（0.8m左右），东西向则是保温性能良好的单层墙体。地道风管和首层底板腔层的连接处设有节气阀，可控制气流进出。北向腔层与屋面腔层之间设有防火阀，可防止火灾发生时烟气在建筑内循环。南向腔层的楼板是间隙铺设的木盖板，不会阻止气流通过。由此，整个环状腔层包裹住内部的起居室和卧室等使用空间。双层围护结构的墙体都选用隔热性能良好的材料。南向的双层围护结构采用大面积玻璃。南向屋面还有大面积的斜面玻璃窗，用于收集太阳辐射热和提供天然采光，同时，屋面玻璃窗的内侧设有可调节的遮阳棚，遮蔽夏季的辐射热。北向的双层围护结构开窗较小，可降低围护结构在冬季的热损失。此外，建筑基础还设有深入土壤的墙体，增加了围护结构与土壤的接触面积，强化与大地之间的热交换，这在冬夏两季都是有利的。

2）多模态、可切换的气流组织

史密斯住宅的内部功能空间被环状腔层包裹，无需直接面对室外，只是通过腔层发生气候交互。环状腔层并不与内部功能空间直接连通，因此其空气温度的波动不会影响内部功能空间的舒适性，这对提升腔层的运行效率至关重要。环状腔层主要有三种气流组织模式，分别是冬季太阳辐射模式、冬季土壤传热模式以及夏季通风散热模式。以下对此三种模式作简要分析。

（1）冬季太阳辐射模式

当冬季白天的太阳辐射比较充足时，建筑在南向接收太阳辐射热的同时向四周散热。此时建筑的总得热量大于总散热量，多余的热量会被围护结构吸收与储存。南向腔层内的空气被加热并不断上升，带动空气沿顺时针方向循环流动。室外白雪反射的阳光能增加30%的热量，内部功能空间的温度可以维持72小时之久以保证夜晚的热舒适。北向外层围护结构在冬季的热损失冷却了北向腔层内的空气，使其变重而下沉至首层底板腔层，使空气在北向腔层内循环流动。首层底板腔层内的冷热空气还会通过对流的方式换热，将南向腔层接受到的辐射热传递到北向腔层。这种由重力对流产生的空气循环均匀地分布在整个环状腔层中。地道风管处的节气阀在冬季处于关闭状态，以减少热损失。南向外层围护结构的大窗墙比和北向外层围护结构的小窗墙比有助于增加得热和减少散热。

（2）冬季土壤传热模式

在冬季的阴天、雨雪天气和夜晚，太阳提供的辐射热量不足以抵消由热传导和冷风渗透导致的热损失，建筑的总热损失大于总得热。此时，建筑最大的热损失发生在南向外层围护结构的大面积玻璃处，以致这个部位的腔层空气比其他地方都要冷却得更快。与此同时，建筑基础及底板腔层附近的土壤将向围护结构提供热量，并加热底板腔层内部的空气。受热气流上升，遇冷气流下降，形成腔层内空气的顺时针方向流动。北向腔层内的气流也遵循着同样的原理。由于南向腔层的热损失相比北向腔层更大，产生的气流作用更大，使首层底板腔层大部分被南向腔层内的空气所占据。这是与冬季太阳辐射模式的不同点之一。只要室外空气温度低于围护结构表面温度，冬季土壤传热模式就会开启。这种模式在冬季使围护结构温度接近土壤温度，进而使温暖的环状腔层包裹着内部功能空间，保持其热舒适度。

（3）夏季通风散热模式

夏季的气流组织设计与冬季有明显区别。这一时期，太阳辐射过量且室外温度较高，使建筑的总得热远大于总热损失。此时，打开上部天窗，排出热空气，并打开首层底板腔层的节气阀使经地道风管冷却的新鲜空气被抽入，带动空气单向流动，排除腔体内的热量，起到降温作用。内部功能空间与环状腔层在夏季是连通的，便于室内热空气更快地被地道风管内的冷空气替换。太浩湖地区的夏季湿度很小，若在湿度较大的地区，有必要在风管出口处安装风扇与除湿装置来加速通风并除湿。屋面的无动力风帽也起到这样的作用。史密斯住宅的东西向围护结构的窗墙面积被控制在最低限度，减少了夏季的辐射得热。总体来看，地道风管在夏季发挥出最重要的作用，因为土壤是这个季节唯一的冷源。

5.2.3　层级式腔层

层级式腔层是在室内外环境之间，通过多层级的空间布局对空气、风和光进行层层筛滤，起到引导、缓和并过滤气流的作用。其特征是多个腔层空间在内外环境之间的层级设置。

相比于史密斯住宅的双壳腔体主要是在剖面方向利用热压通风与自然界进行能量交换，建筑师亨利·克隆布（Henry Klumb）在波多黎各卡塔尼奥（Puerto Rico, Cataño）设计的圣马丁教堂（San Martín de Porres Church）则通过平面的旋转叠套，形成多层过滤的中介空间，在热带海边形成对空气、风和光的精密筛滤（图5-6）。

现代主义建筑史学家亨利·希区柯克（Henry Hitchcock）将圣马丁教堂描述为"奥斯卡·尼迈耶（Oscar Niemeyer）的圣弗朗西斯科大教堂（Church

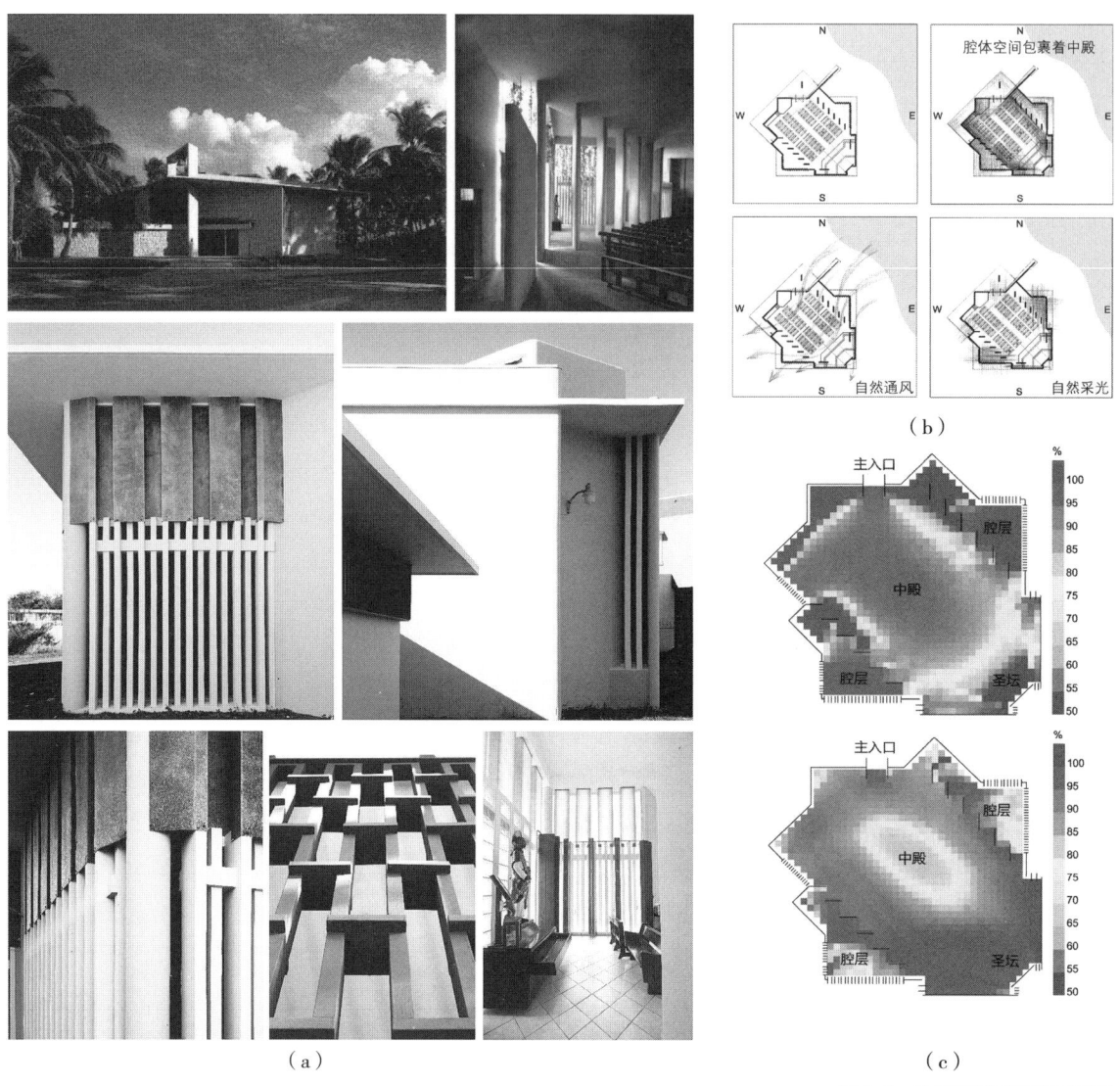

图 5-6　圣马丁教堂的层级式腔层
（a）外观与室内空间；（b）空间构成与风、光环境分析图；（c）室内全年自然采光的 DA（上）和 UDI（下）分布图

of San Francisco）和恩里克·德·拉·莫拉（Enrique de la Mora）的圣母无原罪圣殿（La Purísima Concepción de María）之后，拉丁美洲又一座优秀的现代教会建筑。[①]"

　　克隆布用两个相对扭转 45° 的正方形平面诠释出集中式教堂的空间结构。教堂的中殿位于西北 - 东南朝向的方形中央，而圣坛、唱诗班、圣龛和洗礼池则分置于正南北朝向的方形四角。扭转后的另一个方形不仅扩展了唱诗班和门厅的空间，也在两侧廊道外各增加了一个边院，这是两个方形旋转、叠

① HITCHCOCK H. R. Latin American Architecture since 1945[M]. New York：The Museum of Modern Art，1955.

加后形成的开放腔体空间。腔体与中殿之间的界面是 45° 斜向排列的 7 片墙体，像一层百叶，将筛滤后的微风导入中殿。腔体与外部街道之间的界面是密集排列的竖向木格栅，可遮挡剧烈的海风，在减弱风速的同时使紊乱的气流变得均匀柔和。模糊的界面、运动的气流与通透的视线，使开放的腔层空间成为筛滤空气的中介，配以出挑深远的檐口，既是对风和光的筛滤也是对热的遮蔽。

利用 Radiance 可评估圣马丁教堂室内的全年自然采光效果。室内自然采光照度最大处分别位于两侧腔层空间和中殿，而照度最小处位于圣坛。光与影在功能上分别对应着中殿（救赎空间）和圣坛（忏悔空间）。腔层外界面的格栅搭配染色玻璃给腔层内部带来神圣的金光，再通过内界面的片墙将金光以漫射的形式引入室内。中殿顶部的天窗又补充了中殿照度的不足。而圣坛的采光则主要依靠两侧狭小的开口，使圣坛两侧墙面保持明亮而圣坛中央则保持较低的照度。不过，圣坛的全年有效采光照度在 90% 以上，仍是视觉舒适度很高的空间。在圣马丁教堂中，克隆布利用围护结构层级式腔层的形式设计，精心分配和控制采光，既消除了视觉单一感也体现出教堂建筑神性的光辉。

圣马丁教堂是欧洲现代主义建筑生根于波多黎各热带气候中的杰作，也是气候调节腔层设计的典范之作。亨利·克隆布完全利用空间和建造手段，在室内外连续空间中构建出一个开放、敏感、精密的气候调控系统。

5.2.4 构件式腔层

构件式腔层是在围护结构的构造设计中，结合建筑立面造型，赋予构件一定的空间深度和气候调节功能。其特征是腔层空间与建筑造型的有机结合。

中国历史研究院大楼位于北京市奥林匹克公园中心区，是国家重点建设的国家级、标志性、开放性的新型公益文化设施，由东南大学建筑学院和建筑设计研究院设计，其设计目标在满足功能需求，在呈现文化意义的同时，力求实现良好的性能表现。建筑通过多种精巧的构件式腔层有效地调节室内外之间的空气流通，更多地利用建造本身而不是设备，达到较为舒适的内部环境，实现被动式环境调控。这种"空间调节"设计理念也是对传统营造智慧的致敬与传承。

中国历史研究院主楼外立面结合造型特征，设计了形式各异的虚实组合和开启方式，为建筑内部带来满足需求和体验的天然光，使过渡季节能够更多地利用自然通风获得舒适的室内环境。围护结构主要由遮阳挂落、玻璃幕墙与实体凸肋组成。其性能化设计体现为 5 种构件式腔层与立面形式的巧妙结合（图 5-7）。

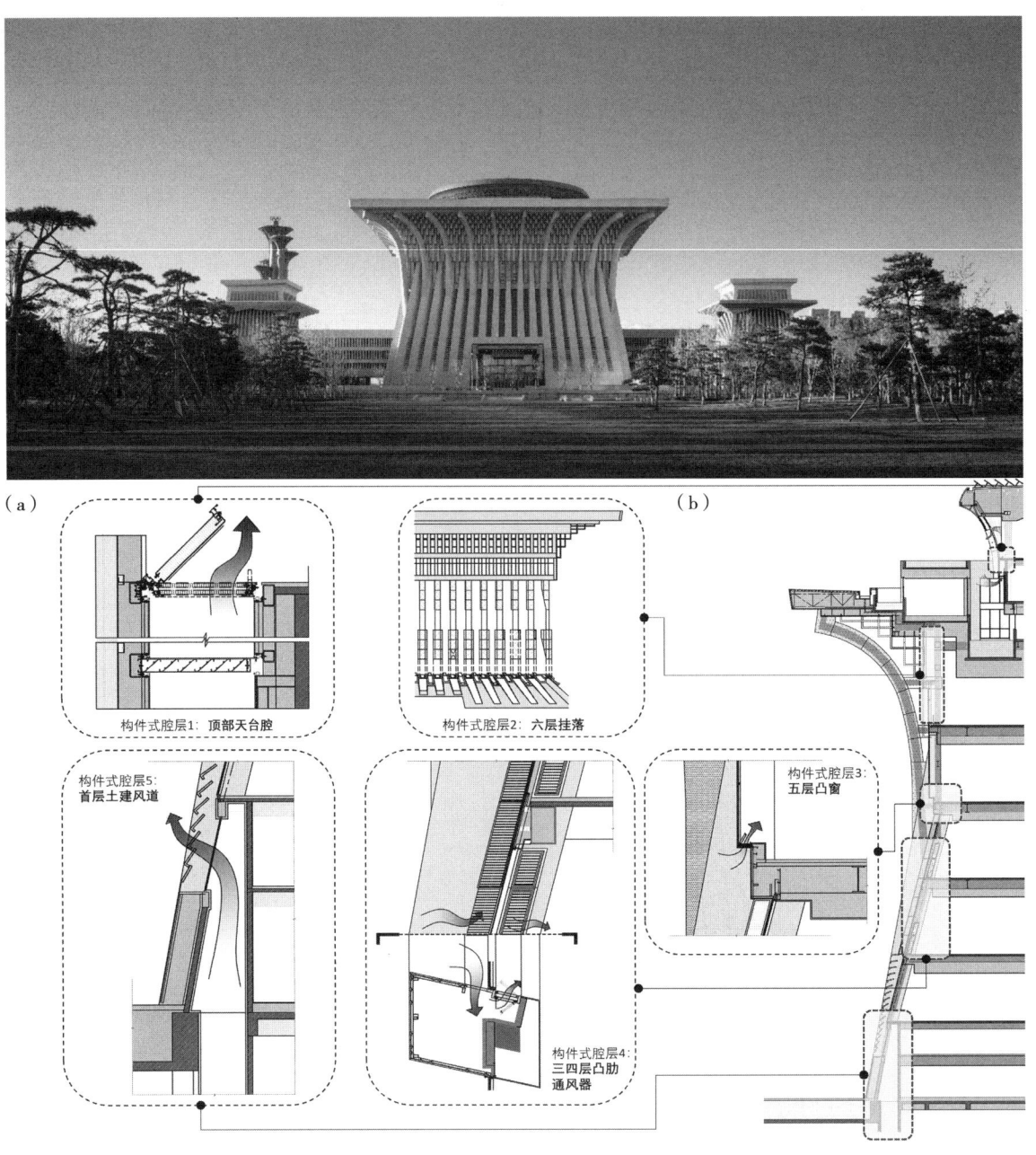

图 5-7　中国历史研究院的构件式腔层
（a）中国历史研究院南侧全景；（b）五种构件式腔层的详图

1）构件式腔层 1：顶部天台腔

　　顶部圆形天台中央采用直径 18m 的采光天穹，为建筑中庭带来充盈的天光。空气通过天台外立面与楼板交接处的开口进入室内，从立面上部镂空蟠螭图案背后及中央圆形天窗的电动开启扇排出，实现有效的热压通风。各处开口均设有铝合金通风开闭器，以控制气流。开口处配有防虫网。

2）构件式腔层 2：六层挂落

主楼六层外设有七组层层外挑的挂落，与玻璃幕墙共同形成气候调节腔层。在夏季，挂落可有效屏蔽射向玻璃幕墙的直接太阳辐射，利于减少室内得热。对应挂落的竖向挂板设置外平推窗。隐蔽的开启方式与层叠的挂落筛滤了进入腔层的高层气流，为室内带来相对柔和的通风。

3）构件式腔层 3：五层凸窗

五层的玻璃幕墙挑出楼板，本身并不开启。幕墙底部间隔设置凸窗，在窗台底部设置手动开启扇，引入自然通风，在挑出的腔层内形成由下向上的微风气流。

4）构件式腔层 4：三、四层凸肋通风器

三层和四层立面造型为放射状渐变的石材凸肋与竖向玻璃幕墙互为间隔。玻璃幕墙本身并不开启，而是将精密设计的石材凸肋作为可调控的通风腔层。在凸肋隐蔽的阴角位置，室内外成对设置通高百叶，内置滤网与保温开启扇。室外气流通过通风器转向进入室内，在巧妙的路径转换中有效减弱了气流压力。

5）构件式腔层 5：首层土建风道

主楼下部一至二层，石材凸肋的起伏逐渐趋平，凸肋之间设置角度渐变的石材百叶，内部容纳了地下室的机械排风口。通过与立面设计巧妙结合，主楼周边室外广场不再设置独立的排风装置。

除主体建筑以外，裙楼、两阙与地下室的各个区域也结合立面造型与空间组织，设计了采光天窗和特别的开启方式。系统性交互式的围护结构设计，使得中国历史研究院大楼在实现环境性能目标的同时也获得了特征性的建筑形式。

5.3 光热平衡遮阳

5.3.1 定义与作用机理

阳光之于建筑，如同能量之于生命。光和热是阳光最本质的馈赠，有时却又相互矛盾。在地球很多地方，需要在太阳的光亮和过多的辐射热之间寻求取舍和平衡。遮阳是人类适应气候最古老的建造技术之一。光热平衡遮阳是指根据建筑对光热环境的需求，基于环境舒适度和节省能耗的目标，利用围护结构遮阳系统，选择性获取日光带来的光和热，在适度的舒适与节能目标下取得二者之间的平衡。

同时考量天然采光与热辐射造成的矛盾影响，意味着光热平衡遮阳需解决的是一个多目标优化问题。优化结果往往不是某一方面的最优解，而是全局的平衡解。与传统的以遮阳或采光为单目标的设计策略相比，光热平衡遮阳不会以牺牲一种性能为代价来获取另一种性能，也不会由于逐次的单项设计而产生性能冲突的结果，因此能更加全面提升整体性能，以一种对立统一的辩证方式，实现对日光利用的全局最优设计。

光热平衡遮阳设计策略的环境调控机理，包括屏蔽／接收热辐射与调节天然采光（图 5-8）。

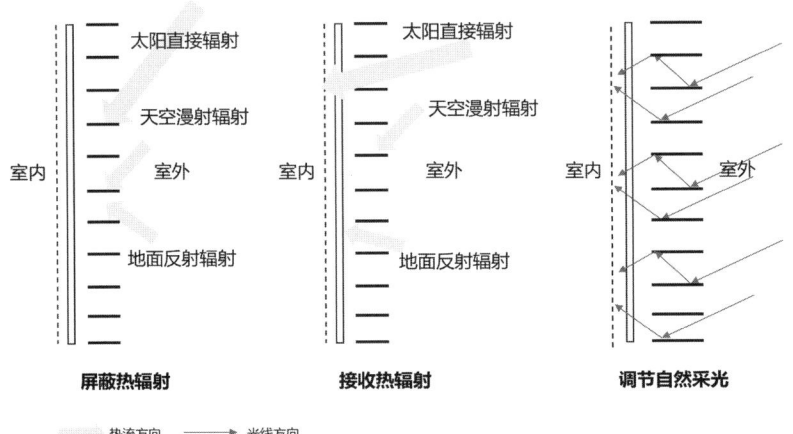

图 5-8　光热平衡遮阳的环境调控机理分析

1）屏蔽／接收热辐射

屏蔽／接收热辐射是指位于室外近窗口处的遮阳构件屏蔽／接收直接或间接太阳辐射的机理。对于静态遮阳，一定深度的遮阳构件在夏季可遮蔽高度角较高的阳光和阻挡不必要的太阳辐射，在冬季又能将高度角较低的阳光迎入室内，同时在全年调节室内天然采光；对于动态遮阳，通过平移、滑动、旋转、缩放、折叠、滚动和充气等多种操作，可更加精确地调控热辐射。

2）调节天然采光

调节天然采光是指利用室内外近窗口处的遮阳构件对直射光线施以透射、反射与吸收等作用，以改变室内光环境。合理的遮阳不仅能降低近窗口处炫光的可能，提升室内照度均匀度，还可为室内进深较大处补充采光。

考虑到天然采光和太阳辐射造成的矛盾性影响，光热平衡遮阳设计策略的重点在于平衡光和热的影响。具体来说，就是当同时追求采光最优和热辐射最优的过程存在矛盾时，通过多目标的综合优化，评估多构形因子对性能的交互影响，实现全局的综合最优。

运用模拟软件有助于定量地评估遮阳构件的环境调控作用及实效，可使用 EnergyPlus 来模拟遮阳构件对室内温度和能耗的影响，使用 Radiance 来模拟遮阳构件对室内天然采光的影响。在实际设计过程中，需根据具体设计问题经多次模拟优化得到相对最优的设计策略。光热平衡遮阳设计包括计算静态遮阳和智控动态遮阳两个发展阶段，以下结合案例分别阐述。

5.3.2　计算静态遮阳

计算静态遮阳是根据逐时太阳高度角绘制太阳轨迹图解，以人工计算的方式确定遮阳构件的高度和宽度，以满足遮阳、采光、环境舒适和节能的季节性要求。计算静态遮阳多出现在计算机工具被应用于建筑设计领域之前。

勒·柯布西耶反复实验的"遮阳体系（Brise soleil[①]）"是其本人及现代主义建筑从气候隔绝转向气候适应的重要体现。他在里约热内卢的国家教育与卫生部大厦（1936-1945）和马赛公寓（1946-1952）等项目中都探索了水平与垂直遮阳板组合的立面设计。20 世纪 50 年代柯布西耶的实践转向印度，他之前使用的经验式遮阳策略已不能适用于当地更加炎热的夏季和更强烈的太阳辐射环境。1952 年 1 月柯布西耶及其助手伊阿尼斯·泽纳基斯（Iannis Xenakis）开始研究太阳光线入射的计算图解，并开发出一套"气候图表"工具以精确地设计适用于印度的遮阳系统。在柯布西耶的光影实验中，最纯粹的例子是他为昌迪加尔政府广场设计的"光影之塔（Tower of Shadows[②]）"。

这座为测试当地日照条件下遮阳设计有效性而建的实验性四层空塔位于沉思之坑（Fosse de la Considération）的北角，向北开敞，另外三面均配置根据当地太阳光照精确计算后的横竖遮阳板块（图 5-9）。泽纳基斯在 100 多幅草图中根据逐时太阳高度角绘制太阳轨迹图解，确定了每一片遮阳板的高度和宽度。塔的主体为正南北朝向，有意打破巨大的政府广场的对称性，而旋转 45° 的顶层是为了证明遮阳体系在西北—东南朝向仍具实效。东西立面各层不同尺度的竖向遮阳板可分别阻挡早晨和下午的阳光；而正午的阳光可由南立面各层进深不同的水平遮阳板阻挡。随着 1980 年代中期光影之塔的实际建成，人们发现它能在一年中遮住绝大部分的直射阳光，且内部空间仍能得到充分的漫射光照明[③]。通过采光模拟来验证，室内各参考点的全年太阳直

---

① 法语词，指柯布西耶针对炎热地域的特殊气候条件，观察、绘制、实验、应用，逐渐发展出由支柱、凉棚、板片、百叶等要素构成的遮阳体系。在当代这个词已被广泛用于指代遮阳板或建筑的遮阳体系。

② W·博奥席耶. 勒·柯布西耶全集，第 8 卷：1965~1969 年 [M]. 牛燕芳，程超，译. 北京：中国建筑工业出版社，2005.

③ SIRET D. Le Corbusier Plans. 1950 – Studies in Sunlight – Tower of Shadows（Chandigarh）. English version[M]. France：Fondation Le Corbusier，Echelle-1 Codex Images International，2006.

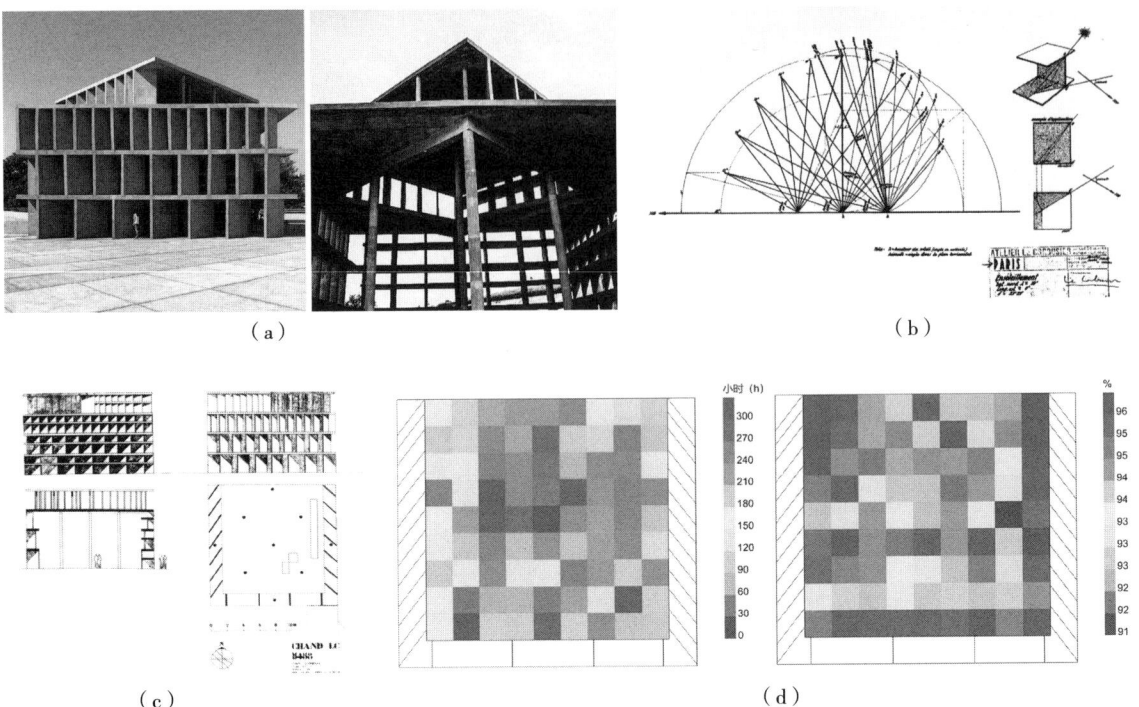

（a）　　　　　　　　　　　　　　　　　　　　　　（b）

（c）　　　　　　　　　　　　　　　　　　　　　　（d）

图 5-9　光影之塔的计算静态遮阳

（a）光影之塔的东立面（左图）及内部空间（右图）；（b）伊阿尼斯·泽纳基斯绘制的太阳入射光线计算图；（c）光影之塔的平、立、剖面图；（d）光影之塔的室内全年太阳直射小时数（左图）全年有效采光照度（右图）分布图
（图片 a 来源：https：//yourstory.com/2017/09/chandigarh-architecture；图片 b 来源：仲文洲，张彤，环境调控五点——勒·柯布西耶建筑思想与实践范式转换的气候逻辑 [J]. 建筑师，2019（6）：6-15；图片 c 来源：W·博奥席耶 . 勒·柯布西耶全集，第 8 卷：1965~1969 年 [M]. 牛燕芳，程超，译 . 北京：中国建筑工业出版社，2005.）

射小时数均低于 300h，并且，这些时间全部处于太阳高度角较低的冬季。这说明夏季的太阳辐射被遮阳板完全遮蔽。此外，室内各参考点的最低 UDI 值仍高于 90%，室内平均 UDI 为 94.2%。这说明间隔设置的遮阳板之间的空隙引入了漫射光，使室内各处的全年自然采光均保持良好。这证明了在昌迪加尔的实践的"遮阳体系"，在炎热的低纬度地区，确实能在满足天然采光的同时，最大程度也降低建筑的辐射得热。

5.3.3　智控动态遮阳

智控动态遮阳是由分布式传感器、智能反馈机制和控制中枢组成的智能控制系统，控制遮阳板动态变化，以实时响应环境气候和建筑功能需求的遮阳体系。与计算静态遮阳相比，表现出更为复杂的遮阳形式，更智能的调控操作和更精确的实时响应。

随着计算机技术的发展，当代建筑的遮阳体系已经不需要像柯布西耶那样用太阳轨迹图解和气候图表进行计算了。智能控制系统可以根据环境气候和建筑功能需求实时控制遮阳体系的动态变化，实现光热需求的平衡与能耗

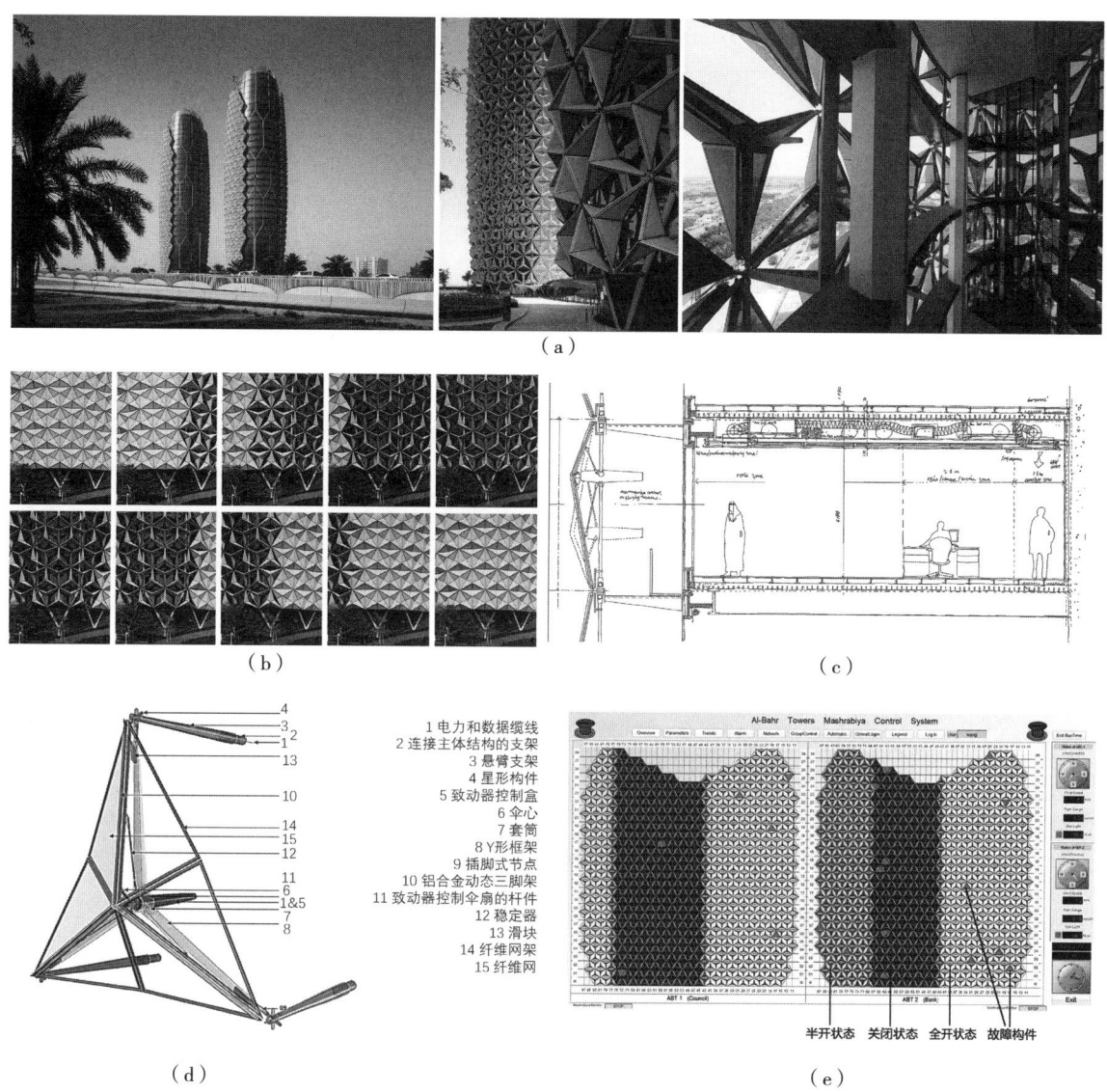

（a）

（b）

（c）

（d）

1 电力和数据缆线
2 连接主体结构的支架
3 悬臂支架
4 星形构件
5 致动器控制盒
6 伞心
7 套筒
8 Y形框架
9 插脚式节点
10 铝合金动态三脚架
11 致动器控制伞扇的杆件
12 稳定器
13 滑块
14 纤维网架
15 纤维网

（e）

半开状态　关闭状态　全开状态　故障构件

图 5-10　安巴尔塔的智控动态遮阳

（a）安巴尔塔的远景（左）、近景（中）与内部（右）；（b）立面的渐变效果；（c）动态遮阳伞与室内空间、结构及机械设备的位置关系；（d）动态遮阳伞的组件；（e）动态遮阳伞的控制系统界面

（图片 a 来源：Christian Richters 摄；图片 b 来源：https：//www.archdaily.com；图片 c、d、e 来源：KARANOUH A，KERBER E. Innovations in dynamic architecture：The Al-Bahr TowersDesign and delivery of complex facades[J]. loural of Facade Design and Engineering，2015.）

的最优解。由 AHR 事务所设计的阿布扎比（Abu Dhabi）安巴尔塔（Al Bahr Towers）是环境智能交互和光热动态平衡的优秀案例（图 5-10）。

由于阿拉伯半岛的太阳辐射强度很高，当地玻璃幕墙建筑的室内得热量有 70% 以上来自太阳辐射。中世纪以来，阿拉伯建筑中的马什拉比亚（"Mashrabiya①"）窗格能在引入空气与漫射光线的同时隔绝大部分太阳辐

---

① "Mashrabiya" 主要用于建筑内空间的自然通风与遮阳，光透过它洒在地上能形成几何形、波纹状且深浅不一的阴影。

射热。继承马什拉比亚的建造传统，阿布扎比安巴尔塔的立面采用穆斯林文化中典型的六边形图案，其围护结构包括单元式玻璃幕墙和外挑 2m 的智能伞状遮阳系统。可调节的遮阳伞固定在主体结构的悬臂支柱上，由不锈钢固定框架、铝制动态框架和玻璃纤维织网组成，包括六片三角形伞扇，连接着中央的传动器和活塞。就像折纸伞一样，动态遮阳根据太阳的运动轨迹展开到不同的角度，以优化室内接收到的太阳辐射与天然采光。动态遮阳的复杂几何形式及其可变性，克服了静态的垂直和水平遮阳无法实时响应气候的局限性。

基于西门子公司开发的管控平台，遮阳伞能根据太阳运行轨迹渐进式地开闭。考虑到运行的可操作性与立面效果，工程师设计了开启、半开和关闭三种状态，并研发了一套自动控制程序。传感器能将风速、光照强度、降雨量及故障信息等参数实时显示在控制系统的屏幕上。在紧急情况和需要演示时，人们还能手动调节每把伞的开启状态。这套系统能将遮阳构件转变为不同开启程度的格子状图案，根据不同需求提供遮阳或采光。此外，遮阳板的织物表面是半透明的，能在遮蔽太阳辐射热的同时为室内提供漫射光。采用这种轻质材料来遮蔽太阳辐射也不会因吸热而提高室内温度。并且，用铝制框架固定的遮阳伞与主体围护结构间隔 2m，这也减少了热传导的可能。

安巴尔塔的动态遮阳系统提高了建筑的光、热舒适度。已有文献[1]显示，这一系统使办公空间降低了 50% 的能耗，使整座建筑能耗降低了多达 20%。与此同时，遮阳系统的独特形式赋予了建筑富含阿拉伯特征的标志性形象，是当代光热平衡遮阳技术在热带沙漠地区应用的成功范例。

5.4.1　定义与作用机理

热质量的动态调蓄是指利用建筑围护结构的热质量，吸收、调蓄和释放日间的热和夜间的冷，用以平衡和稳定室内热环境，从而在一个热流周期（通常是 24 小时）内形成动态热平衡[2]。

调蓄过程通常伴有高频次的夜间自然通风，在日夜温差大的干热气候环境中作用明显。围护结构的热质量越大，动态热平衡的作用幅度和时滞效应就越明显。

---

① KARANOUH A, KERBER E. Innovations in dynamic architecture：The Al-Bahr Towers Design and delivery of complex facades [J]. Journal of Facade Design and Engineering, 2015.
② 吴浩然，张彤，孙柏，等 . 建筑围护性能机理与交互式表皮设计关键技术 [J]. 建筑师，2019（6）.

一直以来，增加围护结构的质量是加大热质量最直接有效的方式。世界各地干热环境中的民居多以厚实墙体维持室内环境的热稳定性。而在自然界，非洲稀树草原上的白蚁丘不仅拥有大热质量的土壤围护结构，还建有精密发达的通风管腔，其通风机理的两种模型如图 5-11 所示。这个通风系统犹如一个巨大的肺，赋予蚁丘优异的呼吸机理，通过高效的夜间通风吸收夜晚的冷，平衡白天的热，使内部温度几乎达到恒定。白蚁是地球上最杰出的气候建筑师，蚁丘也是极精密的气候调控机器。

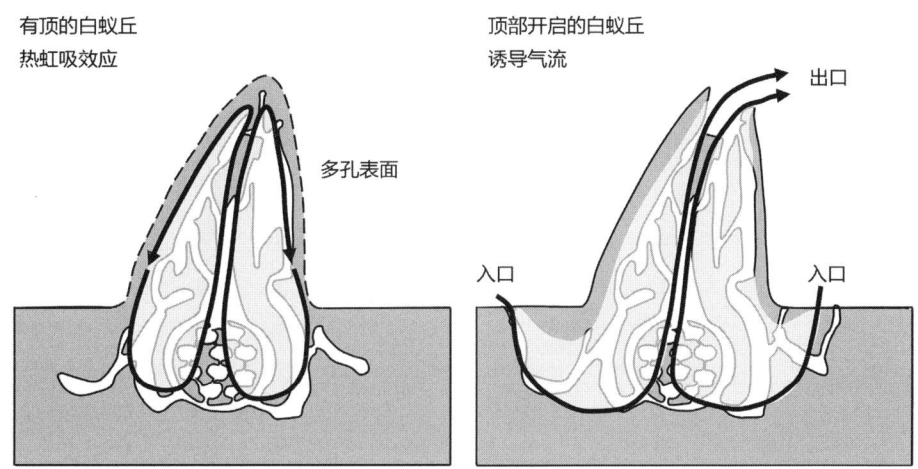

图 5-11　白蚁丘通风机理的两种模型：顶部封闭的白蚁丘内部的热虹吸气流（左图）。顶部开启的白蚁丘内部的诱导性气流（右图）

（图片来源：Scott T. Beyond biomimicry：What termites can tell us about realizing the living building [C]. Loughborough：First International Conference on Industrialized，Intelligent Construction（I3CON），2008.）

白蚁丘的热质量动态调蓄有两种作用方式。第一种是顶部封闭蚁丘的热虹吸效应[①]。底部巢穴产生的热量使蚁丘中的空气受热上升，并最终到达多孔表面。随着热量、水蒸气和空气在多孔表面与大气交换，内部空气得以更新。被置换进蚁丘的新鲜空气密度较高，向下沉入内部，最终到达底部的巢穴。第二种机理通常被生物学家称为诱导流（induced flow），也被称为热压效应。这种机理发生在顶部开启的蚁丘中。蚁丘顶部向上延伸至一定高度，使顶部开口附近的外界风速高于靠近地面的开口。根据文丘里气流原理，靠近地面的开口将新鲜空气吸入土丘，然后穿过巢穴，最后通过顶部开口排出。与热虹吸模型的循环式气流不同，诱导式气流是单向的[②]。它给我们的启

① 热虹吸效应是一种热传导现象，它是指在一定条件下，热量会沿着一条细长的管道或通道，从高温区域自然地流向低温区域的现象。

② SCOTT T. Beyond biomimicry：What termites can tell us about realizing the living building [C]. Loughborough：First International Conference on Industrialized，Intelligent Construction（I3CON），2008.

发是，巧妙的通风系统有利于围护结构依靠热质量动态地调蓄其从外界吸收的热与冷，风热协同有利于热质量发挥最大效用。

白蚁丘内部精密的通风系统及其本身土壤的大热质量，类比建筑中的通风管腔和实体构件。这启发了很多建筑师在干热气候环境中，不依赖昂贵和耗能的空调设备，通过热质量动态调蓄设计策略，实现适宜的环境性能。

热质量动态调蓄设计策略的主要环境调控机理是动态蓄放热（图5-12），这一机理常与自然通风和天然采光协同发挥作用。

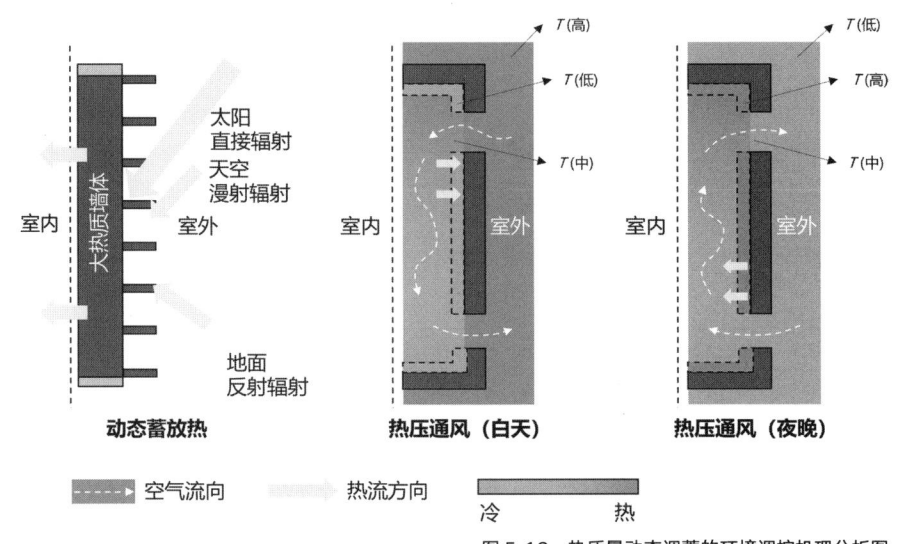

图 5-12　热质量动态调蓄的环境调控机理分析图

动态蓄放热指的是大热质量的建筑墙体在白天室外温度高时吸收热量，在夜晚室外温度低时释放热量的过程。在室外热量传递到室内的过程中，由于围护结构的壁面对流换热和自身蓄热的缘故，使室内温度与室外温度常常不同。室内温度变化相对室外温度而言存在时间延迟与强度衰减现象。而在入夜以后，围护结构又将白天积蓄在内部的热量释放至室内，抵消夜晚降温对室内的影响，可提高室内温度的振幅下限，使室内温度的整体振幅小于室外。延迟时间与衰减因子都随围护结构导热系数的增加而减小，随围护结构比热容和厚度的增加而增大。动态蓄放热机理在室外昼夜温差较大的干热气候环境中作用更明显。

运用模拟软件有助于定量地评估热质量的环境调控作用及实效，可使用 EnergyPlus 来模拟热质量对室内温度和能耗的影响，使用 Fluent 来模拟进风口与出风口尺寸和位置对室内自然通风的影响。在实际设计过程中，需根据具体设计问题经多次模拟优化得到相对最优的设计策略。热质量动态调蓄设计策略有风热协同调蓄与光热协同调蓄两种协同类型，以下结合案例给予阐述。

5.4.2 风热协同调蓄

风热协同调蓄是利用动态蓄放热与自然通风协同发挥作用的热质量动态调蓄策略。选用大热质量的围护结构有利于增加室内空间的热稳定性。而加强夜间自然通风有利于加速空气与围护结构间换热，更快地将围护结构蓄积的热量释放到建筑空间。

东门中心（Eastgate Center）是津巴布韦哈拉雷市中心的一座商办综合楼，提供 5600m² 的零售空间和 26000m² 的办公空间，由米克·皮尔斯（Mick Pearce）设计。该建筑是模仿蚁丘实施热质量动态调蓄的优秀案例（图 5-13）。

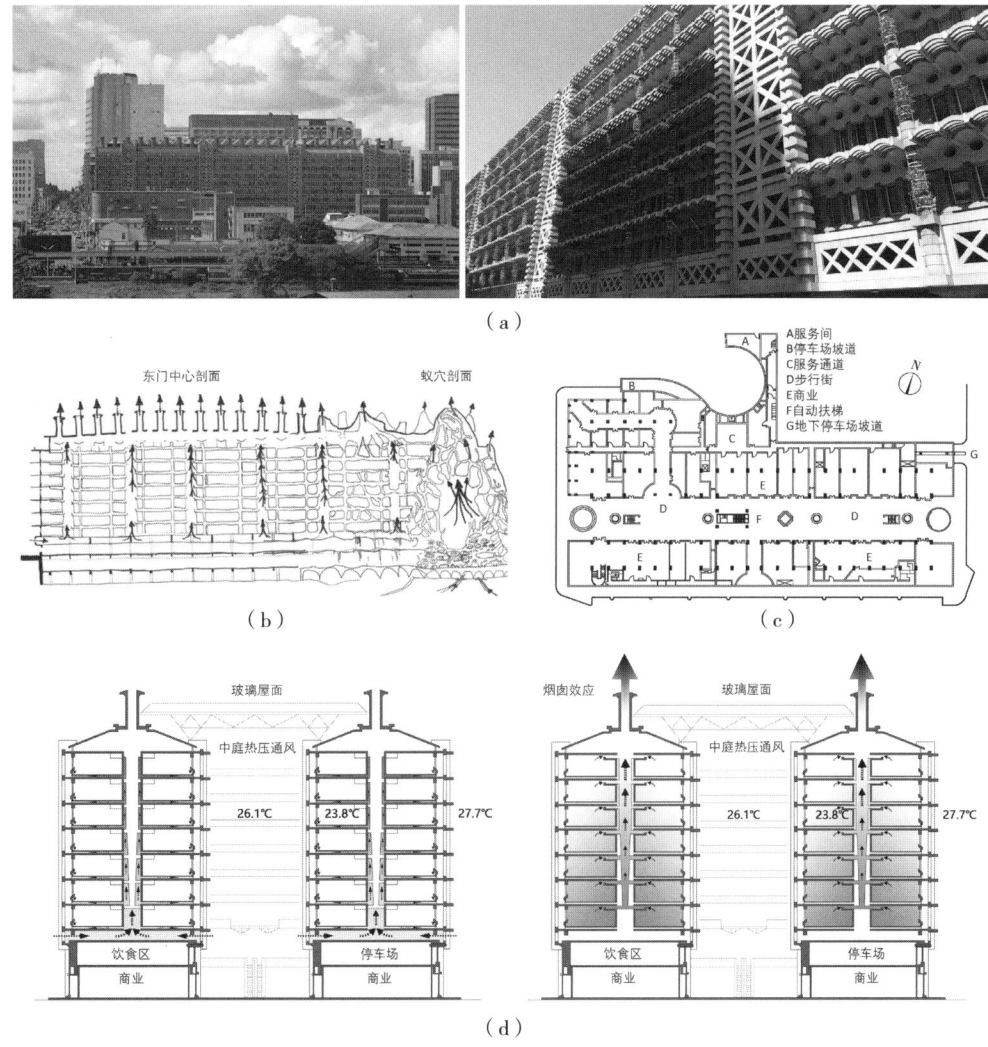

图 5-13 东门中心的风热协同调蓄

（a）东门中心的外观（左图）及其表面凹凸粗糙的围护结构肌理（右图）；（b）东门中心与蚁穴剖面的衍变图示；（c）东门中心的首层平面图；（d）东门中心的进风剖面（左）与排风剖面（右）

（图片 a 来源：https://www.arup.com. 图片 b、c、d 来源：吴浩然，张彤，孙柏，等. 建筑围护性能机理与交互式表皮设计关键技术 [J]. 建筑师，2019（6）：25-34.）

皮尔斯利用大热质量再生混凝土的蓄放热特性，调节和稳定室内温度波动。凹凸不平的立面增大了建筑与外部环境的接触面积，强化了吸热与散热过程。悬挑 900mm 的拱形混凝土镂空遮阳板外加植物遮阳，在夏季能有效遮蔽太阳辐射。而在冬季，由于落叶和太阳高度角较低，阳光不会被遮挡。办公室内部的拱形混凝土顶棚，能反射光线并吸收室内多余的热量。

蚁穴式的通风系统包括办公楼中央的双层通风井（内层为排风井，外层为送风井），连接着各个房间的风道以及屋面的 48 个风帽。房间内踢脚板与吊顶处分设进出风口。中庭的凉爽空气从底部进入办公楼，热空气从屋面排出。在白天，围护结构吸收并储存太阳辐射和设备运行的热量，在热压机理的作用下，建筑内部的热空气经房间天花板处的腔体被吸至顶部排出。到了夜晚，围护结构将白天吸收的热量散发出来，同时通过高频次自然通风，吸纳室外的冷空气给建筑降温，并将冷量储存以平衡白天的热。一方面，外墙热容量越大，室内温度变化的时间延迟与强度衰减越明显，增强了室内抵抗室外温度波动的能力；另一方面，分布在建筑各处毛细化的管腔系统加强了室内的空气流通，促进了建筑在一个热流周期内的动态热平衡。二层和三层之间的夹层空腔入口还设置了低速风扇，用以在夜晚加强冷空气的流通。整套系统实现了东门中心在气温变化低至 5℃、高至 33℃ 的哈拉雷地区持续保持其内部温度在 21~25℃ 之间。

5.4.3 光热协同调蓄

光热协同调蓄是利用动态蓄放热与天然采光协同发挥作用的热质量动态调蓄策略。大热质量围护结构有利于增加室内空间的热稳定性，通过调节围护结构的孔隙率还可调控室内的天然采光。

美国葡萄酒之乡纳帕谷（Napa Valley）（约北纬 37°）日照强烈且昼夜温差大，适合葡萄生长但不适合葡萄酒的生产和储存。建筑师赫尔佐格与德梅隆（Herzog & De Meuron）在此地设计的多米诺斯酿酒厂（Dominus Winery）项目中，通过采用热质量动态调蓄设计策略，以光热协同调蓄营造出适合葡萄酒生产、贮藏与展示的建筑空间。首层主要包括仓库、发酵室、酒窖，主要用于葡萄酒的生产和储存，而二层则用于公共活动，包括开放式接待区、品酒室和办公室（图 5-14）。

为了最大限度地减少太阳辐射和昼夜气温波动对葡萄酒生产与贮存的负面影响，建筑师首先用钢架搭建了主体结构，创造了一个可以容纳大量设备和酒桶的大空间。然后，在中心的酿造区和东西两端的储藏室周围用混凝土建造了封闭的围墙，以有效控制酿造各阶段所需的不同温度条件。在混凝土墙之外，建筑师将当地深色玄武岩石块置入金属网笼形成石笼，为建筑打造

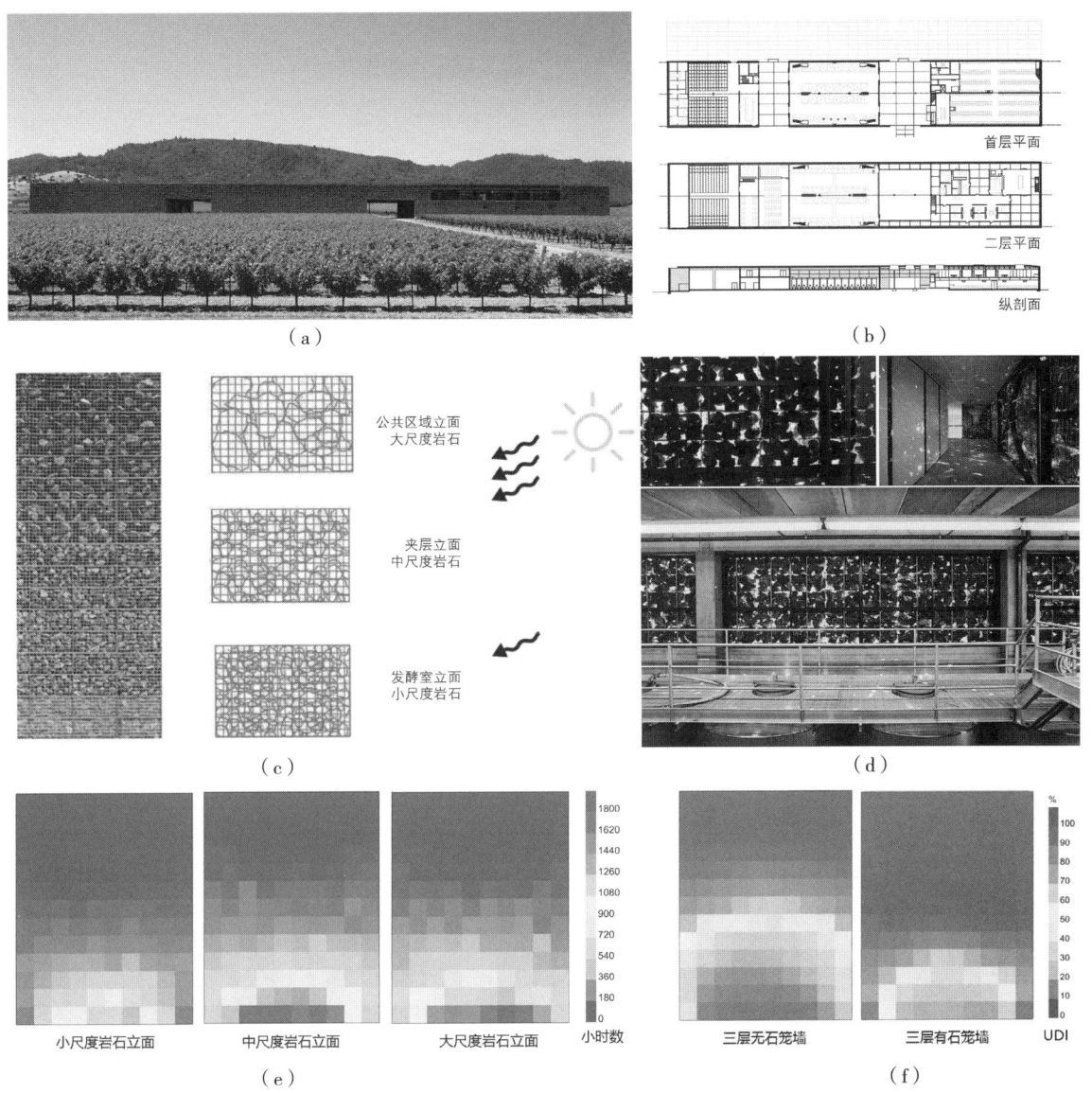

（a）
（b）
公共区域立面
大尺度岩石
夹层立面
中尺度岩石
发酵室立面
小尺度岩石
（c）
（d）
小尺度岩石立面　中尺度岩石立面　大尺度岩石立面　小时数
（e）
三层无石笼墙　三层有石笼墙　UDI
（f）

图 5-14　多米诺斯酿酒厂的光热协同调蓄
（a）多米诺斯酿酒厂的外观；（b）各层平面图和剖面图；（c）多米诺斯酿酒厂立面肌理；（d）公共区域（上）和发酵室（下）；
（e）三种尺度石笼墙体对应的室内全年太阳直射小时数；（f）三层办公空间有无石笼墙室内有效采光照度（UDI）对比
（图片 a、c、d 来源：openarchive.uosarch.ac.kr）

了独特的第二层表皮。厚重的石块增加了外墙的热质，有利于减小室内环境
受室外气温波动的影响，维持稳定的适宜酿酒的温度。在立面设计方面，建
筑师根据不同功能（下层为酿酒车间，上层为公共区域），将不同大小的玄
武岩组合在一起，用中等大小的玄武岩填充下层的石笼，在剩余的缝隙中密
布较小的石块，形成致密的玄武岩覆盖层。玄武岩外墙和混凝土墙体形成了
一个巨大的热质围护结构，具有极佳的隔热和蓄热性能，同时保护室内不受
昼夜温度波动的影响，确保酒窖内始终保持凉爽的环境。另外，考虑到办公

人员和访客对视野、日照和温湿度的需求，上层办公空间的外墙填充了较大的石块，以获得孔隙率更高的石笼墙。石块间较大的孔隙为阳光和空气的穿透留出了空间，产生了丰富的光影效果。

利用 Radiance 可模拟三种石笼墙对室内自然采光的影响。结果显示，小尺度岩石立面即一层酒窖处的全年太阳直射小时数最小，有一半的房间面积全年无阳光直射。这是因为小尺度岩石构成的石笼墙具有更小的孔隙率，可有效遮蔽阳光。而夹层和办公空间的全年太阳直射小时数非常接近，这是由于中大尺度的岩石缝隙并没有被碎石填充，石块之间具有较大的缝隙。此外，比较办公空间有无石笼墙的室内有效采光照度，大尺度的岩石及其缝隙有效地提升了全年有效采光照度。有石笼墙模型的平均有效采光照度78%比无石笼墙的58%提升了34%，证明了光热协同式热质量的作用（图 5-14）。

5.5

生态介质表皮

5.5.1 定义与作用机理

附着于建筑物上的各种植物，可自发地与气候环境产生交互。夏季的茂盛枝叶可提供遮阳，冬季的落叶植物又不影响阳光进入室内，植物的混合种植与昆虫、鸟类共同组成了微型生态系统。这种利用人工构筑栽种适宜的植物，使其在建筑物、构筑物和其他结构表面形成整体性生态介质覆盖的设计策略，称为生态介质表皮[①]。绿植覆盖的生态表皮使建筑具有改善空气质量、调节温湿度、降低环境噪声等多种生态环境性能，不仅如此，还能结合园艺学和生态学技术，创造赏心悦目、生机勃勃的群落生境。

生态介质表皮的绿化方式主要有栽种式、装配式与攀缘式。栽种式绿植需占用一定的建筑空间，而装配式和攀缘式对建筑空间与结构的要求较低，一片竖向格栅或架子就能满足多种植物生长。疏密有致的枝叶与格栅可使建筑表皮成为具有一定孔隙率的界面。空气经过植物的蒸腾作用得到冷却，在流经截面较小的孔隙时流速获得提升，从而能扩散至更深的室内空间。这种被动式冷却系统的关键在于植物的保湿及蒸腾吸热的能力。若将植物、喷淋系统与格栅作为外层表皮，建筑就像长出了一层会呼吸的活态肌肤。

人们在现代城市中建造"混凝土森林"和"玻璃盒子"的同时，产生了大量的碳排放，对生态环境造成了破坏。这一类完全硬质化的表面还会产生其他灾害与环境问题，如城市内涝、热岛效应等。生态介质表皮设计策略的

---

① 吴浩然，张彤，孙柏，等．建筑围护性能机理与交互式表皮设计关键技术 [J]．建筑师，2019（6）．

介入，将硬质化的人工环境转变为生物种群甚至群落共生的生境（Biotope），使建筑从单纯的人工构筑物演变为一种接近自然复杂机制的人造生态系统。有助于保育城市生物多样性、减缓热岛效应及营造自然野趣氛围。

生态介质表皮设计策略的环境调控机理，主要包括屏蔽热辐射、蒸发散热、筛滤气流、调节湿度、改善空气质量及营造生境。

1）屏蔽热辐射

屏蔽热辐射指的是绿植墙面和绿植屋面屏蔽直接或间接太阳辐射。植物层和种植介质整体覆盖于墙面和屋面的外表面，可增强建筑围护结构的隔热性能。隔热效果取决于多种因素，如叶片密度、基质厚度等。

2）蒸发散热

蒸发散热是指植物经过蒸腾作用产生冷却效果，进而促使环境散热。蒸腾作用是指植物体内的水分以气态形式通过叶片的气孔散失到大气中的过程。这个过程可以吸收叶片周围的热量，同时也增加了周围的湿度水平。这一作用受植物种类、灌溉方式和气候条件的影响。

3）筛滤气流

筛滤气流是指利用风压作用和植被层一定的孔隙率，筛滤自然风，减小风速，将室外自然风转化为使人体舒适的微风。茂密的植被表面孔隙率较低，可降低室外风速并促进入室。生态介质表皮对风环境的调控常与热环境调控结合，为的是在高温时段降低室内温度，保证室内热舒适并降低建筑制冷能耗。

4）调节湿度

调节湿度是指利用植物的蒸腾作用、叶面和根系的湿气来增加或降低环境湿度。当环境湿度不足时，植物的蒸腾作用能够吸收土壤中的水分，并通过植物的叶片释放出来，形成水分的蒸发。这就像是一个自然的空气加湿器，可以提高室内空气湿度。当环境湿度过高时，植物的叶片表面也能够吸收空气中的水分，这种机理称为"叶面湿润"。此外，植物的根系在吸收土壤中的水分时，周围会形成一定的湿环境，并会在植物吸收养分和释放水分的同时逐渐扩散，从而使室内形成一个相对湿润的环境。

5）改善空气质量

植物可通过光合作用吸收 CO_2，释放 O_2，吸收建筑材料和家具中的有毒有害物质。

6）营造生境

生境是指生物的个体、种群或群落生活的环境，有助于营造清新、健康的室内空气环境。生境营造是指通过场地布局、空间组织、物种选择及构造设计等多种设计手法，创造接近自然的动植物栖息地的方法。

运用模拟软件有助于定量地评估生态表皮的环境调控作用及实效，可使用 EnergyPlus 来模拟生态表皮对室内温度和能耗的影响。在实际设计过程中，需根据具体设计问题经多次模拟优化得到相对最优的设计策略。生态介质表皮设计策略包括活墙式表皮和生境式表皮两种复杂状态，以下结合案例给予阐述。

5.5.2　活墙式表皮

活墙式表皮是在建筑外墙直接铺设植物生长基质或模块，由自动灌溉系统为植物补充水分及营养，可建于室内或室外，常采用模块化种植容器或使植物直接扎根于墙体内部。

印度中部地区夏季炎热干燥，古印度人常用一种被称为"加利（Jali）[①]"的镂空窗来过滤日光，促进通风，并且会雕刻出精细的植物图案。由 RMA 事务所设计的印度海得拉巴（Hyderabad）市的 KMC 公司办公楼是生态介质表皮对传统"加利"的活态演绎（图 5-15）。办公楼双层表皮的内层是玻璃幕墙及其附属结构，而外层则是铝合金格栅与攀援植物。格栅上安置着水培托盘和滴灌设施，其间还设有自动喷雾系统以调节释放到立面上的水量，进而调节室内的光线与气温。在当地炎热的夏季，这套系统能为室内带来凉爽的空气并过滤掉室外的灰尘。双层表皮之间的通道是园丁们维护植物的工作空间，与室内空间保持视线通透，使人沉浸于平等交往的轻松氛围，展现出生态效应与人文关怀的双重意义。这种活态的表皮体系以简约的几何、巧妙的绿化、配以灌溉技术，使空气在此流入，阳光得以渗透，是生态介质表皮的典型应用。

相比于很多"绿植墙面"只是为了提升立面美感，KMC 办公楼的生态介质表皮不仅提升了美感，也提升了建筑的环境性能。一方面，它作为一个活态建筑表面，植物被组织成多种图案，在一年的不同时间呈现不同的季相。随着雨季与旱季的交替，建筑表面也转换着表情。另一方面，生态介质表皮允许空气流通，通过多种方式（包括蒸发制冷、遮蔽太阳辐射等）处理高温干燥的室外空气，提升空气湿度并将其导入室内空间。配以高效的集成喷灌系统，在旱季为进入室内的空气加湿。因此，KMC 办公楼的生态介质表皮是一种遵循绿色建筑理念，以环境调控为目的生态美学设计。

---

① "Jali"是一种带有装饰性图案的格栅，图案包括书法艺术或几何图形，它不仅能保证建筑的私密性，还能减少过滤日光，防止室内的阳光直射。

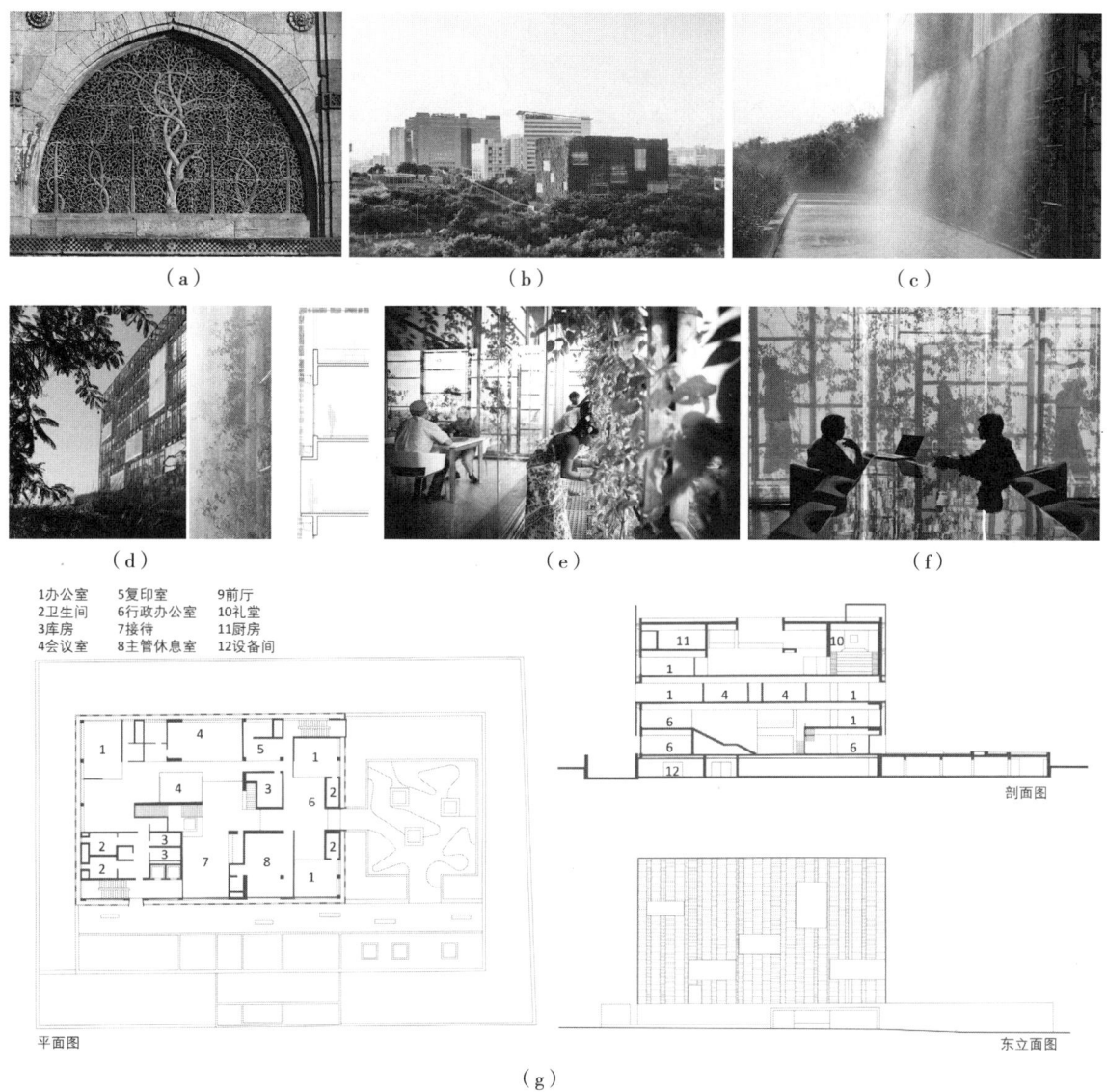

（a）　　　　　　　　　　　　　（b）　　　　　　　　　　　　　（c）

（d）　　　　　　　　　　　　　（e）　　　　　　　　　　　　　（f）

1办公室　　5复印室　　9前厅
2卫生间　　6行政办公室　10礼堂
3库房　　　7接待　　　11厨房
4会议室　　8主管休息室　12设备间

剖面图

平面图　　　　　　　　　　　　　　　　　　　　　　　　　　　东立面图

（g）

图 5-15　KMC 办公楼的活墙式表皮
（a）印度古建筑的格栅"Jali"；（b）KMC 办公楼的外观；（c）绿植、自动喷雾系统与格栅组成的表皮；（d）绿植与格栅细部；
（e）双层表皮之间的维护通道；（f）会议室内景；（g）KMC 办公楼的平面、立面、剖面图
（图片 a 来源：吴浩然，张彤，孙柏，等.建筑围护性能机理与交互式表皮设计关键技术 [J].建筑师，2019（6）：25-34.图片 b~g 来源：拉胡尔·迈赫罗特拉，罗伯特·斯蒂芬斯，陈雨潇.KMC 公司办公楼，海得拉巴，安得拉邦，印度 [J].世界建筑，2019（2）：76-79+123.）

5.5.3　生境式表皮

生境式表皮是通过在建筑的屋面、墙面等表面连续种植多种植物，营造活态的生境，使建筑、景观与生态环境融合，组成一种人工与自然复合的有机生态系统。

"生境（Biotope）"概念由德国动物学家恩斯特·海克尔（Ernst Haeckel）

首次提出。他在《一般形态学》一书中强调了栖息地概念作为生物体存在的前提条件的重要性。对于一个生态系统，其生物群是由环境因素（如水、土壤和地理特征）和生物之间的相互作用形成的。人类生活的环境从远古时期的自然生态系统，过渡到以城市建筑为载体的人工建造系统，而今正朝着一种自然与人工复合的复杂生态系统发展。尽管生境一词是生态学的专业术语，但近年来越来越多地出现在城市、建筑与景观环境的营造中。在这一层面，生境通常特指尺度较小或更具体的生态环境，与人类生活息息相关。一旦生境融入了普通人的日常生活，更多的人便能参与到生境的创建和持续管理中来。而在建筑设计中，越来越多的建筑和景观设计师以建筑物和构筑物为载体，试图营造宜居的建筑生境，其中典型的代表就是荷兰景观设计师皮耶特·奥多夫（Piet Oudolf）。

奥多夫是"新多年生植物[①]"运动的领军人物。他的设计和植物组合大胆地使用了多年生草本植物，这些植物的结构和花色都经过精挑细选。他主要采用了自然主义的园艺方法，将植物的季节性生命周期置于花形或颜色等装饰性因素之上，关注植物开花前后的结构特征，如叶子或种荚的形状。预见和维持多年生植物生长的稳定性是奥多夫设计理念的关键，尤其是使用长寿命的丛生物种。如此，花园在种植多年后仍与奥多夫的手绘图纸几乎没有偏差。2022 年，奥多夫与建筑师赫尔佐格和德梅隆合作，为纽约考尔德基金会设计了考尔德花园（Calder Gardens），以纪念 20 世纪颇具创新精神和影响力的雕塑家亚历山大·考尔德（Alexander Calder）的艺术和思想。奥多夫在考尔德花园的设计中延续了生境营造的理念，利用墙体与植物营造了迷人的展览建筑空间，是生境式表皮设计策略的典型案例。

考尔德花园的建筑和景观被整合进一个完整的空间叙事过程（图 5-16）。赫尔佐格和德梅隆设计的建筑与奥多夫设计的景观之间的无缝衔接是考尔德花园的精妙之处。奥多夫在生境营造方面主要使用了"混合生长"与"模糊边界"两种策略。以其自然主义的四季花园为特色，创造出一种与其他修葺整齐的花园完全不同的体验。他把花园看作是活态的雕塑，是不断变化的。场地就像他工作中的画布，每一种植物都有自己的个性，需要与其他植物一起才可共生。花园的构成一年四季都有变化。他希望人们能花时间充分体验这些元素，并在参观后有一种长久的情感反应。生境营造提供的不仅是视觉图像，更多的是活态的生机勃勃的自然之美。

这座近 1700m² 的建筑依偎在景观中。柔和的反光金属表面使其消隐于自然，这模糊了建筑和自然世界及物质和非物质之间的界限。游客可

---

① 20 世纪 90 年代兴起的植物景观设计思想，其理念是崇尚植物的"野性"。在植物的选择中，植物的形态、结构特征与色彩同样重要。通过展现植物的枝干、种穗、果实和形态结构以扩展植物的观赏层面，延长植物景观的观赏期。

（a）　　　　　　　　　　　　　　　　　　　　　（b）

图 5-16　考尔德花园的生境式表皮
（a）考尔德花园的外观（上）、主入口（下左）和门厅（下右）；（b）考尔德花园的生态介质表皮围合出的展示空间
（图片来源：caldergardens.org）

沿着一条蜿蜒的景观小路接近建筑主入口。大片玻璃导入自然光照亮室内，并将考尔德作品中不断变化的几何图形和作为室外画廊的不同景色框在一起。通过为参观者提供许多不同的视点，鼓励他们感知艺术品的动态特性。

奥多夫设计的生境式表皮并不是复制自然，而是依循自然规律，营造一种活态的生境，建立自由与掌控之间的持续的协调，呈现出生机盎然的野性之美。从博物馆建筑空间性能的角度看，生境式表皮与不同类型的建筑要素相融合，包括屋面、墙面、下沉式空间、壁龛及广场等，模糊了建筑与自然之间的界限。建筑界面如同一块画布，由多种植物勾绘成一幅幅栩栩如生的生境画面。这个瞬息万变的花园犹如一尊活态的雕塑，以植物的自然生长响应季节更替，以空间组织的流动性回应无处不在的艺术。随着步移景异，戏剧化的不同场景把人们从日常生活的城市环境中转移到开放式的自然生境中，促使人们接受艺术熏陶，产生情感共鸣。

以上通过对与围护结构气候交互相关的9个代表性案例的分析，可以归纳出围护结构的四项绿色设计策略，包括气候调节腔层（包裹式、层级式与构件式）、光热平衡遮阳（计算静态遮阳和智控动态遮阳）、热质量动态调蓄（风热协同型与光热协同型）和生态介质表皮（活墙式与生境式）。下面通过典型教学案例，阐述设计策略如何在教学中得到应用，为绿色建筑气候界面的设计教学提供参照。

5.6.1 湿热气候下商业公共空间更新设计——海口望海商业广场顶篷设计

华南理工大学 2018 学年建筑学五年级建筑学毕业设计，指导教师：王静、冷天翔，助教：朱光蠡

该教学案例是华南理工大学建筑学院 2018 学年建筑学五年级毕业设计，教学时长 5 个月。

设计选题为"湿热气候下城市商业公共空间更新设计"，着重关注城市更新背景下的商业公共空间气候适应性设计。学生在设计过程中，充分认识地域性气候特征，运用性能化设计方法完成设计方案，实现对公共空间的气候调控。选题从 3 个研究型设计目标拓展研究深度：①性能设计方法研究，

典型教学案例 5.6.1

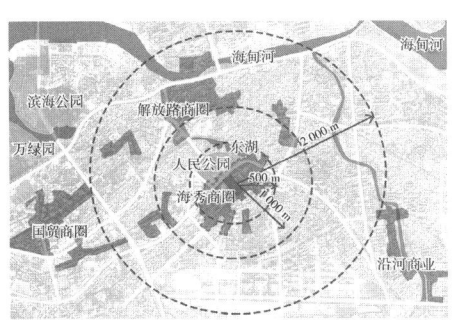

1.场地区位

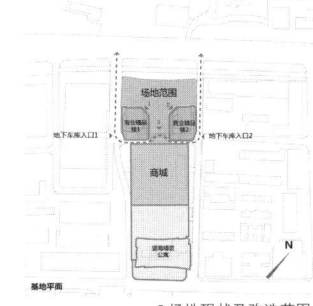

2.场地现状及改造范围

教学目标	教学内容	教学组织		
		教	学	研
研究型思维培养	问题导向下的绿色建筑设计	专题讲授	课程学习	研究尝试
研究型思维建立	商业空间研究气候环境研究性能设计研究	专题课程+讨论教学+工作坊联动	案例调研+文献研究+研究报告	研究目标→路径探索→成果验证
研究型思维夯实	开放式互动教学+项目实践			团队设计

3.开放模式下的研究型思维培养教学组织

4.研究型设计思路图

5.典型作业 学生：刘心悦 胡功博

01 确定场地平面遮阳舒适区
02 分析重点遮阳时间段太阳高度角
03 得到场地边缘檐口边际线
04 根据边际线生成拟合曲面
05 拟合曲面布置结构网格
06 单元划分，空腔生成

本教学案例详细内容请见建工书院公众号相关推文

理解不同性能设计方法的逻辑，构建适用于不同气候条件下城市公共空间改造的性能设计路径；②新型设计与建造协同模式研究，建立形式、空间、性能和建造系统相结合的新观念；③绿色建筑与气候影响因素研究，将气候适应性设计作为设计原则，研究不同气候因子对建筑设计的影响。

　　教学团队以研究型设计思路推动学生对于设计方案的推演。在前期研究阶段，将选题分解为4个专题：气候特征研究、商业空间研究、更新改造技术和公共空间设计，从湿热气候特征研究出发，促进学生自主探索具有地域特色的商业公共空间气候适应性改造策略。气候要素分析应用工具软件包括：应用Grasshopper中的LadybugTools系列软件提取气候因素目标；结合Rhino和Grasshopper平台下的DIVA环境分析软件模拟场地各月份和全天各时间段的辐射强度，确定顶篷性能设计的重要时间段；模拟不同顶篷设计方案的辐射强度，确定顶篷的最终形态和结构单元划分。

5.6.2　前工院中庭高大空间性能化改造设计与技术协同优化

典型教学案例 5.6.2

　　东南大学2016-2017学年建筑学研究生一年级建筑设计课题，指导教师：张彤

　　该教学案例是东南大学建筑学院建筑学研究生一年级建筑设计课程，教学时长10周。

　　课程教学依托教研团队长期开展的基于"气候—形式—能量"互成机理的建筑围护结构气候界面研究，将气候调节腔层、光热平衡遮阳两种设计策略引入前工院教学楼中庭改造的设计课题，通过机理讲授、案例学习和数理分析，探索以"高舒适—低能耗"为目标的、环境性能驱动的空间形态生成路径。

　　10周教学中贯穿两条相互交织的线索：一是从功能组织到构形设计的空间生成线索；二是针对夏热冬冷气候区高大空间的环境物理特征，从环境性能与能耗模拟参数完备性研究到与空间生成各阶段环境性能模拟，所链接组成的数理分析线索。两条线索呈双螺旋结构相互交织，贯穿推进设计教学的各个环节，形成空间生成与性能分析彼此反馈、交互驱动的教学进程。

　　参加本课题教学的研究生分别来自于建筑设计与建筑技术两个学科方向，将他们混编成4个教学组，分别以"呼吸包裹""求知聚落""木构伞盖""樱庭"为题开展设计。其中的"呼吸包裹"组清晰地印证了"空间调节"设计教学的逻辑链接和迭代演进，其各步骤推演、阶段性成果和最终设计呈现均成为本次课程教学的范例。

前工院中庭高大空间性能化改造设计与技术协同优化

呼吸包裹（学生：刘巧，王明荃，陈斌，蔡适然）

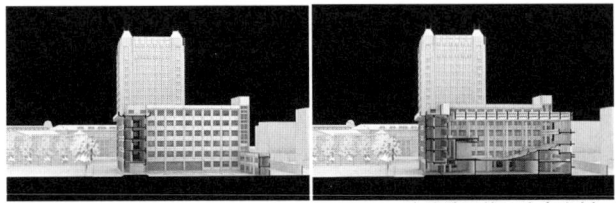

改造前后前工院中庭剖面

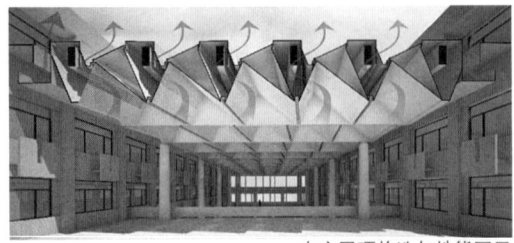

中庭屋顶构造与性能图示

改造后中庭剖透视图

改造后中庭效果图

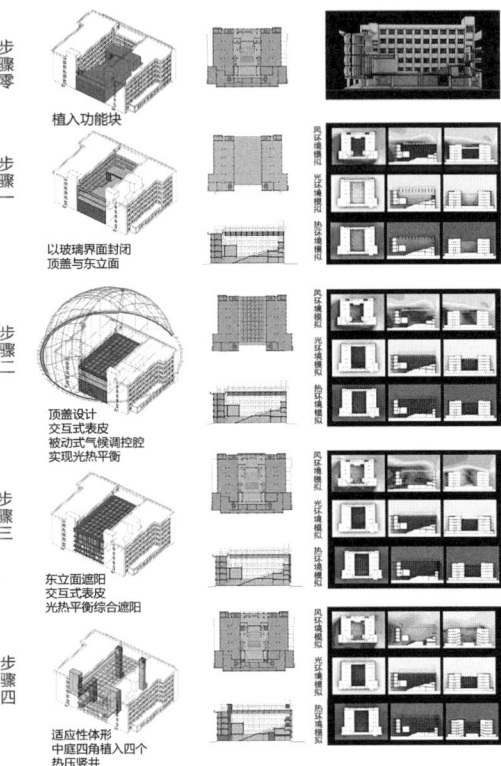

步骤零 植入功能块

步骤一 以玻璃界面封闭顶盖与东立面

步骤二 顶盖设计 交互式表皮 被动式气候调控腔 实现光热平衡

步骤三 东立面遮阳 交互式表皮 光热平衡综合遮阳

步骤四 适应性体形 中庭四角植入四个热压竖井

中庭形态生成与风光热性能可视化模拟

本教学案例详细内容请见建工书院公众号相关推文

5.6.3 延伸思考

（1）气候调节腔层作为交互式气候界面的设计策略，如何与空间形态生成中的气候梯度策略形成协同？

（2）光热平衡遮阳设计需要重点平衡哪些关键因素？如何结合性能化设计方法实现？

（3）在楼宇智能化技术迅速发展的当下，如何实现光热平衡遮阳的智能可变，达成与气象状况的实时响应？

参考文献

［1］ 吴浩然，张彤，孙柏，等．建筑围护性能机理与交互式表皮设计关键技术 [J]. 建筑师，2019（6）：25–34.

［2］ BUTLER L. Ekose'a homes：Natural energy conserving design[M]. San Francisco：Ekose'a, 1978.

［3］ SMITH T, BUTLER L. The Energy Producing House, First American Edition[M]. San Francisco：Ekose'a, 1979.

［4］ HITCHCOCK H R. Latin American Architecture since 1945[M]. New York：The Museum of Modern Art, 1955.

［5］ W·博奥席耶．勒·柯布西耶全集，第 8 卷：1965~1969 年 [M]. 牛燕芳，程超，译．北京：中国建筑工业出版社，2005.

［6］ GILL M. Cast in concrete：The significance of Chandigarh's architecture [EB/OL]. (2017–09–14) [2023–05–20]. https：//yourstory.com/2017/09/chandigarh-architecture.

［7］ SIRET D, Harzallah A. Architecture et contrôle dl'ensoleillement[C]. Saint Pierre de la Réunion：Conférence IBPSA France 2006, 2006.

［8］ SIRET D. Le Corbusier Plans. 1950 – Studies in Sunlight – Tower of Shadows (Chandigarh). English version[M]. France：Fondation Le Corbusier, Echelle–1 Codex Images International, 2006.

［9］ 仲文洲，张彤．环境调控五点——勒·柯布西耶建筑思想与实践范式转换的气候逻辑 [J]. 建筑师，2019（6）：6–15.

［10］ SCHIELKE T. Light Matters：Mashrabiyas – Translating Tradition into Dynamic Facades[EB/OL]. (2014–05–29) [2024–09–10]. https：//www.archdaily.com/510226/light-matters-mashrabiyas-translating-tradition-into-dynamic-facades.

［11］ KARANOUH A, KERBER E. Innovations in dynamic architecture：The Al–Bahr Towers Design and delivery of complex facades [J]. Journal of Facade Design and Engineering, 2015.

［12］ SCOTT T. Beyond biomimicry：What termites can tell us about realizing the living building [C]. Loughborough：First International Conference on Industrialized, Intelligent Construction (I3CON), 2008.

［13］ Pearce Partnership. Eastgate – Creating more resilient buildings inspired by nature[EB/OL]. [2024–09–10]. https：//www.arup.com/projects/eastgate/.

［14］ The Eastgate Centre[EB/OL]. [2023–09–10]. https：//neverenougharchitecture.com/project/the-eastgate-centre/.

［15］ Hyun– Woo Park. Dominus Winery – Case Study[EB/OL]. (2021–03–28) [2023–08–23]. https：//openarchive.uosarch.ac.kr/work?id=V29yazo3MTY3.

［16］ 拉胡尔·迈赫罗特拉，罗伯特·斯蒂芬斯，陈雨潇．KMC 公司办公楼，海得拉巴，安得拉邦，印度 [J]. 世界建筑，2019（2）：76–79+123.

［17］ Calder gardens[EB/OL]. [2024–05–28]. https：//caldergardens.org/.

［18］ 王静，朱光蠡．绿色建筑毕业设计中的研究型设计思维与开放式教学模式 [J]. 城市建筑，2019, 16（33）：36–39.

［19］ 朱光蠡．基于气候响应的湿热地区城市公共空间顶篷设计研究 [D]. 广州：华南理工大学，2021.

第 6 章

性能导向的建筑构造设计

性能导向的建筑构造是以性能目标和能量效率为前提，通过合理的材料组织、节点设计与构件组合，实现有效的能量捕获、传递、保蓄与隔离。性能导向的构造设计既包含保温、隔热、遮阳等抑制能量流动的隔绝式构造，也包含采光、通风等强化能量流动的交互式构造。基于强化或抑制能量流动的调控目标，实现室内光、热、风环境的性能提升，是性能导向建筑构造设计的主要内容。

本章梳理了构造系统中能量流动与围护结构不同界面的对应关系，基于室内环境调控的不同目标，推导出性能导向构造的四种基本类型—集热与保温构造、散热与隔热构造、导风与阻风构造和导光与避光构造，结合优秀设计案例，分类讲授各类型构造的设计策略。集热与保温包括利用太阳辐射和人工热源的四种典型集热构造，以及层叠型与整合型两种典型保温构造。散热与隔热包括辐射散热屋顶、地下风道、蒸发冷却塔、透风种植墙面与水池屋顶等五种典型散热构造，以及建筑遮阳、重质隔热围护结构、种植屋面等三种典型隔热构造。导风与阻风包括基于热压与风压作用的五种典型导风构造，以及提升实体界面气密性和开启界面防风性的四种典型阻风构造。导光与避光包括导光隔板、反光板、锯齿天窗和光导管等四种典型导光构造，以及遮阳板、遮光罩和光格栅等三种典型避光构造。本章最后提供两则典型教学案例及其成果作为学习参照。

6.1 强化或抑制能量流动的建筑构造

建筑是能量调控的构筑，而构造系统负责实现能量流动的开闭控制。外部环境中的能量作用通过热辐射、热传导（又称导热）、热对流三种传递方式，经由不同类型的围护结构，和建筑进行能量交换，影响室内的环境品质和身体的舒适感知。热辐射与透光围护结构相关，太阳辐射穿过透光围护结构，提供天然采光与辐射热，影响室内光热环境；热传导与实体围护结构相关，结构内部的热传导促使建筑得热或散热，影响室内热环境；热对流与围护结构开启相关，门窗洞口的自然通风促进室内外的空气和热量交换，影响室内风热环境；水体和植被通过蒸发冷却空气与围护结构，结合自然通风，促进室内降温，影响风热环境。性能导向的构造基于外部环境的气候条件与能量作用，通过界面开闭、材料组织和构件设计，调节能量流动的进程，实现对室内环境的有效调控，减少设备使用与能源消耗（图6-1）。

根据室内光、热、风环境的调控需求，性能导向的构造设计应强化有利的能量流动，抑制不利的能量作用，促成室内健康舒适环境的实现。根据环境调控的不同目标，性能导向的建筑构造可分为四个基本类型：

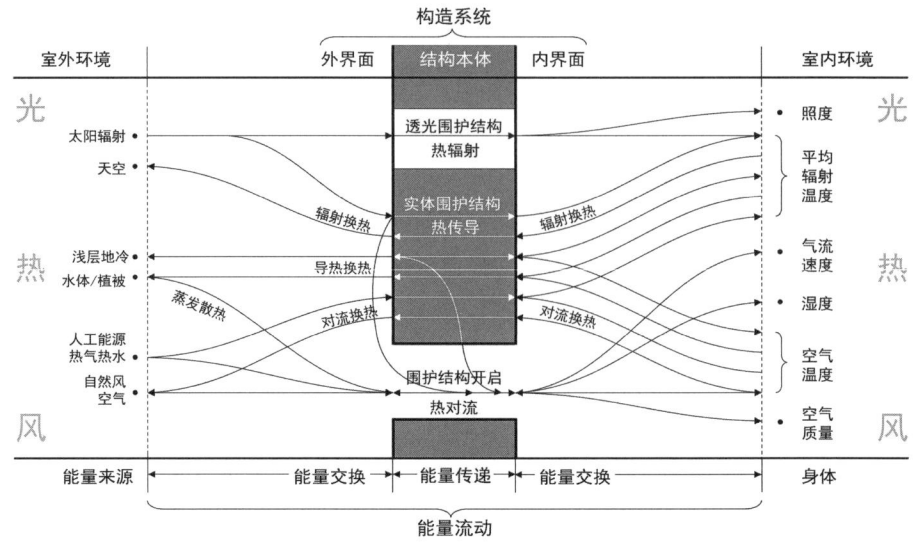

图 6-1　构造系统中的能量流动

1）集热与保温构造

集热与保温是寒冷气候下室内热环境的调控策略，以建筑得热为目标。集热构造捕获外部热量，强化由外向内的热传递，促进室内得热，可利用的热源包括太阳辐射与人工热源。保温构造抑制由内向外的热量耗散，保蓄建筑内部的既存热量。

2）散热与隔热构造

散热与隔热是炎热气候下室内热环境的调控策略，以建筑驱热为目标。散热构造利用外部冷源，强化由内向外的散热过程以及由外向内的冷流导入，促进室内降温，可利用冷源包括天空、浅层地冷、水体植被与自然风。隔热构造屏蔽外部不利热流作用，减少室内得热，维持热环境稳定。

3）导风与阻风构造

导风与阻风是室内风环境的调控策略，旨在营造健康卫生舒适的空气环境。导风构造基于热压与风压机制，强化室内空气流动，改善空气质量，提升人体舒适度。阻风构造抑制实体围护结构的空气渗透和围护结构开启的冷风侵入，减少不利气流的负面影响和室内采暖制冷能耗。

4）导光与避光构造

导光与避光是室内光环境的调控策略，旨在营造适宜的照明环境，满足人的身心健康和工作需求。导光构造通过捕获与引导天然光线，提升室内照度，减少人工照明耗能。避光构造通过阻断强烈直射光线，消除眩光，改善室内光环境。

6.2.1　集热机制与典型构造

1）集热机制

集热是利用太阳辐射或热气、热水等人工热源为建筑供暖的调控方式。集热构造旨在强化由外向内的热量传递，促进外界面的热量吸收、结构内部导热以及内表面的热量释放（图6-2）。

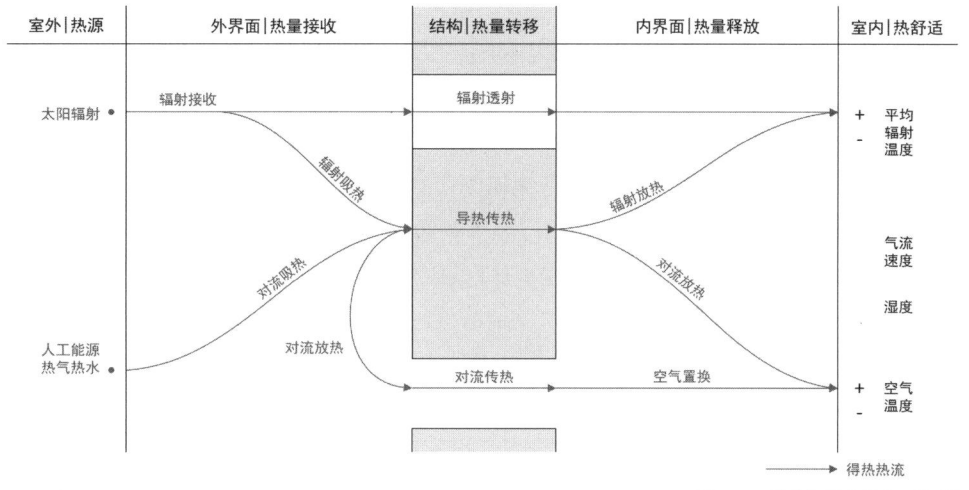

图6-2　集热调控的热作用机制

太阳辐射集热是集热构造的主要类型之一，根据热流路径不同，可分为直接得热构造、导热型太阳能墙和通风型太阳能墙三种典型构造。

直接得热构造通过透光围护结构直接引入太阳辐射，并在室内设置蓄热体实现建筑得热。太阳辐射的接收和透射效率是反映构造集热性能的关键参数。导热型与通风型太阳能墙是间接得热构造。导热型太阳能墙通过在墙体表面设置玻璃覆层形成吸热腔层，墙面吸收的辐射热通过导热传递至室内，吸热腔层和墙体构造共同影响集热性能。通风型太阳能墙在墙体上下设置了开口，腔层内部空气在墙面加热作用下形成上升热流，通过顶部开口进入室内送风供热，底部开口吸入室内冷气，形成加热循环。通风型太阳能墙由法国工程师菲力克斯·特朗勃（Félix Trombe）提出并建造实现，因此又常称作特朗勃墙（Trombe Wall）。空气加热程度和热流循环的稳定性影响特朗勃墙的集热性能。

热辐射表面是另一种主要的集热构造，其利用热气、热水为建筑供暖。围护结构从人工热源汲取热量，通过内部导热传递至室内表面，通过辐射与对流放热为室内供暖。在热辐射表面的构造设计中，吸热面、结构本体和放热面的构造共同影响集热效率，需综合考虑（图6-3）。

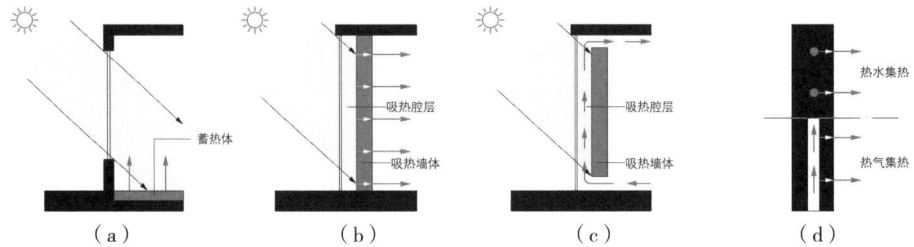

热水集热

热气集热

图 6-3　集热调控的典型构造
（a）直接得热构造；（b）导热型太阳能墙；（c）通风型太阳能墙（特朗勃墙）；（d）热辐射表面

2）直接得热构造

采光界面的朝向决定太阳辐射的接收总量和透射效率，是直接得热构造设计的关键。对于北半球建筑，冬季南立面接收的太阳辐射照度最高，因此是采光界面的最优朝向。当光线垂直射入玻璃时，不仅单位面积接收的辐射照度最大，且光线的透射率最高[①]，因此采光界面可适当倾斜，正对冬季太阳直射光线，捕获更多的太阳辐射。在朝向优化的基础上，可在采光界面外侧增设反光板，扩大辐射接收。建筑室内的受光面宜布置蓄热实体，将太阳辐射转化为结构内能，为室内持续供暖（图 6-4）。

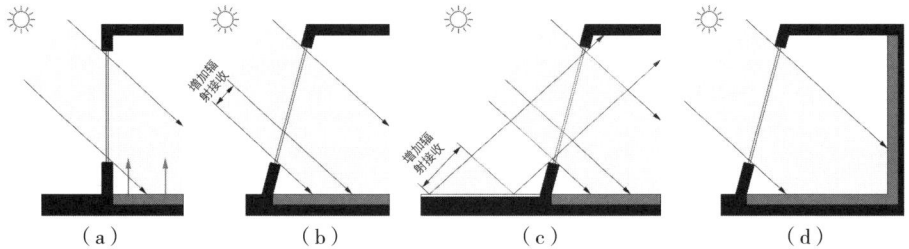

图 6-4　直接得热构造的设计策略
（a）直接得热；（b）采光界面倾斜；（c）增加反光面；（d）布置蓄热实体

美国建筑师乔纳森·哈蒙德（Jonathan Hammond）设计的 PG&E 实验房是应用太阳辐射直接得热构造的典型案例。建筑位于美国萨克拉门托，通过两层屋面之间的高侧窗实现太阳辐射直接得热。窗户倾斜 23.5°，使得冬季正午的太阳光以几乎垂直的角度射入室内，提升了辐射接收效率。上层屋顶底面和下层屋顶顶面面层均采用铝板反射辐射，扩大辐射接收。室内蓄热水墙正对侧窗，由波纹管组成，褶皱的表面强化了蓄热墙体与室内的换热过程，更有利于白天吸热和夜间放热。侧窗内侧设置了活动隔板，夏季可关闭，防止室内过热（图 6-5）。

---

① 玻璃的透射率与入射光线的角度相关，当光线垂直入射时，玻璃的透射率最高，当入射角超过 60° 时，透射率显著下降，因此争取光线垂直入射有利于提升透光围护结构的辐射透射。参考：史蒂西.玻璃结构手册 [M].任铮钺，等，译.大连：大连理工大学出版社，2011：115-116.

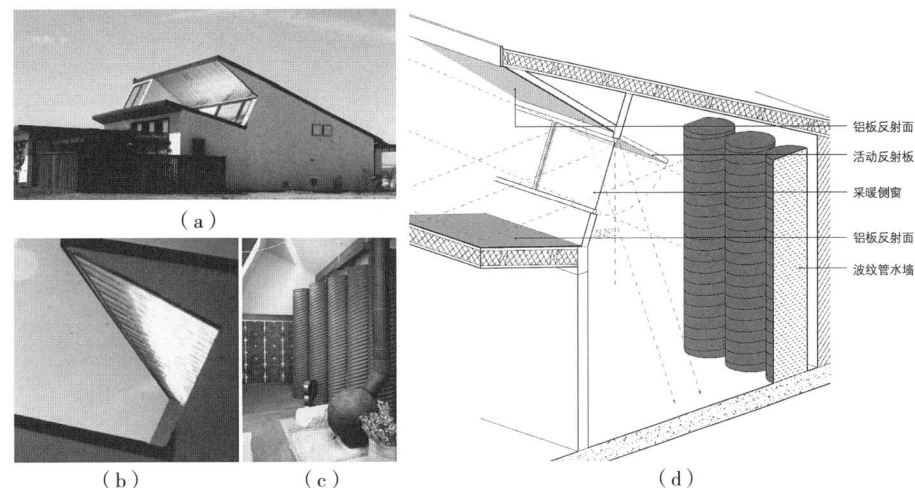

铝板反射面
活动反射板
采暖侧窗
铝板反射面
波纹管水墙

图 6-5　美国萨克拉门托 PG&E 实验房的直接得热构造
（a）PG & E 实验房外景；（b）屋顶反射铝板饰面；（c）室内波纹管水墙；（d）PG & E 实验房墙身剖面
（图片来源：Principal Jon Hammond Wins "Solar Pioneer" Award [EB/OL]. [2020-09-02]. http://www.
indigoarch.com/news-1/2016/7/31/principal-jon-hammond-wins-solar-pioneer-award. 构造图根据来源资料
整理绘制）

3）导热型太阳能墙

导热型太阳能墙的构造设计包含三个传热过程：吸热、导热与放热。吸热以玻璃覆层和吸热表面构成的腔层为原型构造，吸热表面宜涂黑或采用选择性吸收涂层[①]，以提升太阳辐射的吸收率。玻璃覆层的主要作用是保温，通常采用双层中空玻璃。在中空层内加入透明保温材料（TIM）可提升玻璃保温性能，提高腔层的吸热效率。导热与实体墙的构造相关，宜采用砖、夯土、混凝土等重质材料，这些材料构成的墙体在导热过程中同时会积蓄热量，并延迟到夜间释放，从而提升室内热环境的稳定。墙体厚度应适宜，过厚墙体的导热损耗较大，而过薄墙体的积蓄热量较少，热量释放的延迟时间较短，夜间放热效果不佳[②]。放热和墙体内表面构造相关。为了促进放热，墙体内表面不宜采用木饰面等绝热性装饰面层。导热型太阳能墙在夏季易引起室内过热，需要考虑遮阳，可在墙体外侧设置挑檐、遮阳板，也可在腔层内部设置遮阳卷帘（图 6-6）。

托马斯·赫尔佐格设计的德国温德贝格教育中心（Guest Building for the Youth Education Center in Windberg）是应用导热型太阳能墙的典型案例。项目是一个东西走向的条形建筑，中间的走廊将室内分为南北两个部分，运用

---

① 选择性吸收涂层是指太阳辐射吸收率高且发射率低的材料，这类材料在高效吸收太阳辐射热的同时，自身辐射散热较低，因此综合的吸热效率较高。

② 研究表明各种材料墙体的适宜厚度范围：夯土墙 200~300mm、砖墙 240/370mm 的砖墙、混凝土墙 300~400mm。参考：李元哲.被动式太阳房热工设计手册 [M]. 北京：清华大学出版社，1993：64.

145

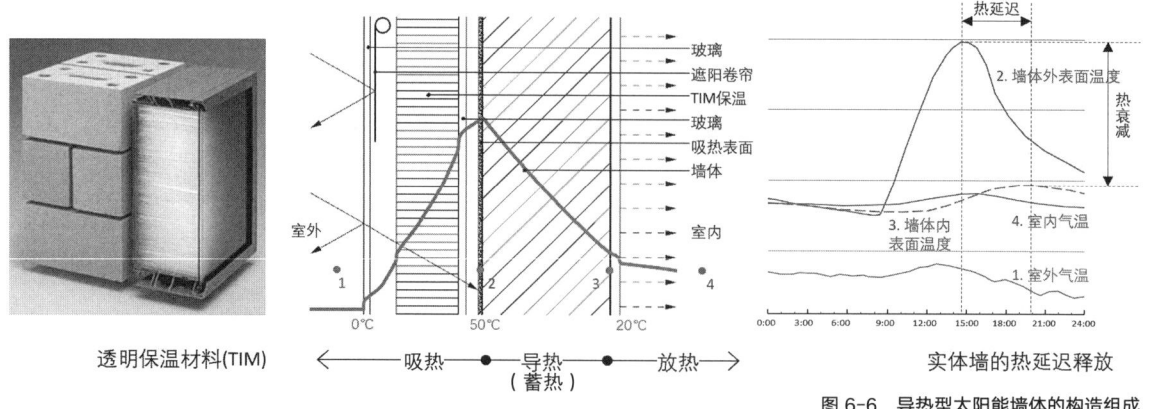

透明保温材料(TIM) ←——吸热——→·导热·←——放热——→
（蓄热）

实体墙的热延迟释放

图6-6 导热型太阳能墙体的构造组成

了不同的能量策略和建造方式。建筑北侧为盥洗、储藏等辅助用房使用人工热源间歇供暖，因此采用高保温低蓄热的木制围护结构。建筑南侧为起居活动空间，围护结构采用间隔布置的竖向条窗和实墙，实现采光采暖。实墙部分采用导热型太阳能墙构造，外表面涂黑，覆盖内含 TIM 保温的双层玻璃，墙体内表面温度峰值较外表面延迟约 6 小时，白天墙体吸收的热量在夜间释放，有效维持室内热环境的稳定。建筑的挑檐和外部走廊作为水平遮阳，防止夏季室内过热（图6-7）。

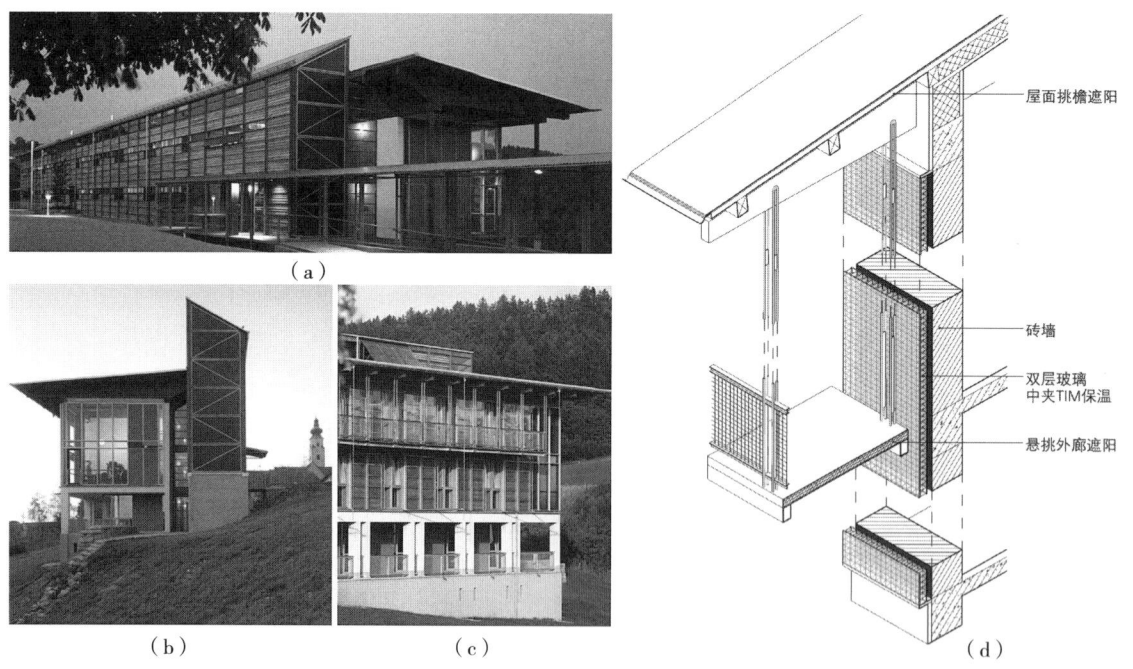

图6-7 德国温德贝格教育中心南侧太阳能外墙构造
（a）教育中心入口；（b）教育中心东立面；（c）教育中心南立面；（d）南立面墙身大样
（图片来源：FLAGGE I, HERZOG–LOIBL V, MESEURE A. Thomas Herzog: Architektur + Technologie/Architecture and Technology[M]. Munchen；New York：Prestel Verlag, 2001：70–75. 构造图根据来源资料整理绘制）

4）通风型太阳能墙

通风型太阳能墙利用热空气循环为室内供热，吸热腔层内部空气的温度和气流运动影响集热性能。通风型太阳能墙体的构造优化策略包括（图6-8）：

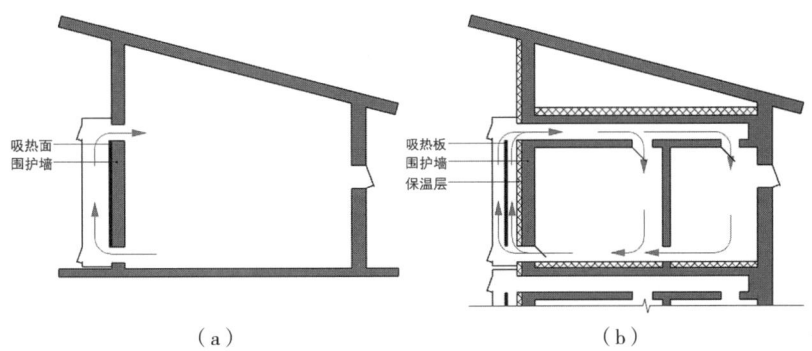

图 6-8　通风型太阳能墙的构造优化策略
（a）通风型太阳能墙（特朗勃墙）；（b）优化策略（巴拉—科斯坦蒂尼系统）

（1）使用单独的金属板代替墙体吸收太阳辐射，金属吸热板升温快，正反两面均可与空气换热，提升了空气加热的效率；

（2）墙体外侧增加保温层，降低夜间墙体的散热损耗；

（3）风口设置活动开启，控制空气流动，夜间关闭可减少室内热气耗散；风口同时可与水平风道结合，将热空气送至建筑内部深处，使室内整体均匀受热。

意大利工程师拉齐奥·巴拉（Orazio Antonio Barra）基于上述优化策略，提出了巴拉—科斯坦蒂尼集热系统（Barra-Costantini system），并在意大利北部马洛蒂斯卡镇的廉价集合住宅项目（Progetto a Marostica）中予以实践。该住宅南立面通过露台、飘窗、太阳能墙的组合形成对太阳光的多种利用。太阳能墙采用通风型构造设计，以独立的黑色金属板作为吸热构件，提升空气加热的效率。墙体外覆保温，以抑制夜间散热。建筑楼板内部预埋了方形风管，风管与太阳能墙上部的风口相连，将热气输送至建筑北侧房间，使室内整体均匀受热。楼板兼作蓄热体，白天积蓄部分热量，在夜间释放，维持室内温暖。太阳能墙体顶部的通风阀在夏季可向外打开，引导内部热气逸散，促进室内排热。实测显示，该系统在冬季为室内有效供热，减少了30%的采暖能耗（图6-9）[①]。

5）热辐射表面

热辐射表面的构造设计包含三个层面：吸热面构造、结构内部构造和放热面构造。

---

① LEPORE M. The passive solar system Barra-Costantini：Performance and Applications [J].
Housing Policies and Urban Economics，2017，6：42.

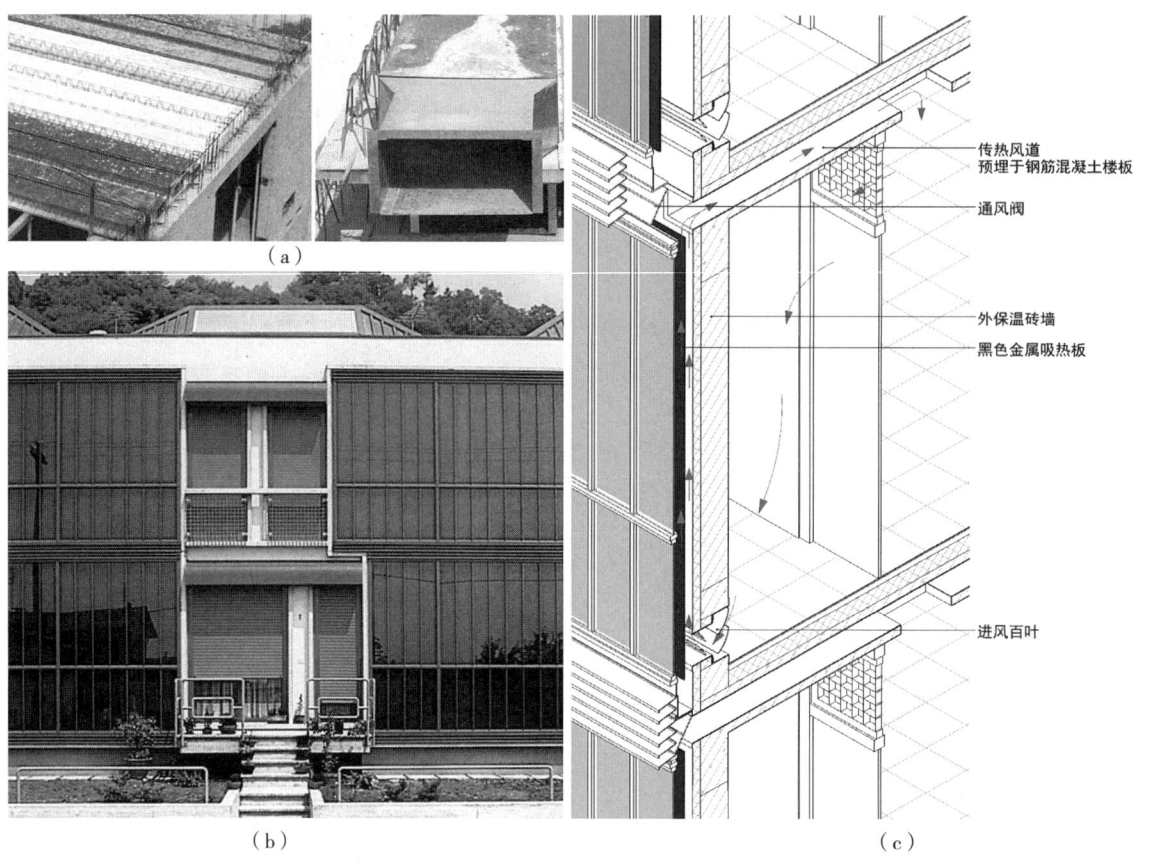

传热风道
预埋于钢筋混凝土楼板

通风阀

外保温砖墙
黑色金属吸热板

进风百叶

（a）

（b）

（c）

图 6-9　意大利马洛蒂斯卡集合住宅中的太阳能墙体构造
（a）楼板内部预埋风管；（b）马洛蒂斯卡集合住宅南立面；（c）南立面墙身大样
（图片来源：LEPORE M. Barra-Costantini system [EB/OL]. [2022-02-07]. http://www.archilepore.it/www.archilepore.it/Barra_Costantini.
html#grid. 构造图根据来源资料整理绘制）

　　吸热面构造与热源介质相关。传统建筑主要使用热气为室内供热，吸热
面采用集热腔层构造。我国的地炕、古罗马的火炕（hypocaust）是利用热气
采暖的传统热辐射表面。地炕常以圆形转码子平铺大方砖形成架空腔层收集
热气，俗称"花洞"。火炕则用砖柱形成集热腔层，同时在墙面铺设空心陶
土砖，将腔层延续至墙面，实现室内界面的整体受热（图 6-10）。

　　当代建筑热辐射表面一般采用热水供暖，通过在结构内部埋设水管，实
现热量传递。水管和放热面之间通过导热传热，因此结构材料与内部构造应
利于导热，结构面层宜采用瓷砖、石材等低热阻的材质。若采用高热阻的面
层材质，如木地板，则可在结构与面层间加入铝箔形成均热层，强化导热
（图 6-11）。

　　放热表面通过对流和辐射向室内放热，表面应减少覆层，例如热辐射地
面不宜铺设地毯。室内顶棚由于不被家具占据，是放热的理想界面。当顶棚
作为放热面时，不宜设置吊顶，可设置地面架空层用于收纳设备管线。顶棚

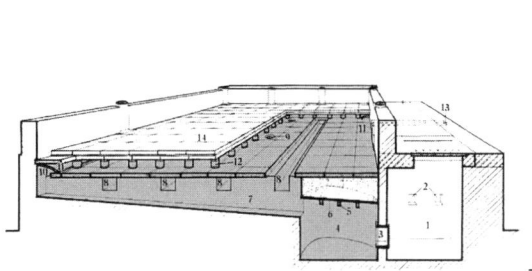
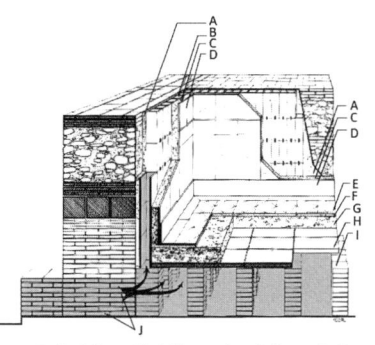

古罗马浴室墙面
的陶土空心砖

1.烧火口，2.灯槽，3.灶膛口，4.灶膛，5.方铁梁，6.铁板，7.主火道，
8.次火道（蜈蚣道），9.火口，10.烟火道，11.琉璃板瓦，12.砖码子，
13.出烟口，14.室内砖地面

A.石灰砂浆，B.陶土管，C.碎石砂浆，D.大理石，
E.马赛克铺地，F.水泥砂浆，G.混凝土蓄热层，
H.石板，I.砖柱，J.墙下洞口连接炉灶

（a）

（b）

图 6-10　基于热气供热的热辐射地面集热腔层构造
（a）我国火地中的集热腔层；（b）古罗马火坑中的集热腔层
（图片 a 来源：中国科学院自然科学史研究所 . 中国古代建筑技术史 [M]. 北京：科学出版社，1985：326. 图片 b 来源：YEGÜL F.
Baths and Bathing in Classical Antiquity [M]. New York：MIT Press，1992：358，363. ）

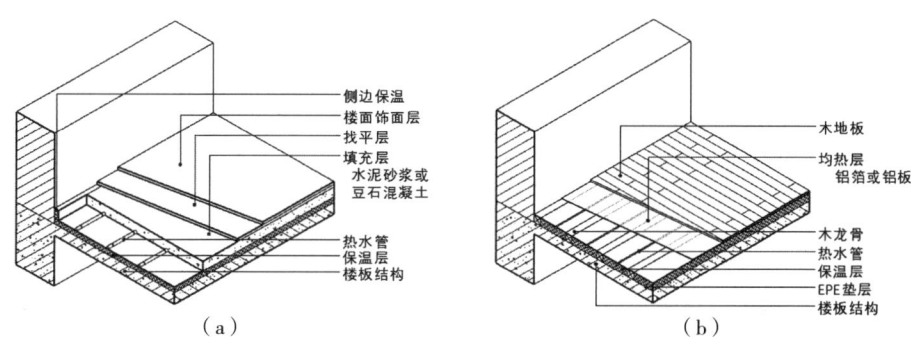

（a）　　　　　　　　　　　　　　　（b）

图 6-11　不同饰面的热辐射地面构造
（a）石材、瓷砖热辐射地面构造；（b）木地板热辐射地面构造

的形态影响放热性能，传统梁板结构形成的格状表面不利于放热，可采用厚板结构，形成完整的放热平面，或以拱形结构替代梁板，形成连续平滑的放热曲面（图 6-12）。

日本建筑师妹岛和世（Kazuyo Sejima）与西泽立卫（Ryue Nishizawa）在德国埃森市（Essen）设计的关税同盟管理与设计学院（Zollverein School of Management and Design）是运用热辐射表面构造的典型案例。建筑是一个高 34m，长、宽 35m 的近立方体，4 个立面上共开设了近 150 个窗洞，追求室内与环境的相互渗透。建筑围护结构采用清水混凝土墙，并要求尽可能轻薄。如果采用夹层保温构造，根据德国建筑节能规范，墙体厚度至少需要 500mm，无法满足轻薄的视觉要求。暖通顾问 Transsolar 事务所为项目提出了"主动保温"的构造策略，即在建筑结构中埋设水管，输送 30℃的恒温热水，将结构表面温度维持在 18~22℃，以此消除保温层，将墙体厚度缩减至

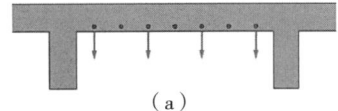
（a）

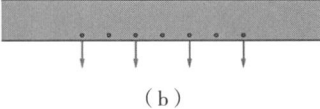
（b）

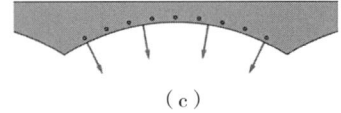
（c）

图 6-12　热辐射顶棚的形态优化策略
（a）梁板结构（结构梁阻碍辐射放热）；（b）厚板结构；（c）连续拱结构

300mm。输送的热水来自附近鲁尔工业区的一个废旧矿井，是对废弃能源的再利用。墙体内侧与楼板底面均布置了热水管，作为热辐射表面。设备管线均藏于地面的架空层，消除了吊顶，保证楼板底面放热不受遮挡。建筑室内呈现均质统一的混凝土材质，空间轻薄通透且温暖宜人（图 6-13）。

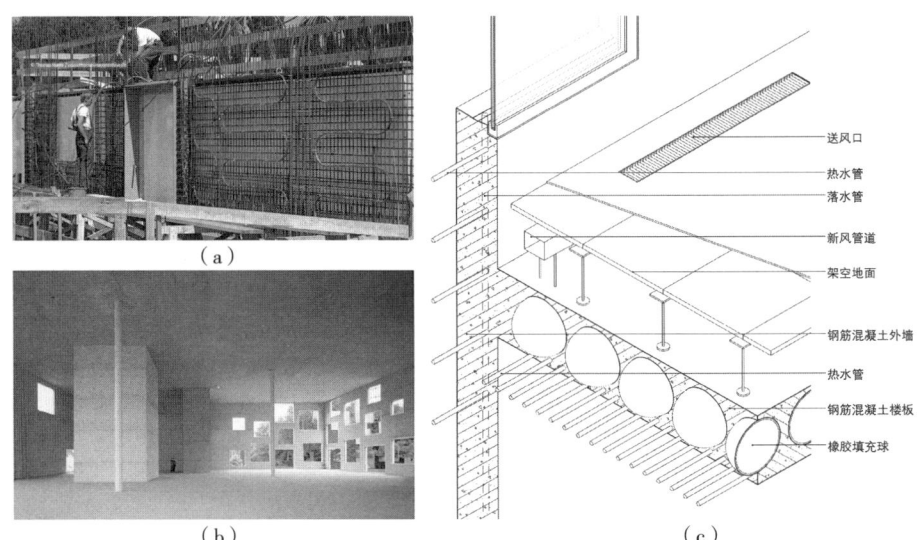

图 6-13　德国埃森关税同盟管理与设计学院热辐射表面构造
（a）墙体浇筑前铺设的热水管；（b）室内均质的混凝土表面；（c）热辐射墙体和楼板大样
（图片 a 来源：TECHEN H, BOLLINGER K, GROHMANN M. Integrated Planning of The Zollverein School of Management and Design[J]. DETAIL, 2005（12）：1470. 图片 b 来源：El croquis 139 SANAA（Sejima + Nishizawa）2004–2008 [M]. Madrid：El Croquis, 2008：151. 构造图根据来源资料整理绘制）

6.2.2　保温机制与典型构造

1）保温机制

保温是抑制建筑散热，将热量保蓄在室内的调控方式。在低温环境下，建筑的散热主要有两种途径，一是实体围护结构的导热散热，二是围护结构开启或结构缝隙中的空气流动与渗透导致的散热。导热散热通过保温构造予以抑制，而空气流动与渗透的散热通过阻风构造予以抑制。阻风构造将在 6.4.2 小节具体介绍（图 6-14）。

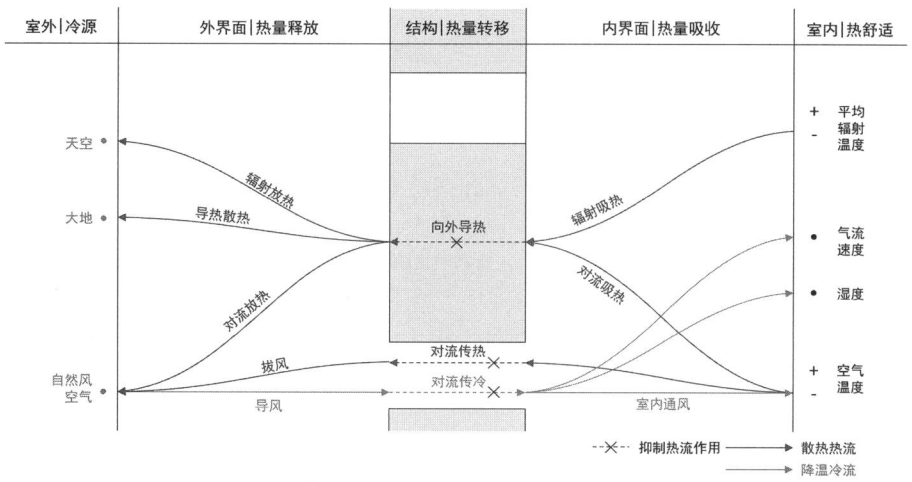

图 6-14　保温调控的热作用机制

保温构造可分为层叠型和整合型两类体系。层叠型保温中，围护结构由多层材料组成，各材料层承担不同功能，围护结构的保温性能主要由保温层决定。整合型保温中，承重、保温、耐候等多种功能由一种材料或集成模块实现，围护结构的保温性能和材料及结构厚度相关，在结构削弱部位，需要增设保温板，改善节点的保温性能。

2）层叠型保温

根据保温层与结构位置关系的不同，层叠型保温一般分为外保温构造和内保温构造。外保温构造中，围护结构外表面被连续的保温层包裹，保温性能好，内侧承重结构同时作为蓄热体，更有利于维持室内的热稳定性。保温层外侧需要设置防护层，遮风避雨，并可设置通风层，保持内部干燥（图 6-15）。在内保温构造中，保温层附于墙体内壁，在楼板处断开形成热桥，导致更多热量的流出（冬季）和流入（夏季），保温性能较差。冬季热桥表面温度较低，可能产生结露，易滋生霉菌，影响室内卫生健康。热桥的处理方式包括沿楼板底面增设保温板，或使用保温钢筋连接墙体和楼板，并在两者之间加入保温板（图 6-16）。相比外保温，内保温墙体的蓄热性较低，在室内供暖条件下壁面升温快，因此适用于间歇性采暖的室内环境。

在外保温构造中，由于表皮和结构被保温层完全分离，因此表皮的建构逻辑与内部结构承重逻辑可以完全不同，建筑表现方式更加灵活。瑞士建筑师彼得·卒姆托（Peter Zumthor）设计的奥地利布雷根茨美术馆（Kunsthaus Bregenz）是对外保温构造的诗意诠释。围护内层结构为厚重的混凝土墙，而外层表皮是轻质的半透明玻璃幕墙，两者间的空腔内置入了外保温、遮阳百叶、供热水管。玻璃幕墙的构造呈现一种"呼吸"质感，双层夹胶玻璃由 L

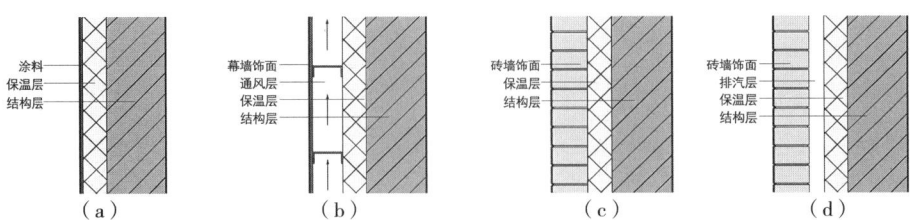

图 6-15 几种常见的外保温构造
（a）涂料饰面；（b）通风幕墙饰面；（c）重质砖墙饰面；（d）重质砖墙饰面内置排汽层

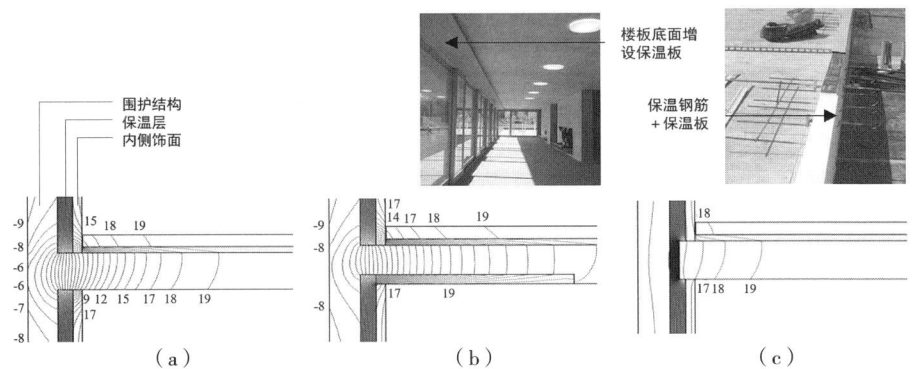

图 6-16 内保温构造中的热桥处理
（a）内保温热桥部位；（b）楼板底面增设保温板；（c）保温钢筋＋保温板
（图片来源：安德烈·德普拉泽斯.建构建筑手册[M].任铮钺，袁海贝贝，李群，等，译.大连：大连理
工大学出版社，2007：61.）

形金属件固定，错叠排布，在满足遮风避雨的功能下，玻璃板间的通风缝隙可疏散内部的湿气，保持保温层干燥。玻璃的磨砂质感弱化了建筑的边界，内外若即若离的表皮特征既满足了外保温构造的性能要求，也贴合了博尔登湖氤氲弥漫的场所特质（图6-17）。

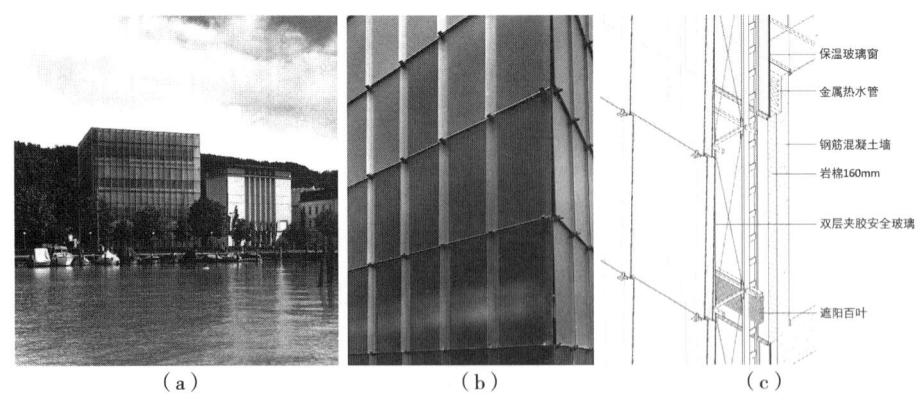

图 6-17 奥地利布雷根茨美术馆外保温构造
（a）布雷根茨美术馆外景；（b）布雷根茨半透明玻璃表皮；（c）外保温墙身大样
（图片来源：ZUMTHOR P. Kunsthaus Bregenz[M]. Berlin：Hatje，1999：57，63.构造图根据来源资料整理绘制）

相较于外保温，内保温构造保留了建筑结构原貌，因此适用于既有建筑的性能改造。瑞士建筑师洛伦·萨维奥斯（Laurent Savioz）在夏莫松设计的农房改造（Overhaul of a House in Chamoson）是采用内保温构造的典型案例。项目是对一座建于1814年石砌建筑的翻新，建筑立面层叠的石灰岩已和周围山区环境融为一体。改造使用300mm的保温混凝土构成室内连续的保温界面，置入石砌的历史外壳中。保温和结构的穿插关系在建筑的窗口位置得以呈现，窗洞采用了内平和外平两种构造方式。大尺寸窗户采用外平窗的设计，四周与保温混凝土连接，减少热桥，并在室内呈现隐框效果。小尺寸窗洞采用内平窗，凸显原始结构的厚度。楼板和墙体交接位置设置了60mm的保温隔断避免热桥（图6-18）。

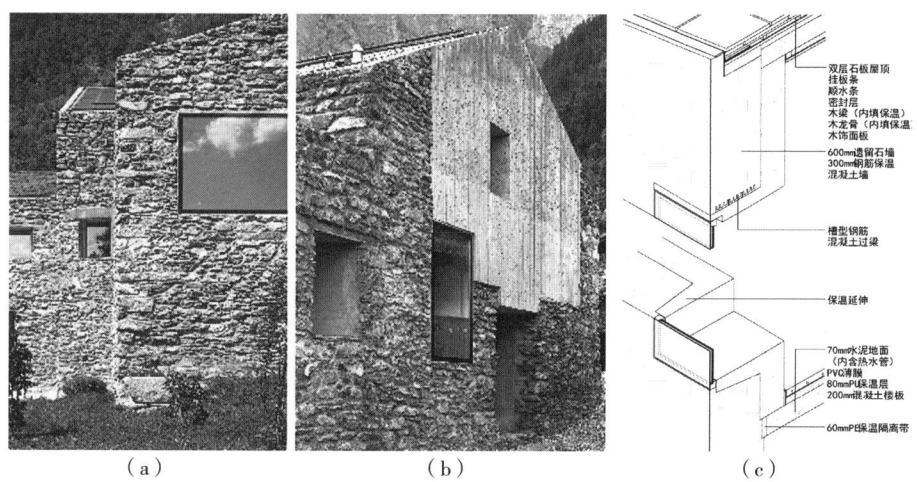

图6-18　瑞士夏莫松农舍改造的内保温构造
（a）农舍外景；（b）保温混凝土和石墙的穿插并置；（c）内保温墙体构造大样
（图片来源：LAURENT SAVIOZ ARCHITECTE. Overhaul of a House in Chamoson [J]. DETAIL, 2007（5）：
501, 504. 构造图根据来源资料整理绘制）

3）整合型保温

整合型保温又分为实体保温和夹层保温。实体保温内部为均一的材料，如保温砌块、保温混凝土。夹层保温是将保温和结构集成为板块，内部仍呈现清晰分层，如外结构内保温的结构保温板，以及外保温内结构的保温混凝土模板（图6-19）。

在实体保温中，围护结构的保温性能不仅由材料决定，也与厚度相关。墙体与楼板、屋顶、门窗交接的位置，结构厚度减薄，节点热阻降低形成热桥，需要增设保温板以消除热桥。瑞士建筑师瓦勒里欧·奥尔伽蒂（Valerio Olgiati）设计的泽尔内斯游客中心（Visitor Center in Zernez）是运用实体保温建造的典型案例。建筑以550mm厚的保温混凝土作为承重保温一体的围护结构，呈现了雕塑般的质感。墙体与楼板、窗口的交接位置是保温的薄弱环

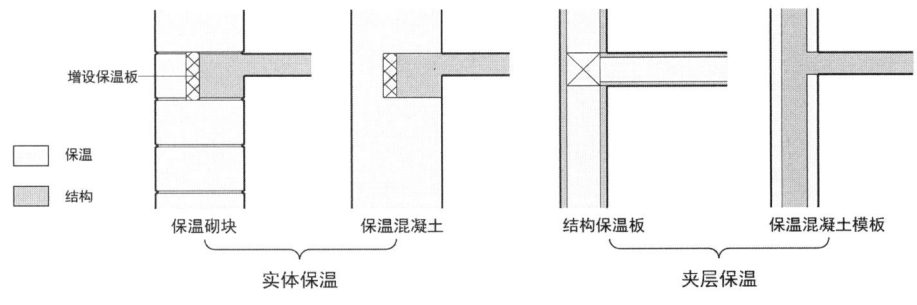

增设保温板

保温
结构

保温砌块   保温混凝土   结构保温板   保温混凝土模板

实体保温   夹层保温

图 6-19 整合型保温的两种类型

节，构造上在楼板端部增设保温板，连接保温外墙和断热窗框，形成连续的保温界面。保温板外部以 L 形的混凝土板覆盖，呈现了一体化的简约外观。由于屋面和女儿墙均用普通混凝土建造，因此交接处也增设了保温板，实现了对室内连续的保温包裹，消除热桥（图 6-20）。

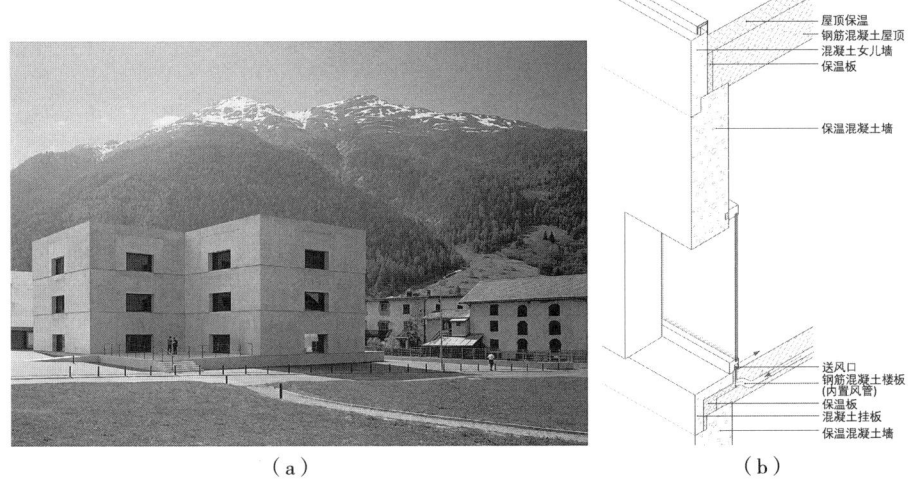

（a）

屋顶保温
钢筋混凝土屋顶
混凝土女儿墙
保温板

保温混凝土墙

送风口
钢筋混凝土楼板
（内置风管）
保温板
混凝土挂板
保温混凝土墙

（b）

图 6-20 瑞士泽尔内斯游客中心保温混凝土外墙构造
（a）游客中心外景；（b）游客中心墙身大样
（图片来源：El Croquis 156 Valerio Olgiati 1996-2011 [M]. Madrid：El Croquis，2015：116. 构造图根据来源资料整理绘制）

夹层保温是一种集成化的预制保温体系。结构保温板（SIP，structural insulation panel）通常以外层木制板材为受力结构，内部的硬质保温填充既提升保温性能，也增强板材的整体刚度。板材可应用于墙体和屋面，通过保温螺栓连接固定，构造相对简单。保温混凝土模板（ICF，insulation concrete forms）的外层为硬质保温板，两层保温板之间以断热构件拉结，布置钢筋后灌入混凝土，形成保温承重一体的围护结构。瑞士建筑师菲力克斯·耶路撒冷（Felix Jerusalem）在埃申茨小镇设计的住宅（Straw House in Eschenz）是运用结构保温板的当代案例。外层 40mm 厚的高压秸秆纤维板用于承重，内层 170mm 的轻质秸秆填充作为保温。结构保温板外覆盖了透明的玻璃纤维波纹板，形成 20mm 的通风间层，疏散内部水汽，防止板材受潮（图 6-21）。

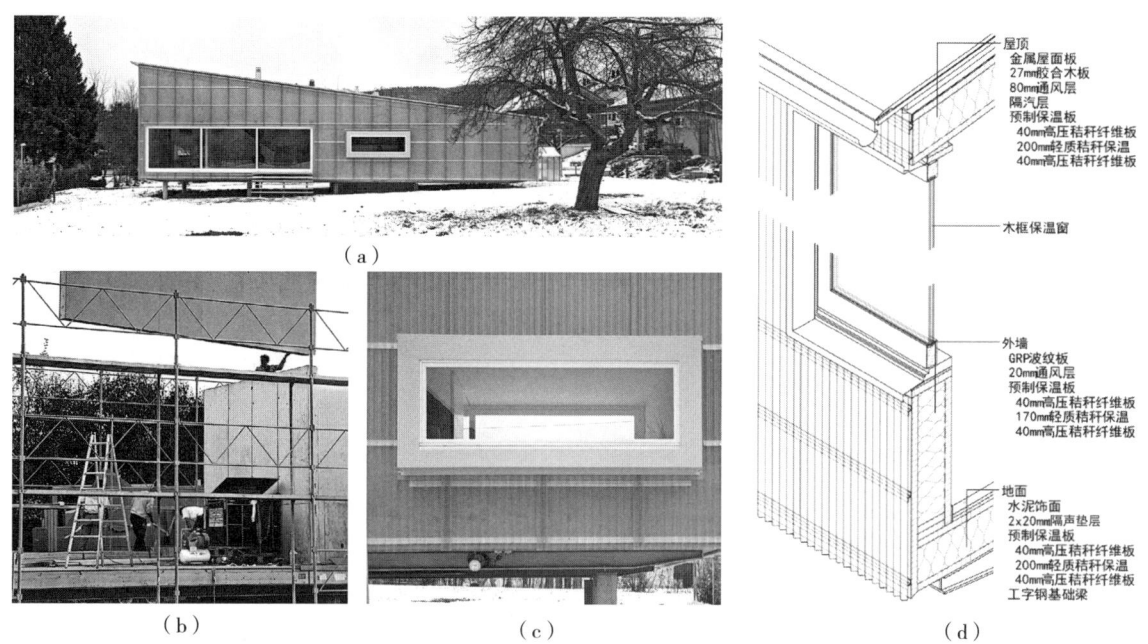

图 6-21　瑞士埃申茨住宅基于秸秆纤维板的结构保温板墙设计
（a）住宅外景；（b）结构保温板安装施工；（c）外墙局部；（d）基于秸秆纤维的结构保温板墙大样
（图片来源：JERUSALEM F. Straw House in Eschenz [J]. DETAIL, 2006（6）: 642-645. 构造图根据来源资料整理绘制）

6.3.1　散热机制与典型构造

1）散热机制

散热是利用外部冷源促进结构散热与室内降温的调控方式，可用冷源包括夜间的天空、浅层地冷、水体植被和自然风。建筑散热一方面是促进由内向外的热流作用，强化散热，另一方面是引入风和冷空气，促进降温（图 6-22）。

利用天空为冷源的散热调控以辐射散热屋顶为典型构造。宇宙空间接近绝对零度，夜间建筑和天空的辐射换热可使建筑有效散热。辐射散热效果与大气透明度相关，当热辐射垂直穿过大气层时，路径最短，穿透率最高，所以屋顶是辐射散热的最优界面。大气湿度越低，水蒸气对热辐射的吸收阻隔越不明显，建筑散热效果越好，因此辐射散热屋顶最适用于干热地区。

利用浅层地冷的散热调控以地下风道为典型构造。大地是稳定的蓄热体，地下 4m 深的土壤接近全年地面的平均温度，而地下 10m 的土壤趋近于恒温。通过建造地下风道，利用土壤和空气的对流换热获得天然冷气，结合

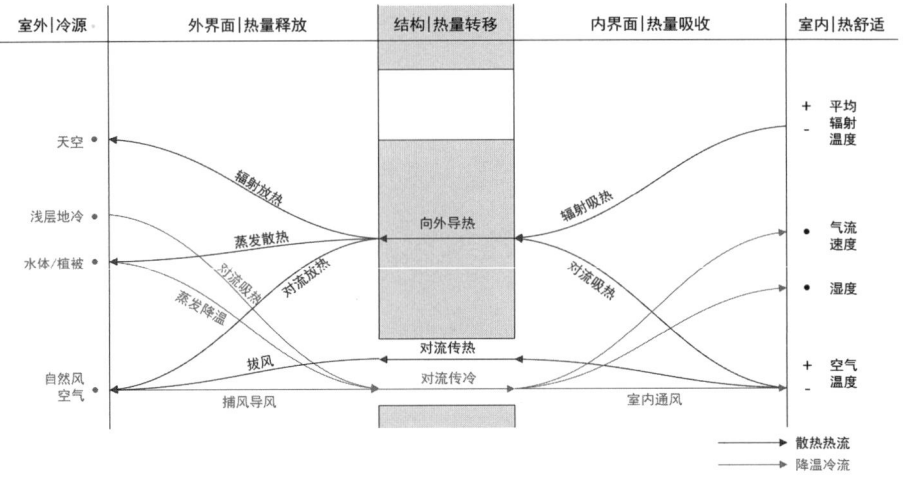

图 6-22 散热调控的热作用机制

自然通风，将冷气送入建筑室内实现有效降温。

　　水体与植被的蒸发过程会吸收热量，冷却环境空气。通过蒸发将冷气送入建筑室内的散热方式称为蒸发直接降温，它在降低室温的同时，也增加了室内湿度。蒸发直接降温以蒸发冷却塔和透风种植墙面为典型构造。蒸发过程同时可以冷却相邻的围护结构，这种方式称为蒸发间接降温，以水池屋顶为典型构造。

　　自然风的引入既可加快结构表面的对流散热，也可促进建筑室内的空气排热，这一过程对应建筑的导风构造，将在 6.4.1 小节具体介绍。

2）辐射散热屋顶

　　辐射散热屋顶的降温效果取决于屋顶材料与屋面形态。屋顶表面材质应抑制太阳辐射吸收，并促进热辐射释放，提高散热效率。因此宜选择太阳得热系数较低、热辐射系数较高的材料，如白色、浅色涂料。屋顶结构的蓄热性不宜过高，避免白天积蓄过多热量。屋面形态决定放热面积，穹顶、拱顶等曲面屋顶相比平屋顶拥有更大的放热面，夜间散热效果好，但同时增加了日间太阳辐射的吸收。研究表明，混凝土拱顶建筑全天室内平均温度可比平屋顶低0.3~0.6℃，而金属拱顶屋顶可使室内温度降低0.5~1.2℃[1]。总体而言，屋顶材质对散热性能影响更大。

　　印度建筑师巴克利希纳·多西（Balkrishna Doshi）致力于将现代混凝土曲面屋顶应用于本土建造，并对屋顶热工性能做出优化。在印度艾哈迈达巴德桑珈学校（Sangath School）中，建筑采用了双层混凝土拱顶，两层混凝土之间填

---

① TANG R, MEIR I A, WU T. Thermal performance of non Air-conditioned buildings with vaulted roofs in comparison with flat Roofs[J]. Building and Environment, 2006, 41（3）: 268–276.

充了当地特有的空心黏土砖，降低结构的蓄热性并增强隔热性能。拱顶表面铺设了白色陶瓷碎片，相比于素混凝土表面，这种方式有效降低了白天的太阳辐射吸收，并保证了夜间的辐射散热，提升了屋面整体的散热性能（图6-23）。

图 6-23　印度艾哈迈达巴德桑珈学校的辐射散热拱顶屋面设计
（a）表面覆白瓷碎片的辐射拱顶；（b）拱顶建造中置入瓶形空心黏土砖；（c）拱顶屋面构造大样
（图片来源：DOSHI B V. Sangath, architect's office and research centre in Ahmedabad [EB/OL]. [2020-08-17]. https：//architexturez.net/doc/az-cf-123738. 构造图根据来源资料整理绘制）

3）地下风道

地下风道的冷却性能与地道的埋深、长度、壁面材料、气流速度等相关。地道越深，土壤温度越稳定，冷却效果越好，考虑建造成本，地道埋深一般为 3~4m[①]。地道长度影响空气的冷却效果，地道内空气冷却先后经历降温和减湿两个过程，因此增加地道长度不仅可以实现降温，也可以对空气除湿。地道的壁面材料对内部空气换热影响较低，但 PVC、PP 等有机管材在潮湿环境下易滋生细菌，污染空气，应避免使用[②]。

设计中受场地限制，线性风道难以获得足够的长度，降温效果受限。一种解决方案是在进风口设置遮阳、庭院等缓冲空间，对室外空气预冷；另一种策略是采用曲折的地道形态延长气流路径，提升降温效果。法国建筑师多米尼克·佩罗（Dominique Perrault）设计的韩国首尔梨花女子大学校园中心（Ewha Campus Center）是在有限场地内通过设置地下风道实现内部降温的典型案例。整个建筑嵌入地形，需通过中部下沉的街道进入建筑内部。建筑两侧挡土界面被设计为竖向的地下风道，外部空气从顶部的风帽进入，在风扇的驱动下，经过层层弯折地道的充分冷却，到达建筑底部新风机房，经过滤处理后，再由竖向风井送入室内。地道外侧为混凝土挡墙，和大地充分换热，内侧为保温砖墙，避免地道热气和送风井内冷气热量交换。地道内每隔 5m 设置了冷凝泄水管，排除冷凝积水（图6-24）。

---

① 　陈晓扬. 建筑设计与自然通风 [M]. 北京：中国电力出版社，2012：65.
② 　KWOK A G, GRONDZIK W T. The green studio handbook：Environmental strategies for schematic Design [M]. Oxford：Architectural Press，2007：164.

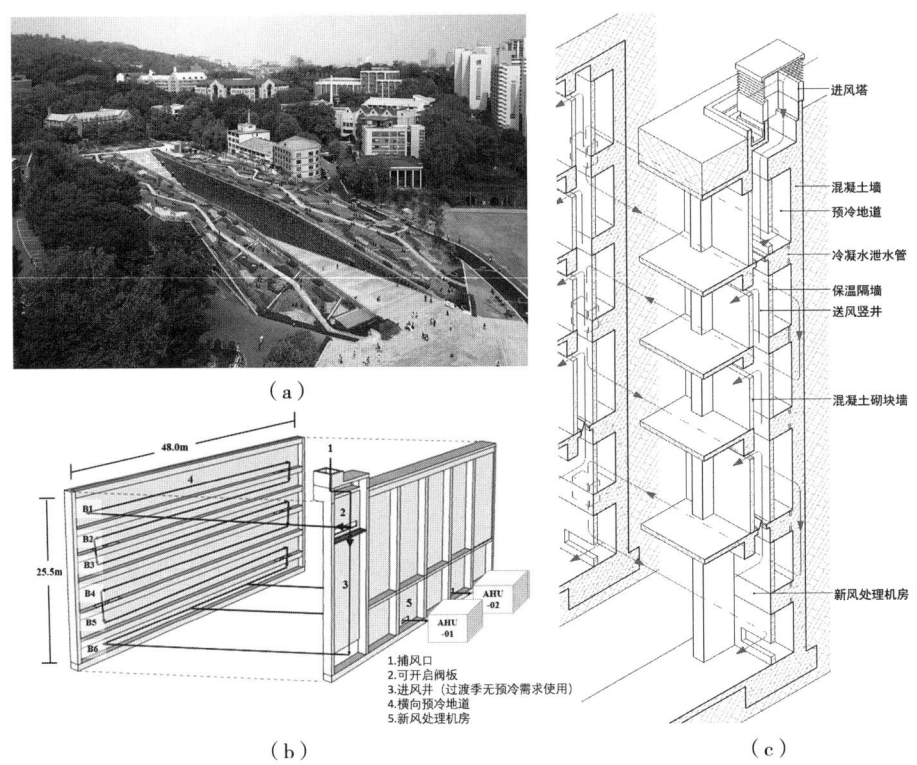

（a）

（b）

（c）

图 6-24　韩国首尔梨花女子大学校园中心的竖向地冷风道设计

（a）校园中心鸟瞰；（b）预冷地道示意图；（c）预冷风道剖面大样

（图片来源：SONG SY, SONG JH, LIM JH. Effectiveness of a thermal labyrinth ventilation system using
geothermal energy: a case study of an educational facility in South Korea [J]. Energy for Sustainable Development
2014（23）：150–164. 构造图根据来源资料整理绘制）

图注（图b）：
1. 捕风口
2. 可开启阀板
3. 进风井（过渡季无预冷需求使用）
4. 横向预冷地道
5. 新风处理机房

图注（图c，右上至下）：进风塔／混凝土墙／预冷地道／冷凝水泄水管／保温隔墙／送风竖井／混凝土砌块墙／新风处理机房

4）蒸发冷却塔

蒸发冷却塔是在风塔内放置水体，通过水体蒸发冷却空气形成下沉气流，利用自然通风将冷气送入室内实现降温。塔体的冷却性能与环境湿度、蒸发水体的形式和空气流量相关。

环境湿度决定了空气降温的潜力，研究表明，在蒸发冷却作用下，空气降温幅度是环境干球温度[①]和湿球温度[②]差值的70%~80%[③]。在相同的干球温度下，环境湿度越高，对应湿球温度也越高，蒸发降温潜力就越低。因此蒸发冷却塔主要适用于干热气候区。

蒸发的水体通常有两种形式。一种是以纤维或多孔材料制成的含水基质，基质在自然风的作用下蒸发冷却，形成下沉冷气流为室内降温，这类冷

[①]　干球温度，即用干球温度计测得的温度，通常又称"气温"，与空气湿度无关。

[②]　湿球温度，指绝热环境中，空气通过蒸发达到饱和状态时对应的环境温度，它是蒸发散热机制下空气所能达到温度的理论最低值，与空气湿度相关。

[③]　FORD B, SCHIANO-PHAN R, VALLEJO J A. The Architecture of Natural Cooling [M]. 2nd ed. London & New York：Routledge，2020：62.

却塔构造简单，多用于单层建筑。另一种是喷淋系统，其释放的水雾在下落过程中蒸发降温，冷却塔内空气，这类构造又称为喷淋冷却塔，塔体较高，多用于多层建筑。

空气流量取决于气流的下沉速度，在被动式冷却塔中，气流的形成主要依赖冷空气的重力作用，流量较低。主动式的喷淋冷却塔通过置入机械风扇，加快空气流动的同时也加速了水雾蒸发，有效提高了冷却塔的降温性能。

米克·皮尔斯设计的澳大利亚墨尔本 CH2 大楼是运用喷淋冷却塔的经典案例。墨尔本气候相对干燥，夏季午后的相对湿度约50%[①]，蒸发冷却具有较大适用性。建筑南向沿街立面设置了 5 个 13m 高的喷淋冷却塔，塔体由白色薄膜围合形成。街道上方的热气从塔顶的环形金属风帽进入塔内，在喷淋水雾的蒸发作用下冷却，形成下沉冷流，通过塔底的金属导风板送至底层空间。喷淋水体温度为 17℃，经蒸发可将塔内空气由 35℃冷却至 21℃。未完全蒸发的水体汇集在底部的集水槽，回收循环利用（图 6-25）。

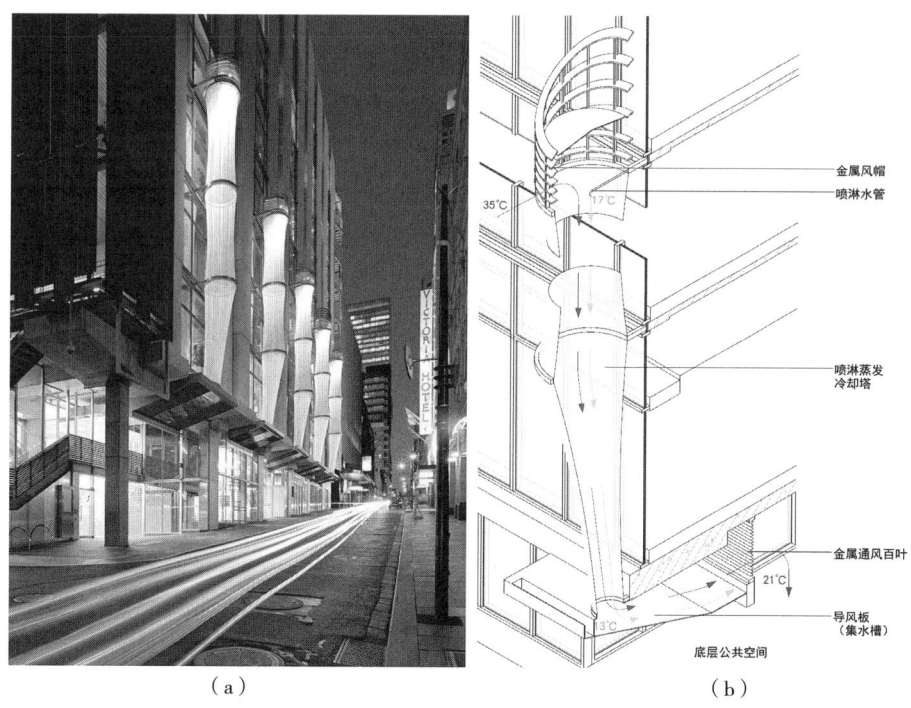

（a） （b）

图 6-25 澳大利亚墨尔本 CH2 大楼南立面喷淋冷却塔
（a）CH2 大楼沿街立面的蒸发冷却塔；（b）蒸发冷却塔构造大样
（图片来源：CH2 Melbourne City Council House 2 / DesignInc [EB/OL].[2020-04-29].https://www.archdaily.com/395131/ch2-melbourne-city-council-house-2-designinc.. 构造图根据来源资料整理绘制）

---

① https://en.wikipedia.org/wiki/Melbourne#Climate

5）透风种植墙面

种植墙面的植被和土壤通过蒸发可降低围护结构与周围环境温度，是促进建筑散热的有效方式。种植墙面根据构造方式，可划分为直接附着式、构件引导式、种植槽式、模块式和整体式。其中，构件引导式和种植槽式可形成透风墙面，利用植被对周围空气的冷却，结合自然通风，促进建筑降温（图6-26）。

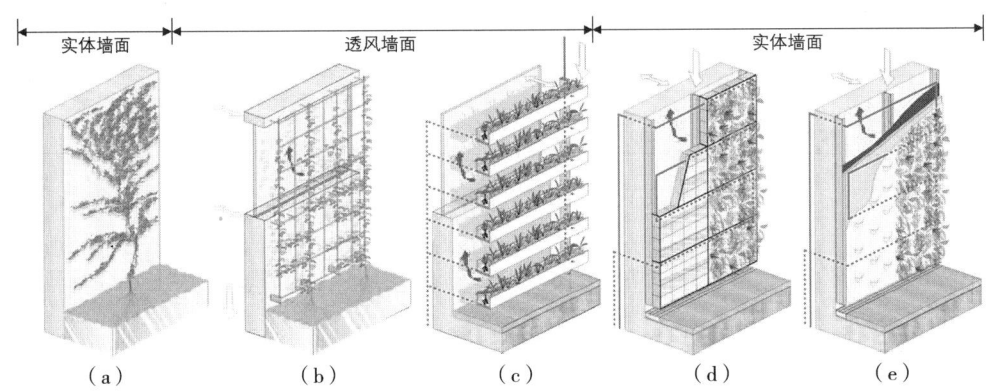

图 6-26 种植墙面常见的构造方式
（a）直接附着式；（b）构件引导式；（c）种植槽式；（d）模块式；（e）整体式
（图片来源：PFOSER N. Living Variety– Techniques for the Application of Facade Planting [J]. DETAIL, 2017（12）：67.）

在设计中，透风种植墙面常与露台、外廊等半室外空间结合，形成气候缓冲区。绿化一般采用落叶性植被，繁茂的枝叶在夏季既可蒸发降温，也能形成有效遮阳，在冬季也不会阻碍建筑采暖。

越南建筑师武重义（Vo Trong Nghia）在胡志明市设计的翠叠宅（Stacking Green）是运用种植槽式透风种植墙面的典型案例。住宅限定在4m面宽、20m进深的狭长基地，为了保护内部隐私，两侧山面均为实墙，横向通风条件受限，因此前后立面均采用了透风种植墙面，最大限度地引入自然风。住宅中段设计了一个贯通空间，利用热压拔风进一步强化室内通风。透风种植墙面由一系列水平混凝土U形槽构成，槽内种植细叶萼距花、旱地莲等植物，通过自动给水系统维系生态，水源来自屋顶收集的雨水。夏季植物和表面刷白的混凝土槽形成了有效遮阳，繁茂的枝叶通过蒸发有效预冷和净化了进入室内的空气，为室内提供了凉爽的自然风（图6-27）。

6）水池屋顶

屋顶是夏季建筑得热最多的界面，水池屋顶通过蒸发可有效促进屋顶散热，避免室内过热，减小空调负荷。

水池屋顶可分为开放式和封闭式。开放式屋顶的水面直接暴露在环境

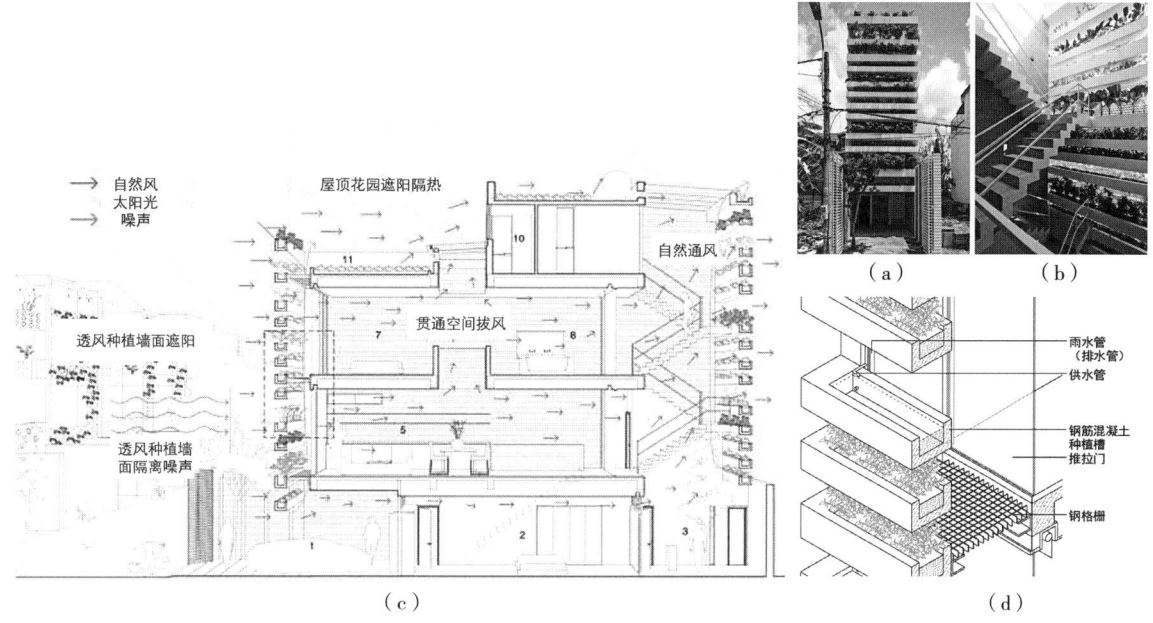

图 6-27　越南胡志明市武重义翠叠宅的透风种植墙面设计
（a）翠叠宅立面；（b）透风种植墙面；（c）翠叠宅纵向剖面；（d）透风种植墙面构造大样
（图片来源：Stacking green / VTN Architects[EB/OL]. [2020-01-20]. https://www.archdaily.com/199755/stacking-green-vo-trong-nghia.
构造图根据来源资料整理绘制）

中，白天水体吸收太阳辐射，部分抵消了蒸发散热的效果。封闭式屋顶在水体表面增设遮阳盖板隔离太阳辐射，遮阳板和水面之间的通风层可维持水体的有效蒸发。封闭式屋顶的另一种形式是在水面设置保温板，抑制外部热量的侵入，水通过管道喷洒在保温板表面，通过蒸发降低板面温度，使整个屋面系统处于较低的温度，避免室内过热（图 6-28）。

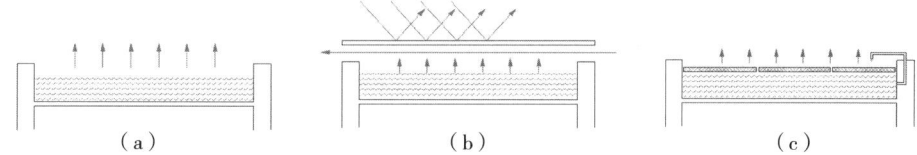

图 6-28　水池屋顶的几种常见类型
（a）开放式水池屋顶；（b）封闭式水池屋顶（遮阳 + 通风）；（c）封闭式水池屋顶（保温 + 喷淋）

在设计中，开放式水池屋顶的构造相对简单，并能够与景观设计结合，具有较大的适用性。苏州大学炳麟图书馆是开放式水池屋顶的典型案例。建筑主楼以莲花为造型，寓意"出淤泥而不染"的品德。为了衬托主楼，裙楼采用开放式水池屋面，形成独特的景观。屋顶水池与屋面结构各自独立，池深平均 70cm，池底和池壁为 80mm 的钢筋混凝土，池体和屋面之间为柔性防水卷材和刚性的细石混凝土防水层，提升屋顶整体的抗渗性能。据实测，

| （a） | （b） | （c） |

 右侧标注（c）：
开放水池
80mm钢筋混凝土底板
40mmC20细石混凝土防水层
3mm纸筋灰隔离层
1.5mm防水卷材
20mm找平层
屋顶结构

图 6-29　苏州大学炳麟图书馆开放水池屋顶
（a）图书馆外观；（b）图书馆裙房屋顶水池；（c）屋顶水池构造大样
（图片来源：张晓峰 . 蓄水屋面隔热构造与节能性能研究——以苏州大学炳麟图书馆为例 [J]. 建筑节能，2008（1）：23—25. 构造图根据来源资料整理绘制）

夏季裙房室内温度较采用普通混凝土屋顶的建筑低 4~5℃ [1]，降温效果显著，池内水体主要来自苏州的夏季降雨（图 6-29）。

6.3.2　隔热机制与典型构造

1）隔热机制

隔热是隔离外部热量摄入，避免室内过热的调控方式。太阳辐射是造成室内过热的主要原因，一方面由透光围护结构直接进入室内，另一方面加热实体围护结构，以导热的方式向室内传热。因此，隔热调控一方面是抑制透光界面的太阳辐射接收，以建筑遮阳为典型构造；另一方面是抑制实体围护的向内导热，以重质隔热围护、种植屋面为典型构造（图 6-30）。

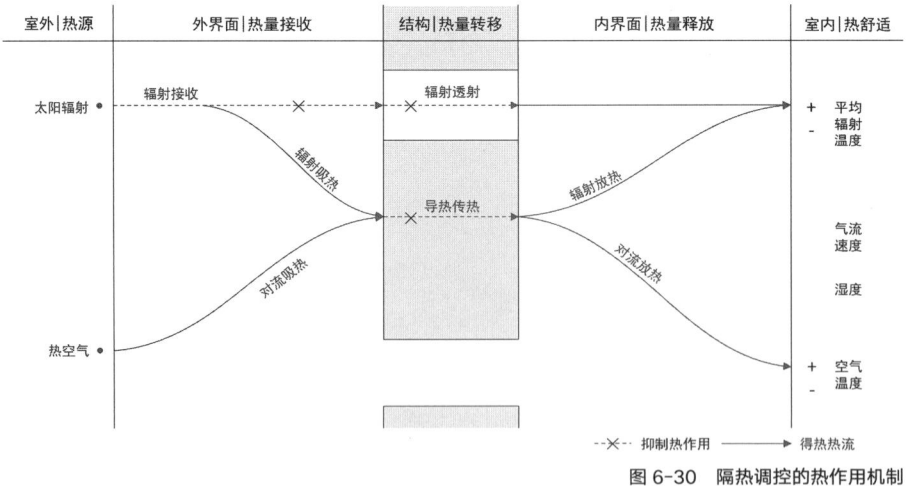

图 6-30　隔热调控的热作用机制

---

[1]　张晓峰 . 蓄水屋面隔热构造与节能性能研究——以苏州大学炳麟图书馆为例 [J]. 建筑节能，2008（1）：24.

2）建筑遮阳

透光界面的建筑遮阳通过在外侧设置遮阳构件，阻断太阳辐射接收，抑制热量的传递。遮阳的隔热效率和构件的几何形态、材料与构造方式相关。

（1）几何形态决定了遮阳构件能否有效覆盖透光界面，阻断直射光线。维克多·奥戈雅提出了一种便捷的遮阳形式判定图示"阴影面罩"（shading mask）。它是以窗台为视点，遮阳构件在天空穹顶的投形图（图6-31）。基于阴影面罩的分析，可以得出不同形式遮阳构件的适用朝向：水平式遮阳利于遮挡入射角度较高的光线，适用于南向窗口以及北回归线以南低纬度地区建筑的北向窗口；竖直式遮阳利于遮挡斜侧射入的太阳光，适用于北、东北、西北向的窗口；网格式遮阳可遮挡斜向入射以及入射角度较高的太阳光，适用于南、东南和西南向的窗口；挡板式遮阳利于遮挡低平的太阳光，适用于东、西向的窗口。

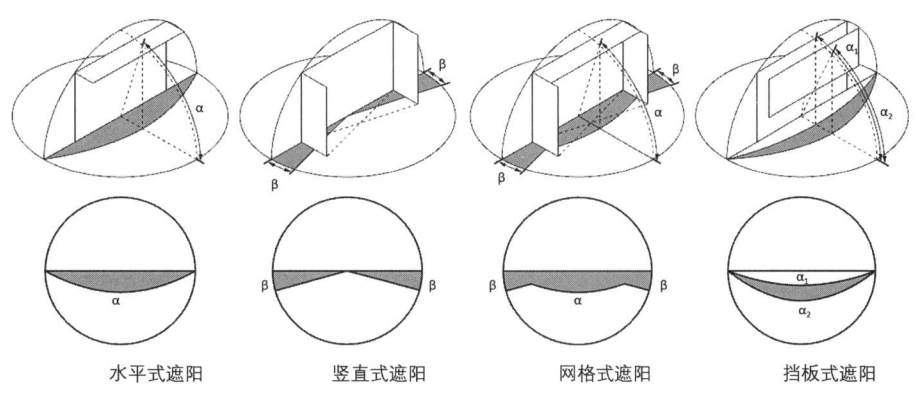

| 水平式遮阳 | 竖直式遮阳 | 网格式遮阳 | 挡板式遮阳 |

图 6-31　不同几何形态遮阳构件的阴影面罩图

（2）遮阳材料影响构件对太阳辐射的吸收。构件的向阳面宜采用浅色材质减少辐射吸收，背阳面则可采用深色材质减少室内眩光。使用蓄热系数低的材料可减少热量的积蓄，在自然通风下也更易于散热。

（3）构造方式影响遮阳构件的散热。在太阳光的照射下，遮阳构件升温并加热周围空气，如果热气无法有效排出，则会造成临窗区域过热。因此，在设计水平遮阳时，遮阳格栅、多孔板相比实体遮阳板更有利于通风散热。若采用实体遮阳板，可在临窗部位设置通风缝，引导热气逸散（图6-32）。

德国建筑师埃克哈德·格伯（Eckhard Gerber）在沙特法赫德国王国家图书馆（King Fahad National Library）中的遮阳设计体现了上述的三个原则。

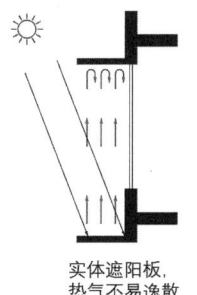

实体遮阳板，
热气不易逸散

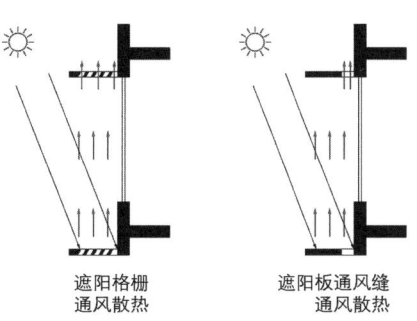

遮阳格栅　　　遮阳板通风缝
通风散热　　　通风散热

图 6-32　构造方式对遮阳散热的影响

设计以阿拉伯人的游牧帐篷为意向，用钢索结构将玻璃纤维帆布张拉成鞍形曲面，彼此穿插交叠、阵列排布，形成了致密多孔的遮阳表皮，太阳辐射穿透率仅为 7%[1]。轻质的柔性织布最大限度减少对辐射热的吸收，织布之间空气自由流通，有效避免了热量积蓄，整个遮阳系统以钢管支架和主体结构点状连接，减少了遮阳构件向内部结构的传热（图 6-33）。

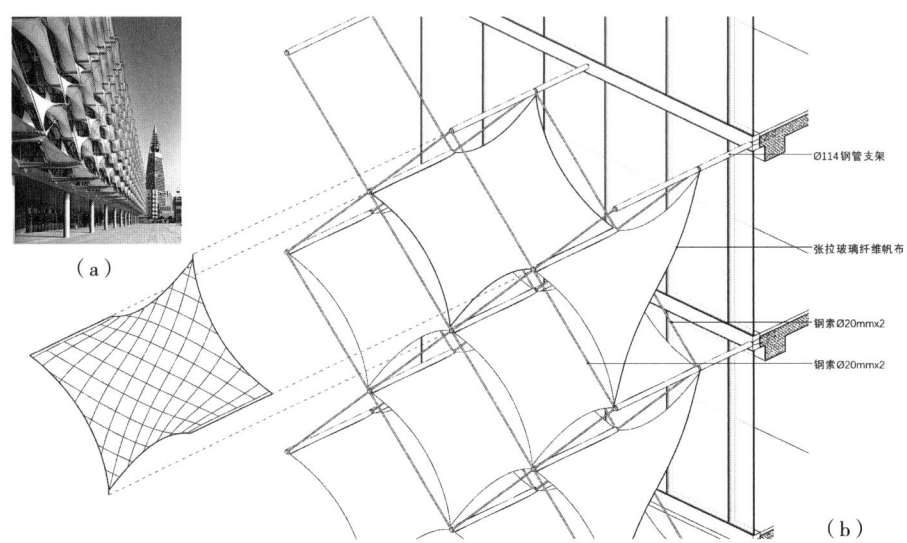

Ø114钢管支架

张拉玻璃纤维帆布

钢索Ø20mmx2

钢索Ø20mmx2

（a）

（b）

图 6-33　沙特法赫德国王国家图书馆立面遮阳细部
（a）图书馆遮阳表皮；（b）遮阳表皮大样
（图片来源：Schittich C. Best of Detail Facades [M]. München：DETAIL, 2015：87-90. 构造图根据来源资料整理绘制）

3）重质隔热围护结构

重质隔热围护结构是利用高蓄热材料积蓄外部热量，抑制热量向室内传递的隔热构造。相比于轻质围护结构，重质围护结构在相同的太阳辐射作用下，升温缓慢，温度峰值更低，更有利于维持室内热环境的稳定。重质隔热围护结构在白天积蓄的热量需要在夜间通过辐射或通风排出，但若夜间环境温度居高不下使结构难以降温，则重质隔热围护结构也无法在白天发挥有效的隔热性能。因此重质隔热围护并不适用于昼夜高温的湿热环境，而适用于昼夜温差较大的干热地区。

重质隔热围护结构的常用材料包括砖、石材、混凝土等，除了使用这些材料建造厚墙，还可以在墙体外侧设置保温，减少热量传入，提升结构整体的隔热性能。围护结构外表面也应当饰以浅色材质，减少太阳辐射吸收。

奥地利建筑师迪特玛·埃伯勒（Dietmar Eberle）和格特·瓦尔登（Gert Walden）在卢斯特瑙（Lustenau）设计的工作室是运用重质隔热围护结构的

---

① SCHITTICH C. Best of Detail：Facades [M]. München：DETAIL，2015：87-90.

典型案例。该建筑是埃伯勒和瓦尔登"2226"系列实验的第一个试点项目，建筑师尝试在没有采暖空调设备的条件下，仅依靠建筑围护结构的环境调节和内部人体、办公设备、照明系统的产热，将室内温度全年维持在 22~26℃之间。为了实现这一目标，围护结构采用了双层砖墙，内层采用 380mm 的实心砖砌成厚墙，外层采用 380mm 的多孔砖作为保温层，内外表面均以白色涂料饰面，墙体总厚度达 800mm，总传热系数约 0.15W/（m² · K）。厚重墙体使建筑内部具有良好的热稳定性。在夏季，深邃的窗洞形成自遮阳，减少太阳辐射。室内温控传感器控制窗扇的开启，保证足够新风的同时避免过量热气进入，将室温维持在 26℃以下。夜间所有窗扇打开，利用自然通风促进结构散热降温。楼板在建筑的隔热中也起到关键作用，建筑室内采用了架空地面和裸露吊顶的方式，使混凝土顶棚与室内空气充分换热，提升室内热环境的稳定性（图 6-34）。

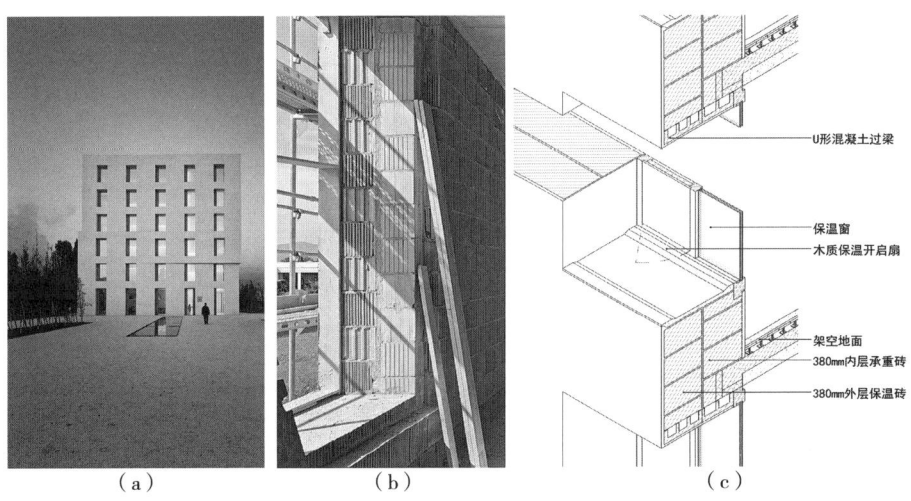

（a）   （b）   （c）

图 6-34 奥地利卢斯特瑙 2226 工作室双层砖墙构造
（a）2226 工作室立面；（b）施工中的双层砖墙；（c）双层砖墙大样
（图片来源：Baumschlager Eberle Architekten. 2226 Lustenau，Austria [EB/OL]. [2020-04-09]. https：//www.baumschlager-eberle.com/en/work/projects/projekte-details/2226-lustenau-1/. 构造图根据来源资料整理绘制）

4）种植屋面

种植屋面是重质隔热围护结构的一种特殊形式，它利用土壤的蓄热性能和植被枝叶的遮阳性能，实现屋顶结构的有效隔热。研究表明，轻质的土层更有利于屋面隔热，因为在相同荷载下，轻质土厚度高，保温性能更好，同时土壤内部的多孔结构利于吸收雨水，通过蒸发促进屋顶的散热降温。当代种植屋面由植被层、土壤层、过滤层、排（蓄）水层、保护层、耐根穿防水层、一般防水层、找平（坡）层、保温层和结构层组成，根据土层厚度差异分为简单式和花园式两种类型，简单式屋面土层厚度一般不超过 150mm，自重轻，表面为地被植物或低矮灌木，通过吸收自然雨水自我维护，并可应用于坡顶屋面，当坡度超过45°时，应设置构件防止土层下滑①。花园式种植屋面土层厚，可种植乔灌木，其生态维护较为复杂。

由于种植屋面构造层次复杂，设计中常采用预培的种植模块，在屋顶保温层、防水层、防护层、排水层、过滤层等基层构造完成后直接铺设，施工灵活并可应对各种复杂形态的屋面。伦佐·皮亚诺设计的美国旧金山加州科学博物馆（California Academy of Sciences）是运用种植屋面的经典案例。场地内三座老建筑被笼罩在一个巨大的屋顶下，内部置入了两个球形体量作为天文馆和热带植物展览馆。屋顶被塑造为起伏的地形，在天文馆和展览馆上方隆起，最大坡度达60°，因此采用了模块化的简单式种植屋面。430mm见方的预植模块（Bio Tray™）包含了76mm的轻质工程土和76mm的植被，底部由用椰壳纤维制成的可生物降解的托盘支撑。约5万个预植模块镶嵌在钢筋笼排水沟编织的7.3m见方的网格单元内，稳固地附着在起伏的屋顶上。整个屋顶包含了近100种适应加州气候的植物，使得屋顶下方的室内空间温度比常规屋顶低约5℃，有效减少了对空调的使用。夏季屋面可吸收98%的雨水量，表面温度比常规屋面低20℃以上，有效缓解了城市的热岛效应②（图6-35）。

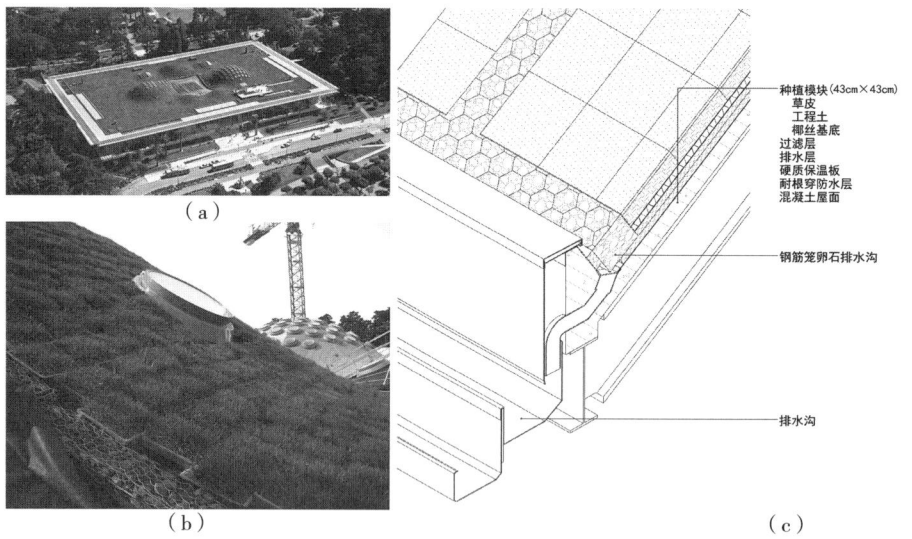

（a）

（b）

（c）

种植模块(43cm×43cm)
草皮
工程土
椰丝基底
过滤层
排水层
硬质保温板
耐根穿刺防水层
混凝土屋面

钢筋笼卵石排水沟

排水沟

图6-35　美国旧金山加州科学博物馆绿色屋顶构造
（a）博物馆鸟瞰；（b）博物馆种植屋顶局部；（c）博物馆种植屋顶大样
（图片来源：California Academy of Sciences / Renzo Piano Building Workshop + Stantec Architecture [EB/OL].
[2020-04-29]. https://www.archdaily.com/6810/california-academy-of-sciences-renzo-piano. 构造图根据来
源资料整理绘制）

①　KÖHLER M. The Quantifiable Advantages of Planted Roofs [J]. Detail, 2011（12）：1438-1446.
②　California Academy of Sciences（CAS）Living Roof [EB/OL]. [2020-04-29]. https://www.greenroofs.com/projects/california-academy-of-sciences-cas-living-roof/.

适宜的通风有利于创造健康卫生的室内环境。根据功能的不同，可将通风分为三种基本类型：①新风通风，用于排除 CO_2 和污染物，保证室内环境健康；②散热通风，促进人体散热，维持身体舒适；③结构通风，即促进结构的散热降温。

新风通风在各种环境下都是必要的，而散热通风和结构通风在不同气候下有不同的需求。炎热气候下，需要强化散热和结构通风，满足身体的热舒适感知，减少空调使用；寒冷气候下，需要抑制散热和结构通风，减少身体的热不舒适，并抑制采暖能耗的增加。由此衍生出建筑风环境调控的两种基本策略：导风与阻风。

6.4.1 导风机制与典型构造

1）导风机制

风是空气压力差引起的气流运动，而气压差的形成源于两种作用：热压与风压。热压是因为室内外温度不同而引起空气密度变化，不同密度的空气在竖直方向上形成不同的压力梯度，从而形成的气压差。当室内温度高于室外时，室内顶部气压高于室外，底部气压低于室外，形成上出下进的气流循环，即为热压通风（图6-36）。室内外温差越大，进出风口高度差越大，热压通风效果越好。太阳能烟囱是热压通风的典型构造。

风压是风经过建筑表面形成的空气压力。风在建筑的迎风面产生正压，在背风面、建筑两侧和屋顶形成负压。当屋顶坡度较大时，迎风坡面可产生正压，但背风坡面仍为负压（图6-37）。

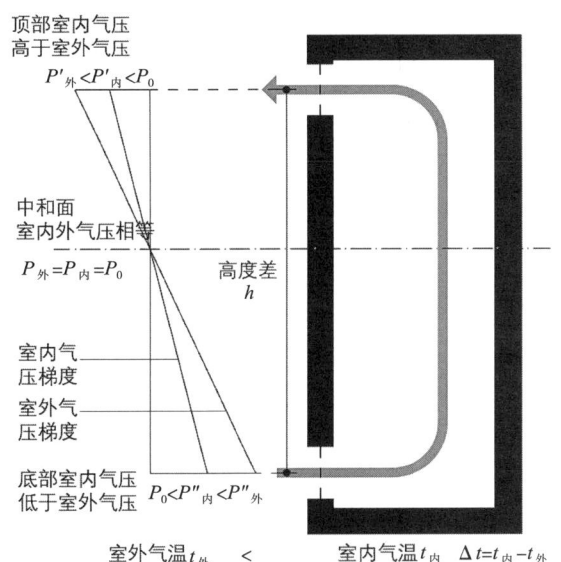

顶部室内气压
高于室外气压

$P'_{外} < P'_{内} < P_0$

中和面
室内外气压相等

$P_{外} = P_{内} = P_0$

室内气压梯度

室外气压梯度

底部室内气压
低于室外气压

$P_0 < P''_{内} < P''_{外}$

高度差 h

室外气温 $t_外$ ＜ 室内气温 $t_内$　$\Delta t = t_内 - t_外$

室内外热压差 $= (P'_内 - P'_外) + (P''_外 - P''_内) \approx 0.043h\Delta t$

图6-36　热压通风机制图解

正压和负压界面设置窗口时，气流就会从正压区流向负压区，形成室内通风，即风压通风。强化窗口界面的正压和负压，增大风压差是促进风压通风的基本策略。风压通风的典型构造包括：捕风窗、捕风塔和导风板。

通风层是促进结构降温通风的典型构造之一，利用风压和热压作用，强化结构表面空气流动，促进结构散热，以通风屋顶为典型构造。

2）太阳能烟囱

太阳能烟囱是利用太阳辐射的热压拔风构造。烟囱的进风口与室内连通，出风口则通向室外。在太阳辐射作用下，烟囱内部空气受热上浮从出风口排出，在进风口形成负压吸入室内空气，强化室内通风的形成。

太阳能烟囱的通风性能与太阳辐射的作用位置以及烟囱高度相关。若仅烟囱顶部接收辐射，则形成的热压较弱，通风效果不佳，烟囱底部接收太阳辐射可使整个腔内空气均受热，提升热压通风效果（图 6-38）。根据这一原理，倒置漏斗式的太阳能烟囱是一种高效拔风的原型构造，底部为扁平的采暖空间，充分接收太阳辐射加热空气，上部为通风空间，增加进出风口的高度差，实现热压的最大化。在设计中，倒置漏斗式的太阳能烟囱一般置于建筑屋顶，利用屋面丰富的太阳辐射资源，促进建筑室内通风（图 6-39）。

西班牙 Harquitectes 建筑事务所对巴塞罗那 Planell 玻璃工厂的改造设计（Civic center Cristalleries Planell）是运用太阳能烟囱的典型案例。该建筑位于逼仄的城市街区，紧凑的环境和遗留的外围砖墙限制了建筑室内的自然通风。巴塞罗那日照充沛，因此建筑师在屋顶设置了 4 个倒置漏斗式的太阳能烟囱，占据屋顶 2/3 的面积，实现太阳辐射的最大化接收。采暖界面为黑色 PVC 吸热薄膜，外层以 ETFE 透明薄膜覆盖，以扁平的姿态应对当地

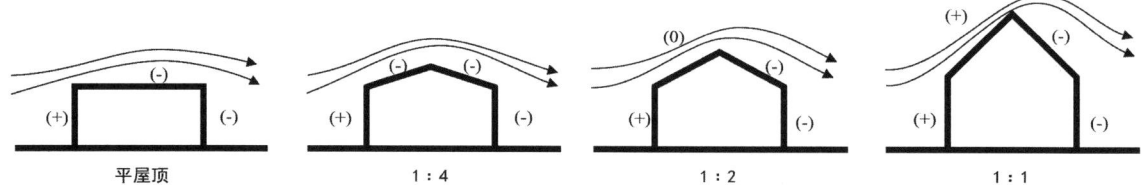

| 平屋顶 | 1:4 | 1:2 | 1:1 |

图 6-37 风流经建筑时各表面的风压分布
（图片来源：刘念雄，秦佑国 . 建筑热环境 [M]. 第 2 版 . 北京：清华大学出版社，2016：118.）

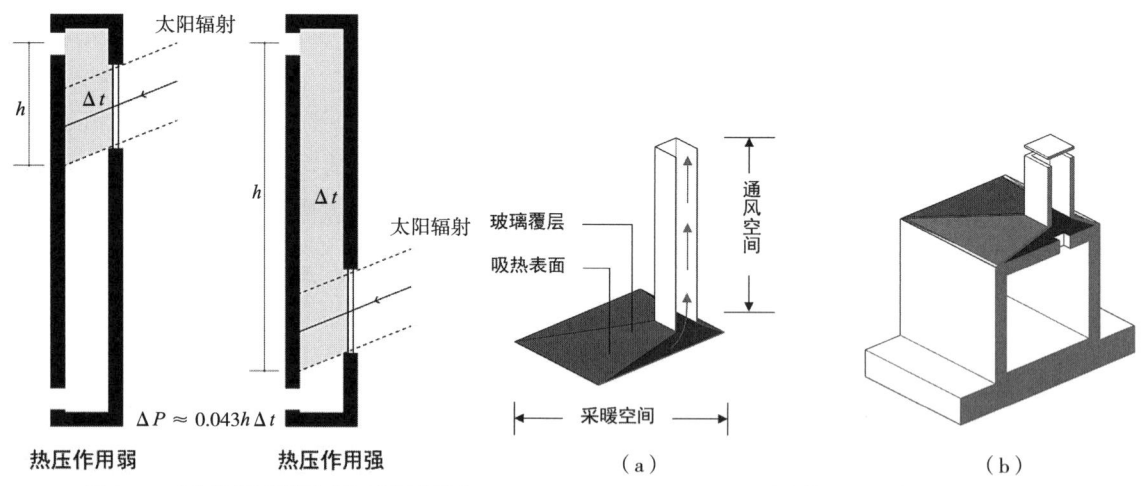

图 6-38 太阳辐射作用位置对热压通风的影响
（图片来源：BAKER N，Steemers K. Energy and Environment in Architecture：A Technical Design Guide[M]. London：E & FN Spon, 2000：57.）

图 6-39 倒置漏斗式的太阳能烟囱原型以及与屋面的设计整合
（a）太阳能烟囱原型；（b）太阳能烟囱与屋面整合

较高的太阳入射角，提升了太阳辐射接收效率。烟囱底部连接贯通建筑的竖向风井，烟囱内部的受热空气从顶部风帽排出，驱动下部房间热压排风（图 6-40）。

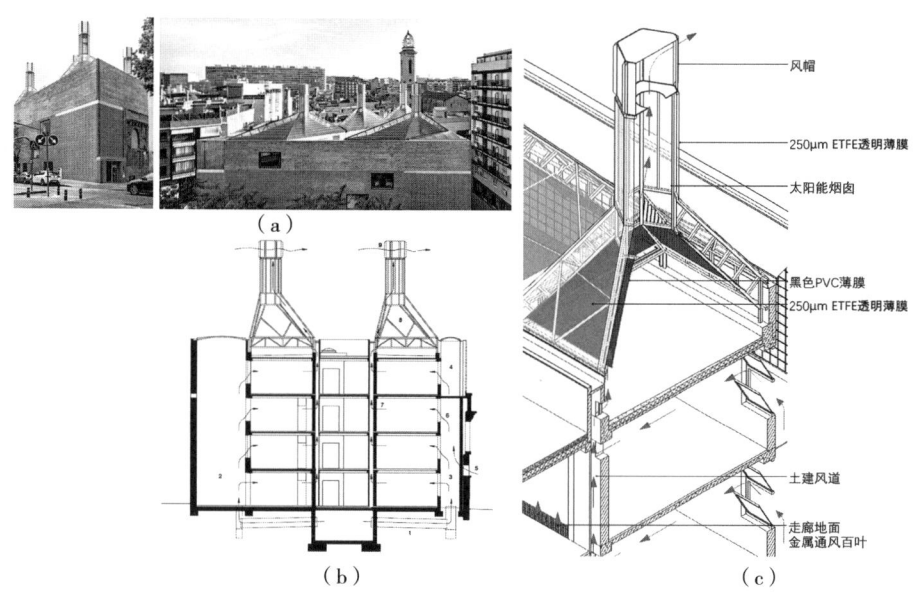

图 6-40　西班牙巴塞罗那 Planell 玻璃工厂市民中心屋顶太阳能烟囱
（a）Planell 玻璃工厂屋顶太阳能烟囱；（b）Planell 玻璃工厂剖面；（c）屋顶太阳能烟囱大样
（图片来源：HARQUITECTES. Cristalleries Planell in Barcelona [J]. DETAIL, 2018（10）: 30–39. 剖面和构造图根据来源资料整理绘制）

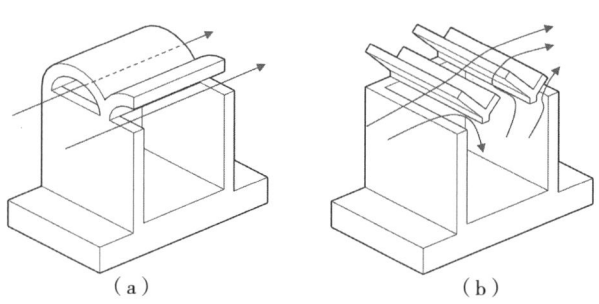

图 6-41　捕风窗的两种常见形式
（a）端部捕风窗；（b）条形通风窗

3）捕风窗

建筑的竖向界面常常因场地条件、室内隐私等各种限制，无法开窗通风，此时屋顶成为促成室内通风的关键界面。通过在屋顶设置捕风窗，强化风的导入和拔出，促进室内通风的形成。捕风窗一方面可设置在屋顶端部，形成贯通的自然风；也可通过屋面翻折，形成条形通风窗，将风导入室内，促进通风排热（图 6-41）。

埃及建筑师哈桑·法赛（Hassan Fathy）延续努比亚地区（Nubian）的砖拱建造传统，结合端部捕风策略，设计了一系列具有地域特征的通风屋顶，新巴里斯集市（New Baris）是其中的典型案例之一。建筑师以连续的砖拱屋顶完成对内部街道空间的覆盖，同时在迎风面形成连续的拱形开口，实现对自然风的捕获。风口位置用黏土砖砌筑成三角格栅筛滤炽烈的阳光与尘土。进入室内的风在竖直墙面的引导下流入内部街道和地下室，在大热质量黏土砖和庭院蒸发冷却的共同作用下，形成凉爽的室内环境。据实测，夏季室内储藏室可获得约 15℃的降温 ① （图 6-42 ）。

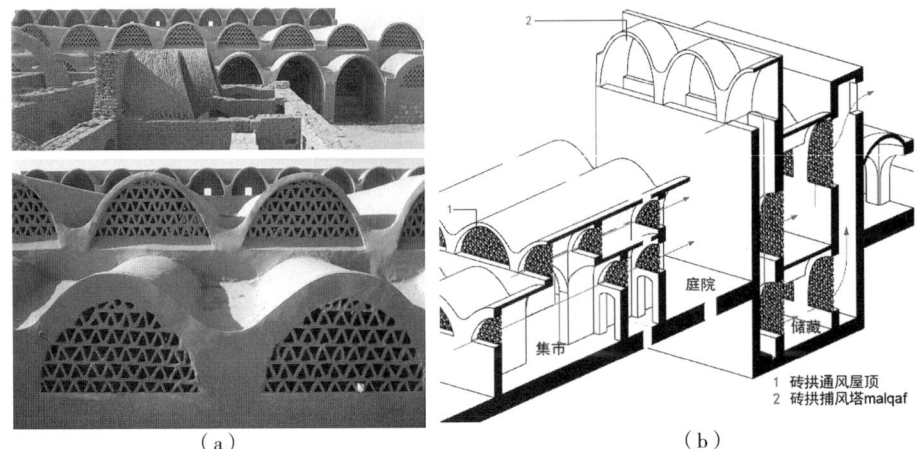

（a）　　　　　　　　　　　　（b）

图 6-42　埃及新巴里斯集市中的连续砖拱屋顶形成的捕风口
（a）新巴里斯集市立面连续捕风开口；（b）新巴里斯集市纵向剖面
（图片来源：New Baris Village [EB/OL]. [2021-01-10]. https：//www.archnet.org/sites/2560. 剖面图根据来源资料整理绘制）

英国建筑师詹姆斯·库比特（James Cubitt）在加纳库马西（Kumasi）设计的工程学院实验楼（Engineering School in KNUST）是采用条形通风窗的典型案例。建筑屋顶由 Y 形梁和平顶组成，平顶通过拉索与 Y 形梁两翼连接固定，两者之间形成通长的侧窗。上翻的屋面加速了屋顶空气流动，强化了侧窗的负压，促进了室内热气的快速排出，新风从建筑侧面流入室内，强化室内通风换气（图 6-43 ）。

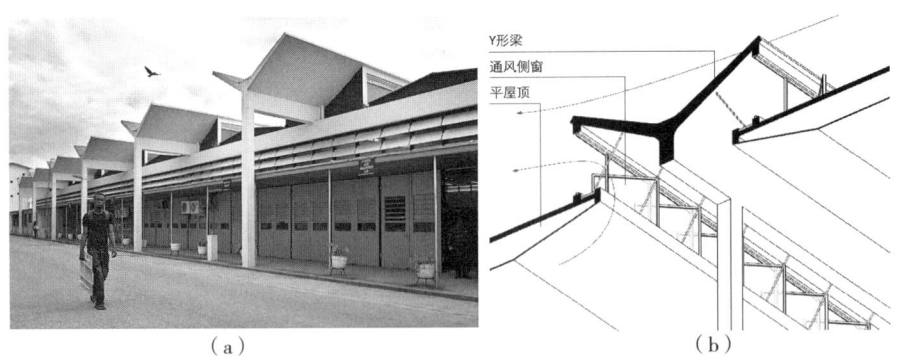

（a）　　　　　　　　　　　　（b）

图 6-43　加纳库马西工程学院库比特实验楼的 Y 形捕风屋顶
（a）工程学院实验楼 Y 形通风屋顶；（b）Y 形通风屋顶局部大样
（图片来源：HERZ M, FOCKETYN H, SCHRÖDER I, et al. African Modernism：The Architecture of Independence：Ghana, Senegal, Côte D'Ivoire, Kenya, Zambia[M]. Switzerland：Park Books, 2015：108. 构造图根据来源资料整理绘制）

---

① 　STEELE J, FATHY H. An Architecture for People：The Complete Works of Hassan Fathy [M]. London：Thames and Hudson, 1997：137.

4）捕风塔

捕风塔是突出屋面，用于捕风、拔风的独立构件。为了应对多变的风向、提升捕风效率，捕风塔一般设置多个不同朝向的风口，塔内被分隔为多个风井，与各向风口相连接。迎风面的开口起捕风作用，将风导入室内，风井内部可设置含水基质，借助蒸发冷却，促进室内降温。侧风向和背风向的风口起拔风作用，促进室内散热。

埃及建筑师卡马尔·卡夫拉维（Kamal El-Kafrawi）设计的卡塔尔大学（Qatar University）是运用捕风塔调节室内环境的经典案例。捕风塔是中东地区传统建筑的重要标识，因此设计以捕风塔为核心展开空间构成。建筑由八边形和正方形两种单元组合而成，八边形为教室单元，正方形为串联教室的交通空间。教室中央上方是一个四面开启的方形捕风塔，内部划分出4个风井，实现对场地各向来风的捕获。风井内部设置了可开启的隔板和沙尘滤网，冬季隔板打开通风换气；夏季由于室外气温过高隔板关闭，内部采用空调降温[1]（图6-44）。

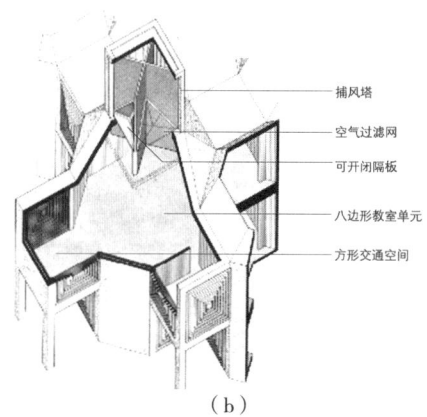

捕风塔
空气过滤网
可开闭隔板
八边形教室单元
方形交通空间

（a）　　　　　　　　　　　　　　　　（b）

图6-44　卡塔尔大学捕风塔通风的教学单元
（a）卡塔尔大学鸟瞰；（b）教室单元捕风塔剖面
（图片来源：Qatar University [EB/OL]. [2021-01-12]. https://www.archnet.org/sites/288.）

5）导风板

导风板是引导气流的构件，通过改变界面和风向的夹角，调节风压强度，促进捕风或拔风。导风板的迎风面呈正压，利于气流的导入；背风面呈负压，利于室内气流的导出。通过导风板的合理设置，可在建筑界面形成有效的进风口和拔风口，促进室内自然通风的形成（图6-45）。

马来西亚建筑师杨经文（Kenneth Yeang）在乔治市（George Town）设计的梅纳拉大厦（Menara UMNO Tower）是利用竖向导风板强化室内通风的典型案例。狭长的场地呈"东北—西南"走向，对应槟城的主导风向，建筑布局顺应了场地的走向，与主导风向平行。依据风向，设计在建筑的东北

---

① 卡塔尔地区冬季室外均温18℃，夏季室外气温可达46℃，且伴有沙尘暴，因此夏季教室主要采用空调降温。KHOSIA R. Technical Review Summary of University of Qatar. 1992.

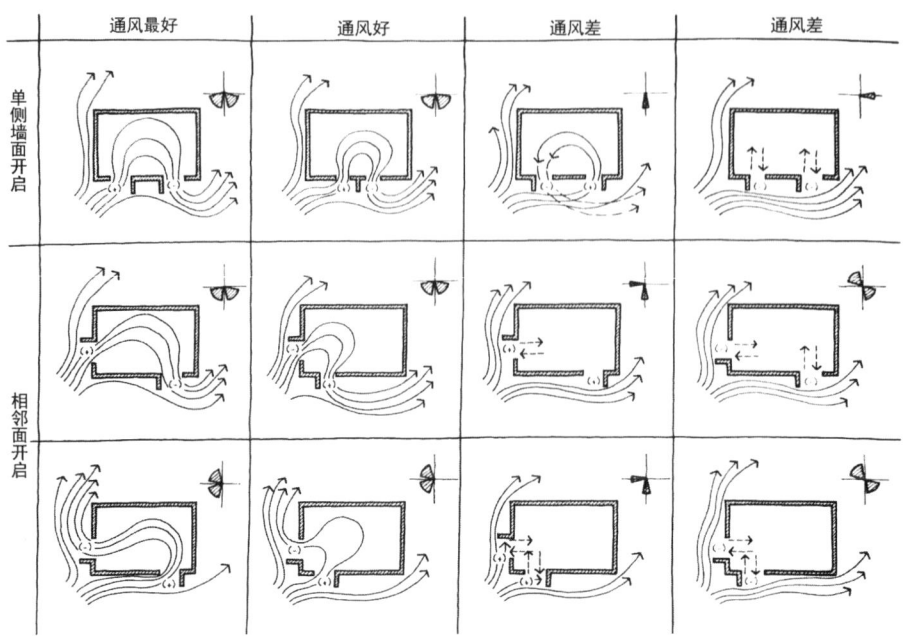

图 6-45　导风板设置对室内通风的影响
（图片来源：G·Z·布朗，马克·德凯.太阳辐射·风·自然光[M].常志刚，刘毅军，朱宏涛，译.北京：
中国建筑工业出版社，2006：184.）

和西南两端分别设计了竖向导风板形成风口袋，将风导入建筑内部。竖向导风板的设置有效提升了进风口的风速，强化了室内的空气流动，促进散热降温。巨大的导风板在这一项目中不仅是一种技术手段，同时也成为建筑的一种外观标识（图 6-46）。

竖向导风板改变风的水平流向，而水平导风板则改变风的竖向分布。适宜的自然风应位于地面上方 1~2m，从人体头顶经过。调节进风口的竖向位置，并设置水平导风板，可在室内形成舒适的通风（图 6-47）。

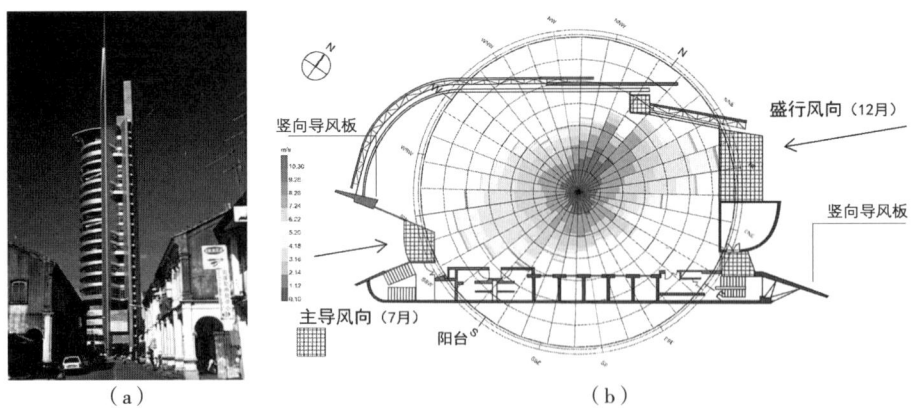

（a）　　　　　　　　　　　　（b）

图 6-46　马来西亚乔治市梅纳拉大厦中的竖向导风板
（a）梅纳拉大厦导风板立面；（b）导风板平面布置与风向关系
（图片来源：Menara UMNO [EB/OL]. [2021-01-29]. https://www.archnet.org/sites/4430. 平面图由作者根据
来源资料整理绘制）

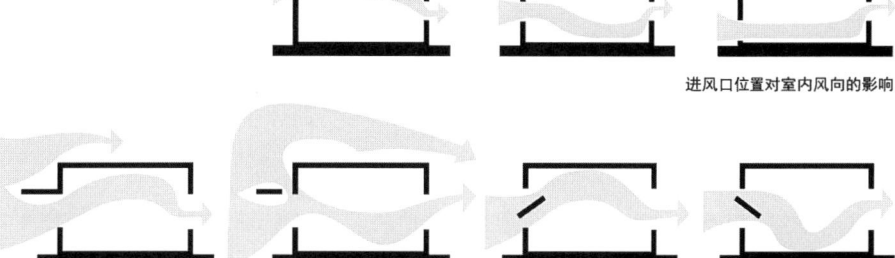

进风口位置对室内风向的影响

进风口构造对室内风向的影响

图 6-47 进风口对室内气流竖向分布的影响
（图片来源：阿尔温·克里尚，尼克·贝克，西莫斯·杨纳斯，等.建筑节能设计手册——气候与建筑 [M].
刘加平，张继良，谭良斌，译.北京：中国建筑工业出版社，2005：116-117.）

　　悬窗是一种典型的水平导风板，通过改变翻转角度，可调节风的竖向分布，满足室内工作生活的不同需求。巴西建筑师保罗·门德斯·达·罗查（Paulo Mendes da Rocha）的设计常采用悬窗，在热带雨林气候中营造空气流通的舒适环境。在巴西圣保罗的达·罗查自宅设计中（Casa Paulo Mendes da Rocha），建筑东、西立面均采用通长的悬窗，同时打开可形成内部穿堂风。不同于一般悬窗的中置转轴，建筑师将转轴置于窗外侧偏上的位置，有效增加了下部通风面积，并减小窗扇开启时对室内空间的占据。悬窗由两片嵌于铁制窗框的玻璃构成，玻璃相互重叠形成窄缝，在窗户关闭时也能引入微风（图 6-48）。

（a）　　　　　　　　　　　　　　　　　　　（b）

图 6-48　巴西圣保罗达·罗查自宅中的悬窗
（a）达·罗查自宅室内；（b）达·罗查自宅悬窗大样
（图片来源：Arquitectura Viva. Mendes da Rocha House, São Paulo – Paulo Mendes da Rocha [EB/OL]. [2021-04-29]. https://arquitecturaviva.com/works/casa-mendes-da-rocha-2. 构造图根据来源资料整理绘制）

6）通风屋顶

　　通风屋顶通过在屋面设置架空层，隔离太阳辐射，同时引入自然风强化屋顶散热。坡屋顶一般利用面层和结构之间的空腔作为通风层，而平屋顶则常采用双层屋顶设计，形成较高的通风层，强化气流导入，促进结构散热。双层屋顶的上层一般采用轻质材料遮阳，屋顶四周可向外延伸形成气候缓冲空间；下层屋顶采用重质材料，负责承重与隔热。通风层的开口应朝向场地主导风向，以利于气流的导入。

布基纳法索建筑师弗朗西斯·克雷（Diébédo Francis Kéré）在其家乡甘多（Gando）完成的系列学校设计中，广泛采用了双层屋顶的设计。上层屋顶采用金属波纹板，通过焊接的钢筋网架支撑，遮阳的同时形成了宽大的檐下阴影空间。下层屋顶为砖砌顶，利用黏土砖的高蓄热性，维持室内热环境的稳定。砖砌顶上设有排气口，利用间层的气流运动带走室内热气。在 2008 年甘多学校的校舍扩建（Gando School Extension）中，下层屋顶采用砖砌拱顶构造，通风层外宽内窄的截面形态类似文丘里管[①]，加快了通风层中段的空气流动，强化屋面散热。砖拱顶通过砌筑变化，形成排风口，将室内热气排出，为当地学生提供清新凉爽的室内学习环境（图 6-49）。

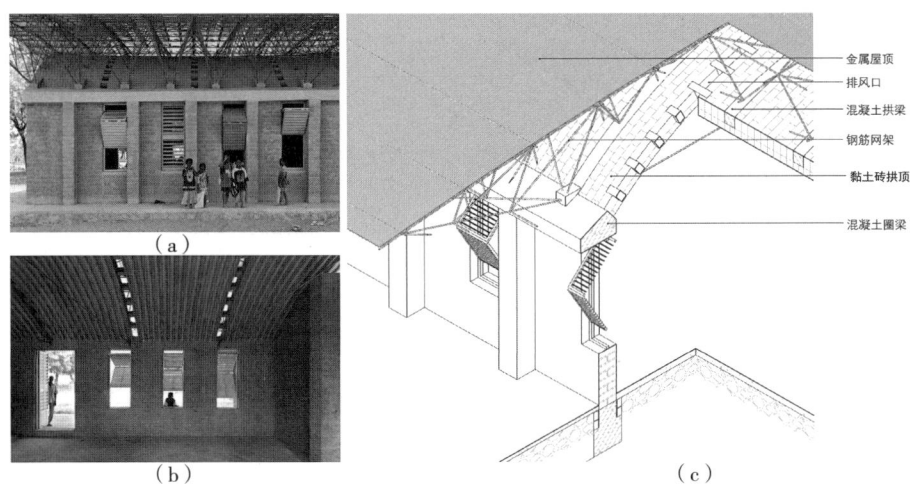

（a）   （c）

（b）

图 6-49　布基纳法索甘多学校扩建校舍的通风屋顶
（a）通风屋顶；（b）室内砖砌排风口；（c）甘多学校扩建通风屋顶大样
（图片来源：School Extension[EB/OL]. [2021-03-29]. https://www.archnet.org/sites/7086. 构造图根据来源资料整理绘制）

6.4.2　阻风机制与典型构造

1）阻风机制

建筑中的阻风包含两个方面：一是抑制结构缝隙中空气渗透的气密性构造，二是围护结构开启界面的防风构造。

空气渗透是在热压和风压共同作用下，结构缝隙中的无组织空气流动。寒冷气候下，冷空气的渗透会影响室内的热舒适性，增加采暖能耗。抑制空

---

① 文丘里管（Venturi tube）是基于文丘里效应（Venturi effect）设计的一种两端大，中间窄的流体管。

气渗透的气密性构造策略是覆层和填缝，前者在围护结构表面整体铺设防风卷材，后者在结构缝隙中使用密封材料封堵，提升节点的气密性。

适宜的通风有利于热舒适，而疾速的寒风则不利于工作和身体健康，需要屏蔽。围护结构开启防风设计的基本原则是设置屏障，阻挡风的侵入，以双层表皮和防风幕帘为典型构造。

2）气密性覆层

气密性覆层利用防风卷材覆盖围护结构表面，实现结构气密性能的整体提升。防风卷材的性能影响围护结构的气密性。早期建筑采用焦油纸作为木板墙体的覆层材料。浸泡在沥青中的纸或毡布贴附墙体表面，提升建筑的防水性和气密性。当代墙体的防风卷材主要采用纺粘型聚乙烯材料，这类卷材气密性好，防水抗撕裂，同时本身透气，不易受潮生霉造成室内空气污染（图 6-50）。

奥地利建筑师马库斯·戈姆（Markus Gohm）和乌尔夫·希斯伯格（Ulf Hiessberger）在达拉斯设计的独户住宅（Single-Family House in Dalaas）采用了防风卷材提升围护结构的气密性。建筑使用胶合木板搭建而成，竖向墙体内部通过 15mm 厚的 OSB 板作为"插销"，实现了对空气渗透的阻隔。屋顶由 24mm 的软木板铺设而成，其表面贴敷了防水的防风卷材，外层使用深灰色的铝扣板作为饰面，增强了屋顶的气密性（图 6-51）。

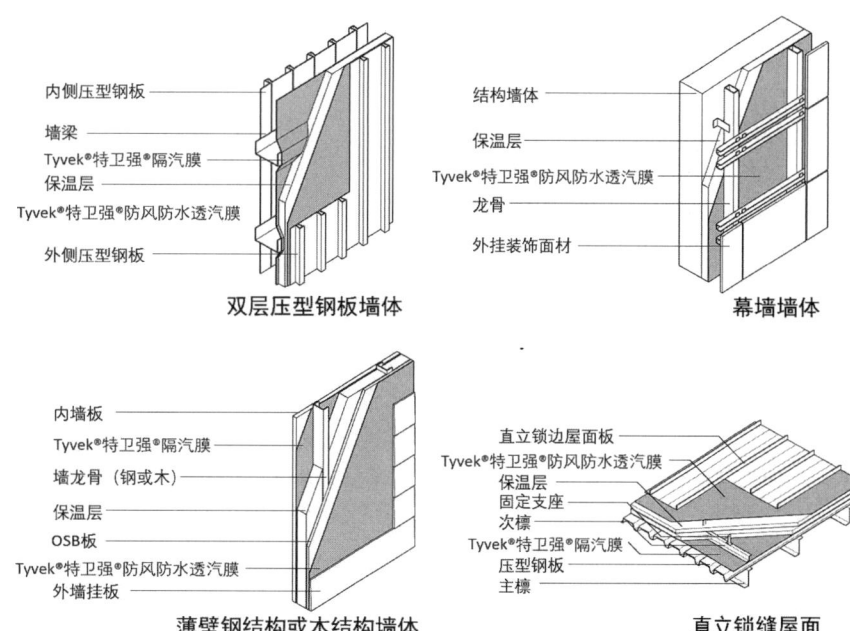

图 6-50 常见外墙和屋顶构造中的防风卷材做法
（图片来源：杜邦™ Tyvek® 特卫强® 防风防水透汽膜手册 2020 [EB/OL]. [2021-04-27]. https://www.dupont.cn/resource-center.html?BU=pbs. 根据资料整理重绘）

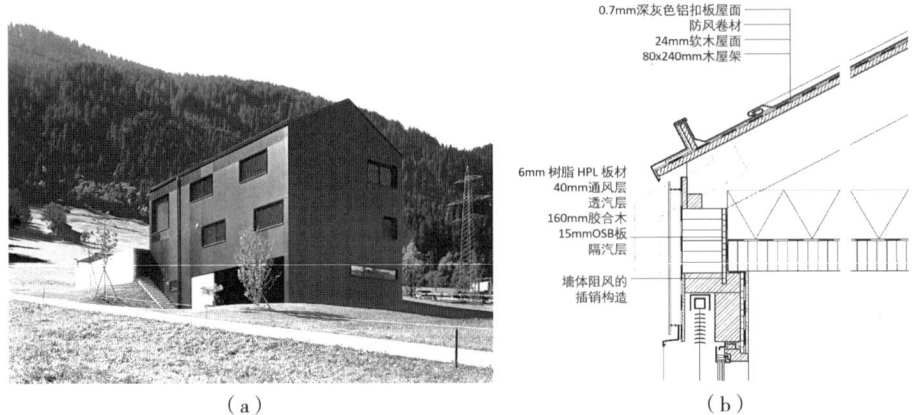

0.7mm深灰色铝扣板屋面
防风卷材
24mm软木屋面
80x240mm木屋架

6mm 树脂 HPL 板材
40mm通风层
透汽层
160mm胶合木
15mmOSB板
隔汽层

墙体阻风的
插销构造

（a）   （b）

图 6-51　奥地利达拉斯独户住宅围护结构的气密性覆层
（a）住宅外景；（b）住宅墙身和屋顶大样
（图片来源：GOHM M，Hiessberger U. Single-Family House in Dalaas[J]. DETAIL 2006（10）：1116-1119.
构造图根据来源资料整理绘制）

3）气密性填缝

气密性填缝是利用弹性材料对围护结构中构件交接的缝隙进行封堵，提升围护结构节点的气密性，多用于装配式建造体系中。根据弹性材料和接缝的位置关系，可将填缝构造分为以下三类（图 6-52）：

（1）填充型填缝。弹性材料在接缝内部，和板块相互挤压实现阻风。板块的接口可采用平口或企口，企口板边通过凸缘与凹槽的扣合，实现更好的气密性能。法国建筑师让·普鲁威（Jean Prouvé）设计的法国克里希市政中心（The "Maison du Peuple" in Clichy）是这类构造的典型代表。建筑的立面采用中空钢铜合金板拼装形成，板材横缘采用企口，竖缘为平口，接缝填充沥青垫片。横向接缝通过上下板材的相互挤压实现密闭，竖向接缝则是通过嵌入金属压条，将垫片挤压固定，实现气密封闭。这类构造的缺点在于板块之间相互挤压，不利于更换维护。

（2）外覆型填缝。弹性材料在接缝外侧，覆盖接缝实现阻风。该构造中，板块先安装在结构框架上，弹性材料固定在板块边缘的卡口上实现覆盖密封，装配单元之间彼此独立，易于更换和维护。缺点是弹性材料完全暴露于室外环境，容易老化。英国建筑师尼古拉斯·格雷姆肖（Nicholas Grimshaw）在英国巴斯（Bath）设计的赫曼·米勒工厂（Herman Miller Factory）是这种填缝方式的典型案例。

（3）内衬型填缝。弹性材料贴附在接缝内侧，闭合接缝实现阻风。该构造中，弹性材料由板材和龙骨挤压固定，形成密封的凹槽。内衬构造有效减少了弹性材料与外部环境的接触，利于延长节点的使用寿命。格雷姆肖在英国奇彭纳姆（Chippenham）设计的赫曼·米勒工厂分销中心（Herman Miller Distribution Centre）便采用了这种构造方式，U 形的气密胶条通过螺栓固定

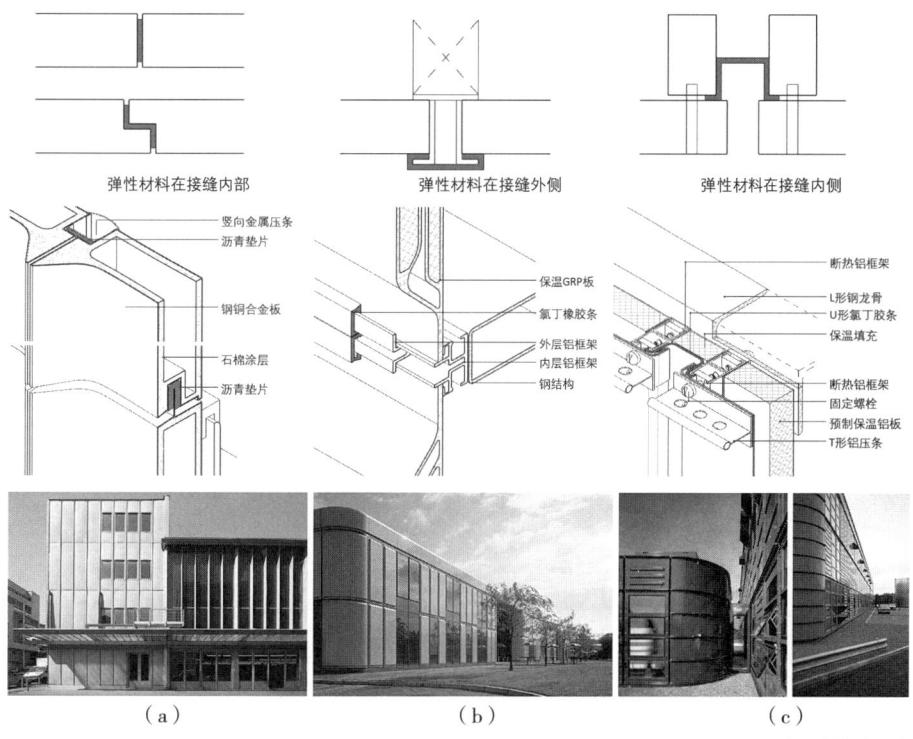

图 6-52　三种填缝构造方式
（a）法国克里希市民中心立面填缝构造；（b）英国巴斯赫曼·米勒工厂填缝构造；
（c）英国奇彭纳姆赫曼·米勒分销中心填缝构造

（图片 a 来源：参考文献 DHANAKOSES K. The work of Jean Prouvé and its influence on contemporary architecture of the late 20th century [EB/OL]. [2022-09-01]. https：//kawindhanakoses.wordpress.com/research/the-work-of-jean-prouve-and-its-influence-on-contemporary-architecture-of-the-20th-century/.
图片 b 来源：Herman Miller Factory：Architectural Systems [EB/OL]. [2022-08-30]. https：//grimshaw.global/projects/gallery/?i=461&p=.图片 c 来源：Herman Miller Chippenham：Cladding System [EB/OL]. [2022-08-30]. https：//grimshaw.global/projects/industrial-design/herman-miller-chippenham-cladding-system/.，
构造图根据来源资料整理绘制）

在预制铝板之间，背后则填充了保温材料，在提升节点气密性的同时也增强了保温性能。

4）双层表皮

双层表皮的原型是箱式窗（box window），通过在原有窗户外侧增加前窗，提升了窗户的防风性能。前窗可设置独立开启扇，使得窗户在整体关闭的状态下也可引入适量空气（图 6-53）。将箱式窗的构造原理拓展至建筑整个立面即形成双层表皮。在西班牙北部沿海的拉科鲁尼亚地区，临海建筑的阳台采用木框玻璃窗进行封闭，外侧玻璃有效减少了海风对室内的侵害，这是双层表皮的早期雏形（图 6-54）。

在当代双层表皮的构造中，外层表皮一般采用单层玻璃，作为防风界面，抑制风的直接流入，同时局部设置进风口，将部分气流导入内部。内层表皮是建筑的气候边界，承担隔热保温的功能，使用双层玻璃，设置开启

图 6-53　箱式窗，外窗设有独立开启扇可部分引入　　　图 6-54　拉科鲁尼亚沿海建筑的玻璃阳台，现代双层
　　　　　新风，捷克布拉格　　　　　　　　　　　　　　　　　　表皮的雏形
（图片来源：KOOLHAAS R. Elements of　　　　　　　（图片来源：DAHL T. Climate and Architecture[M].
Architecture[M]. Köln：Taschen，2018.）　　　　　　　　　　　New York：Routledge，2010.）

扇，引入低速气流，实现室内的通风换气。两层表皮之间是气候缓冲区，通常设有遮阳卷帘。

德国因恩霍芬建筑事务所（Ingenhoven Overdiek und Partner）设计的埃森 RWE 总部塔楼（High-rise RWE AG Essen）是双层表皮的经典案例。为满足高层办公建筑自然通风的需求，设计采用了双层玻璃幕墙，外层表皮为单层玻璃，抵御高空的疾风。各层玻璃交接的位置设计了鱼嘴状的进风口，内部设有 4 个 L 形的导风板，引入外部新风的同时防止雨水侵入。内层表皮为双层隔热玻璃推拉窗，根据室内使用需求可开启引入新风。传统推拉窗气密性较差，为此建筑师采用了外推平移的设计。闭合时，推拉扇与固定扇处同一平面，彼此间由胶条封堵，气密性高；开启时，推拉扇先向外推，再平移开启，这样的开启方式可有效减少密封胶条的磨损。双层玻璃表皮的精密设计实现了高空防风下的可控通风换气（图 6-55）。

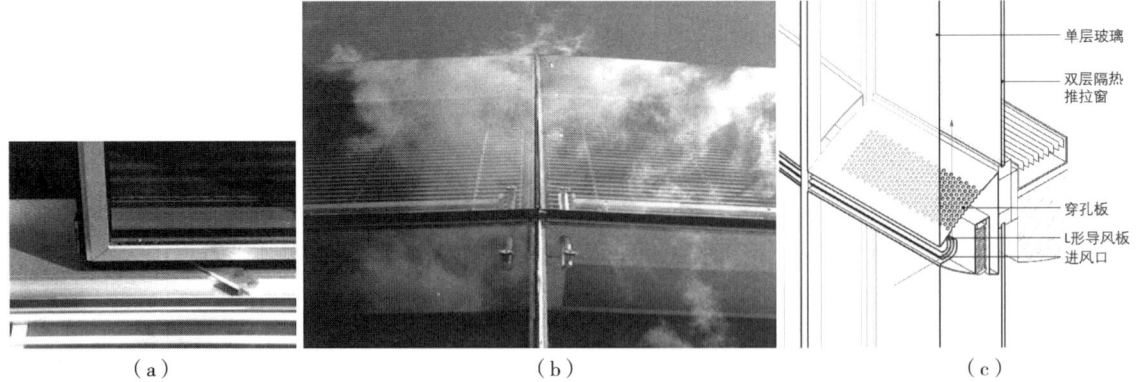

　　　（a）　　　　　　　　　　　（b）　　　　　　　　　　（c）

图 6-55　德国埃森 RWE 塔楼的双层玻璃幕墙构造
（a）外推平移窗；（b）双层玻璃幕墙局部；（c）双层玻璃幕墙大样
（图片来源：BRIEGLEB T. Ingenhoven Overdiek and Partner：High-Rise Rwe Ag Essen [M]. Basel：Birkhauser Publishers, 2000.
图纸根据来源资料整理绘制）

5）防风幕帘

窗帘、门帘是传统建筑中常采用的防风部件。不透风或半透风的织物覆盖门窗，减缓气流侵入的速度，降低风对室内的不利影响。多米尼克·佩罗设计的阿尔比大剧院（Albi Grand Theater）是采用防风幕帘的典型案例。剧场位于阿尔比旧城区的边缘，在三角形的场地中置入一个方形体量的建筑，自然形成两个广场，一个面向历史街区，向城市打开，作为剧场的主要入口，一个则向邻里街区开放。为了强化建筑和城市的关系，并为游客提供一个俯瞰旧城的视点，建筑师将剧场的屋顶设计为第三个广场，作为城市认知的社交空间，在屋顶露台可以眺望到阿尔比著名的圣·塞西勒教堂（Sainte-Cecile Cathedral）。为了抵御高空自然风和炽烈的阳光，建筑外部用细密的金属网编织了一层半透明表皮，实现屋顶广场的阻风和遮阳。红铜色的曲面金属网悬挂于建筑外部，与周围历史街区的砖红色呼应，以轻盈的姿态营造了柔和的风光环境（图 6-56）。

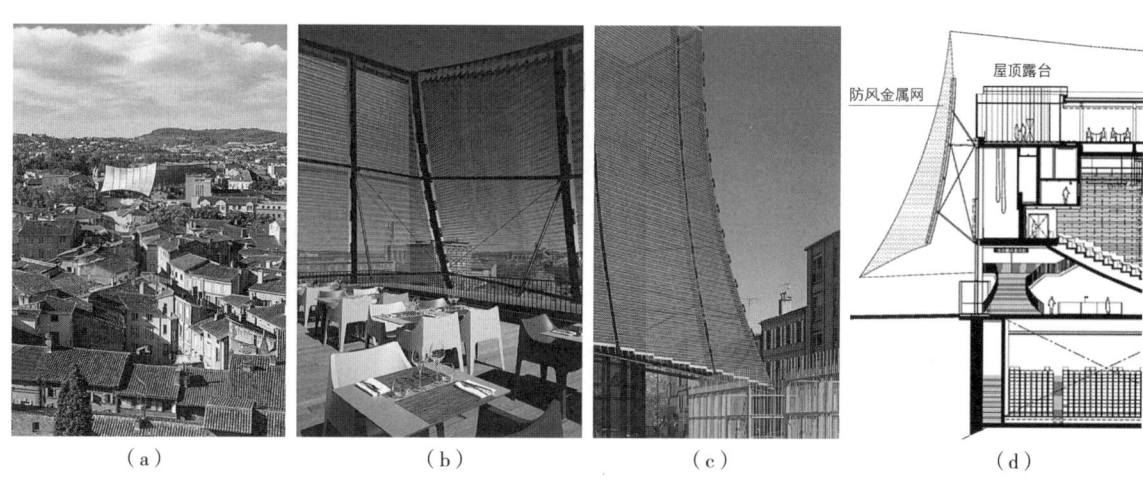

（a）　　　　　　　（b）　　　　　　　（c）　　　　　　　（d）

图 6-56　法国阿尔比大剧院设计中的防风金属网
（a）剧院鸟瞰；（b）屋顶露台望向大教堂；（c）防风金属网；（d）局部剖面
（图片来源：Albi Grand Theater / Dominique Perrault Architecture | ArchDaily [EB/OL]. [2020-04-20]. https://www.archdaily.com/563798/albi-grand-theater-dominique-perrault-architecture?ad_source=search&ad_medium=search_result_all.）

6.5
导光与避光

良好的室内光环境是保证人们进行正常工作、学习、生活的必要条件，它影响着劳动生产效率和视力健康。人眼在天然光下具有更高的视觉功效，有益于身心健康。同时充分利用天然光可减少人工照明能耗，对实现建筑的节能减排有重要意义。因此，天然采光是建筑光环境调控的重要策略。

天然光由太阳直射光、天空漫射光和地面反射光组成。天空漫射光是优质的照明光源，应当充分利用，而直射光和强烈的地面反射光会导致室内眩光，需要遮蔽。然而，直射光所提供的光能远大于漫射光，合理引导直射光也能有效地改善室内光环境，由此衍生出建筑采光的两种基本策略：导光与避光。

6.5.1 导光机制与典型构造

1）导光机制

导光是利用建筑构件表面的反射，将太阳直射光导入房间内部，改善室内照明的天然采光策略。根据建筑导光界面的位置不同，可分为侧向导光和顶部导光。

侧向导光通过设置水平反光面，将天然光反射至室内顶棚，并进一步反射至室内深处。水平反光面可以是室外地面、窗台、导光隔板。其中，地面和窗台反射的光线会经过人眼视线范围造成眩光，设计时应尽量避免；对于半地下或使用高侧窗采光的房间，导入的光线在人眼视线以上，因此可以考虑利用地面和窗台的反光改善室内照明。导光隔板一般设置在视线上方，不仅能够遮挡直射光，消除临窗区的眩光，也能将直射光反射至室内深处，增加采光深度。导光隔板是侧向导光最常采用的构造方式（图 6-57）。

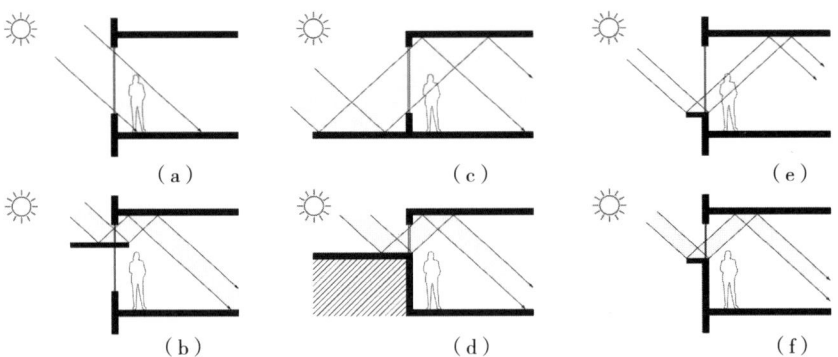

图 6-57　侧向导光方式

（a）无导光设计；（b）导光隔板；（c）地面导光（易眩光）；（d）半地下房间地面导光；（e）窗台导光（易眩光）；（f）高侧窗窗台导光

顶部导光是光线通过天窗的壁面反射、进入室内改善照明的采光方式。顶部导光的效果和天窗形态密切相关，常见天窗形式包括矩形天窗、锯齿天窗、平天窗等。矩形天窗类似于高侧窗，既可利用窗台或屋面增强导光效果，也可在窗外或窗内侧设置反光板，引导光线，提升室内照明。锯齿天窗是连续的高侧窗，竖向侧窗为采光面，内侧斜面为反光面，将外部天然光导入室内。平天窗以水平窗为采光面，天窗的内壁形态影响采光效果，倾斜壁面比竖直壁面形成的光线更加均匀柔和，有利于减少眩光。与竖井整合的天窗称为采光井，井壁的多次反射可将顶部天光传递至空间底部，实现底层空间采光。光导管是构件化的采光井，管内壁高反射材料可最大限度地减少光线传输过程中的光能损失，将天然光传递至室内需要的地方，设计更为灵活（图 6-58）。

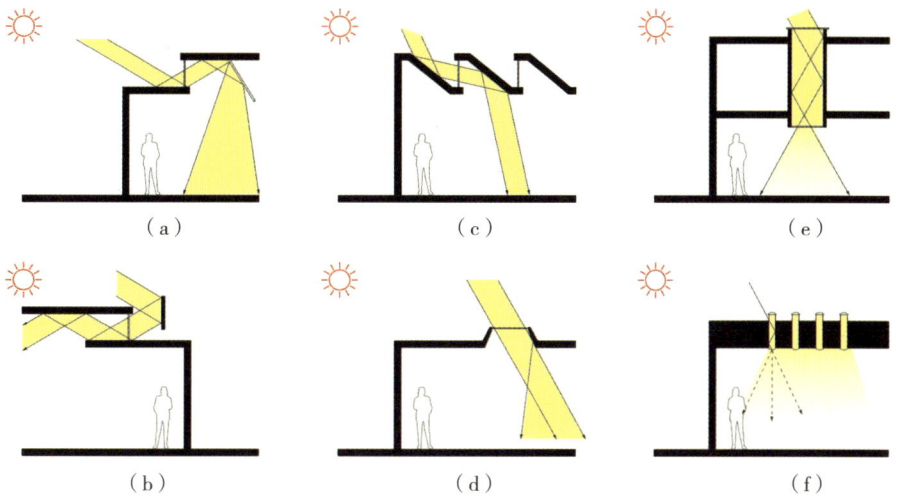

图 6-58 顶部导光方式
（a）矩形天窗 + 室内反光板；（b）矩形天窗 + 室外反光板；（c）锯齿天窗；（d）平天窗；（e）采光井；
（f）光导管

2）导光隔板

导光隔板（light shelves）是强化侧向导光最常用的构造方式，其导光效率与隔板形式和表面材料相关。隔板形式影响反射光线到达室内的深度，向内倾斜的隔板可将天然光导向更深的区域，导光效果更好。导光隔板可位于窗外侧、窗内侧或窗两侧。窗外侧的导光隔板遮阳作用显著，适用夏季需要隔热的炎热气候区；窗内侧的导光隔板遮阳效果微弱，对低平光线有较好的导光作用，更适于寒冷地区；位于窗两侧的导光隔板兼具遮阳和导光性能，适用性更广泛（图 6-59）。导光隔板的表面材料宜采用浅色饰面或抛光金属面层提升反光量，增强导光性能。

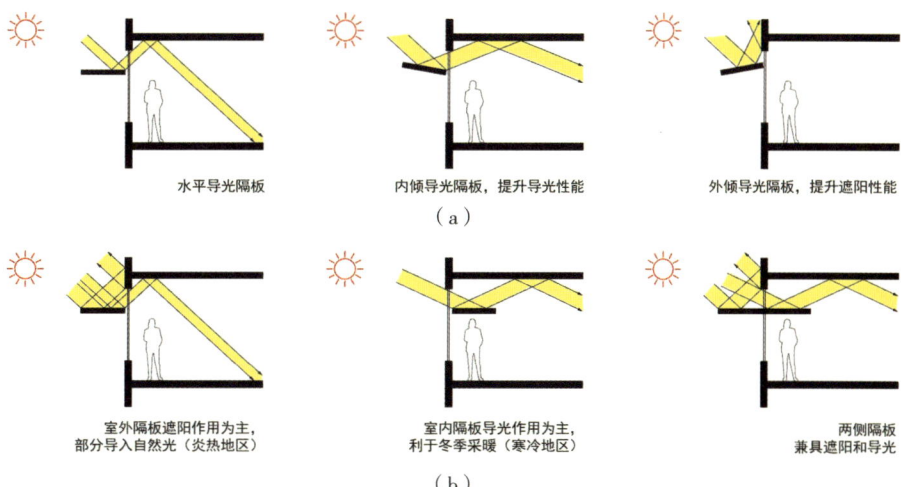

图 6-59 隔板形式设计对导光性能的影响
（a）隔板倾角对导光的影响；（b）隔板位置对导光的影响

181

导光隔板的导光性能还与室内吊顶的设计相关。近窗区的吊顶通过反射，将隔板的反射光导向室内地面，实现室内照度的提升。吊顶宜采用高反射哑光面层，增强反射的同时减少眩光。

位于美国森尼维尔（Sunny Vale）的洛克希德公司大楼（Lockheed Building）是应用导光隔板强化侧向导光的典型案例。建筑采用了"日"字形布局，两个中庭和南北玻璃立面为内部开放的办公区域提供天然采光。南北立面均在离地 2.3m 的位置设置了导光隔板，将 4.6m 层高的玻璃立面划分为上下两段。南面导光隔板向外悬挑 1.2m 形成遮阳，隔板顶部的反射面内倾 30°，将光线以接近平直的角度反射至室内深处；隔板向内延伸 3.7m，将冬季低平的光线导向顶棚。室内顶棚呈 7° 倾斜，将导光隔板反射的光线漫射至整个办公区域。北面导光隔板无室外悬挑部分，内侧隔板将高入射角的天空漫射光反射至室内，提升环境照明。在导光隔板与反光吊顶的共同作用下，建筑实现了13.7m 进深的有效天然采光，节约了大量照明能耗（图 6-60）。

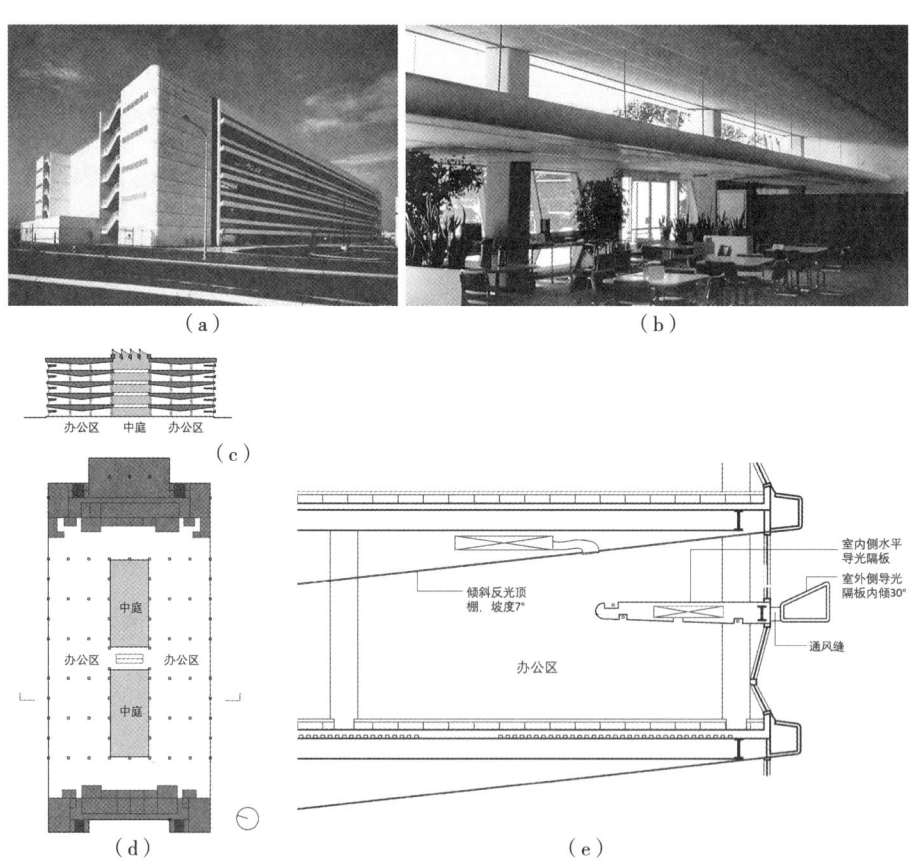

图 6-60　美国森尼维尔洛克希德大楼导光隔板设计
（a）洛克希德大楼南立面；（b）洛克希德大楼室内；（c）剖面图；（d）平面图；（e）南立面剖面大样
（图片 a 来源：LAM W M C. Sunlighting As Formgiver for Architecture[M]. New York：Van Nostrand Reinhold, 1986,
图片 b、c、d、e 来源：BACHMAN L R. Integrated Buildings：The Systems Basis of Architecture[M]. Hoboken：Wiley, 2008.）

3）反光板

反光板是强化天窗采光最常用的导光构件，可设置在室外，提升北侧天窗的采光效果（图6-58b），也可设置在室内，将天窗引入的侧向光线导向室内地面，改善活动区域的照明环境（图6-58a）。

德国柏林国会大厦（Reichstag）是利用反光板引导光线的经典案例。该建筑最早由德国建筑师保罗·瓦洛特（Paul Wallot）设计，在1933-1945年间几经损毁，直到1999年才由英国建筑师诺曼·福斯特完成修缮改造。修缮方案最鲜明的特征是屋顶中央直径40m、高23.5m的玻璃穹顶，其再现了建筑旧时风貌，并以纤细钢拱和夹胶玻璃，构成了一个巨型采光顶，为下方的议会大厅提供充盈的天然采光。福斯特在穹顶中心设计了一个倒置的反光锥体，360片反光镜被安装在框架龙骨上，每扇镜片可单独旋转，将穹顶引入的天光反射至议会大厅的各个角落。镜面在反射光线的同时，也将会议室内的议事场景反射至四周，参观者在环绕穹顶坡道的漫步中，也可身临其境地沉浸在议事氛围之中（图6-61）。

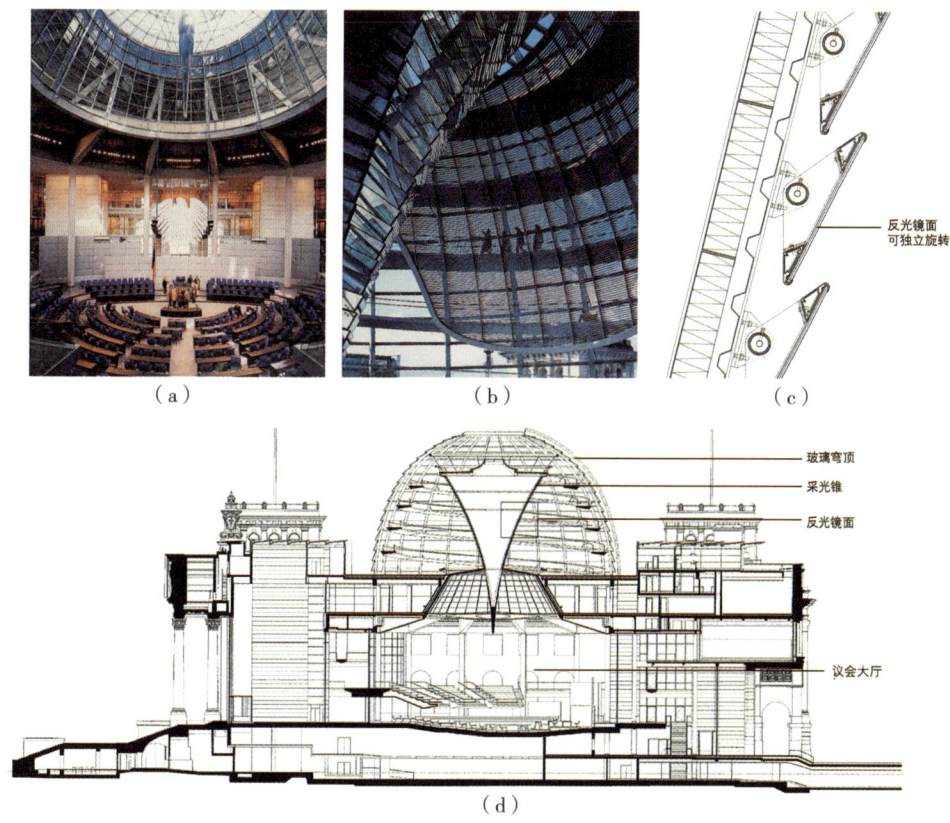

（a）　　　　　　　　　（b）　　　　　　　　　（c）

（d）

图6-61　德国柏林国会大厦中的反光板设计
（a）被天光笼罩的国会议事大厅；（b）360片镜面组成的反光锥体；（c）反光镜面构造大样；
（d）国会大厦东西向剖面
（图片来源：FOSTER N. Rebuilding the Reichstag[M].New York：Overlook Books，2000.）

4）锯齿天窗

锯齿天窗的斜面是天然的反光板，通过外表面和内壁的共同反射，将天然光导入室内活动区域。相比于单一高侧窗，锯齿天窗可形成连续的条形光带，营造的光线更加均匀柔和，尤其适用于大型空间的天然采光。

锯齿天窗的导光性能与天窗朝向、斜面外表材质和内壁构造相关。南向天窗在晴天时可获得较高的室内照度，但朝向天窗和背向天窗区域照度差异较大。北向天窗无直射光进入，室内照度更均匀，但照度均值较低（图 6-62）。天窗斜面外表应采用高反射的材料，提升导光效率。天窗内壁应采用高反射哑光材质，将导入的光线漫射到室内。曲面的内壁形态相比平直斜面，反射光线更加均匀柔和，且能有效避免光线直接射入室内，减少眩光（图 6-63）。

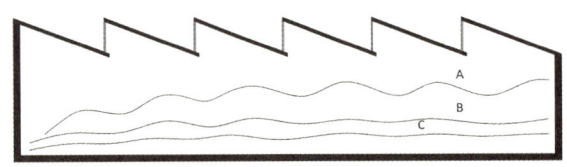

A晴天窗口向阳时室内照度分布；B阴天窗口向阳时室内照度分布；C晴天窗口背阳时室内照度分布

图 6-62　锯齿天窗朝向对采光的影响
（图片来源：刘加平 . 建筑物理 [M]. 4 版 . 北京：中国建筑工业出版社，2009：223）

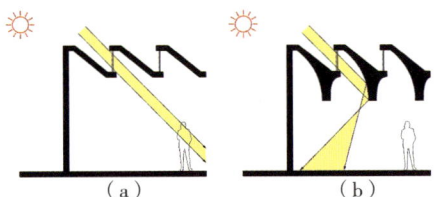

图 6-63　锯齿天窗内壁形态对采光效果的影响
（a）内壁为平直斜面；（b）内壁为曲面

由东南大学设计的位于北京的中国历史研究院大楼运用了多种形式的采光天窗丰富室内的天然采光。建筑西阙报告厅的入口门厅采用了锯齿天窗采光，外部光线经侧窗射入室内，在弧形反光顶棚的漫射作用下，均匀照亮门厅空间。侧窗底部同时设置了水平灯带，在天然采光不足的情况下，灯光开启，通过弧形顶棚的反射照亮室内，形成柔和均匀的室内光环境（图 6-64）。

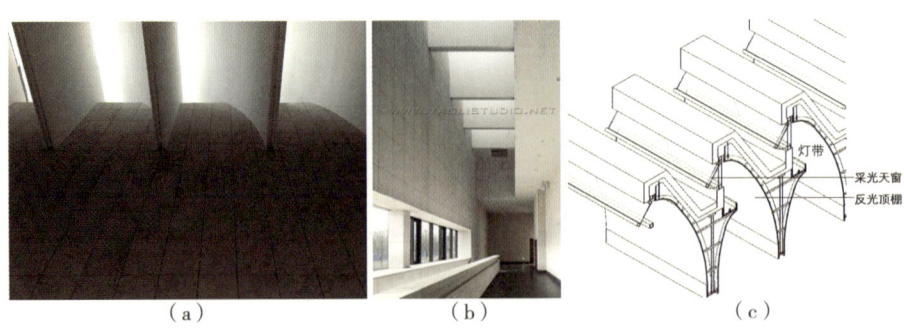

（a）　　　　　　　　（b）　　　　　　　　（c）

图 6-64　中国历史研究院报告厅门厅天窗设计
（a）采光天窗；（b）报告厅门厅；（c）采光天窗大样

5）光导管

光导管是集成化的导光构件，自上而下由采光装置、导光装置和漫射装置构成。采光装置一般为穹形的透明采光罩，通过透射和折射，将外部光线导入导管内部；导光装置即导管本体，管内壁反射率超过99%，减少光线传输损耗；导管底部的漫射装置负责将光线均匀地漫射到室内各处。

清华大学建筑设计研究院设计的北京奥运会跆拳道柔道馆（北京科技大学体育馆）是国内运用光导管实现天然采光的典型案例。建筑主场馆屋顶采用了基于空间网架结构的铝镁锰板屋面，为了引入天然光，建筑师在场馆竞赛区上方屋面设置了148个直径530mm的光导管，引导天然光穿过繁复的屋面结构，在室内形成均质柔和的照明。建筑师设计了防水平板、套筒、防水件和防水胶带等构造，解决光导管与屋面交接及采光帽的防水问题。光导管的底部设置了漫射透镜，将馆内光线均匀地漫射到馆内，使整个空间沐浴在柔和的天然光之中（图6-65）。

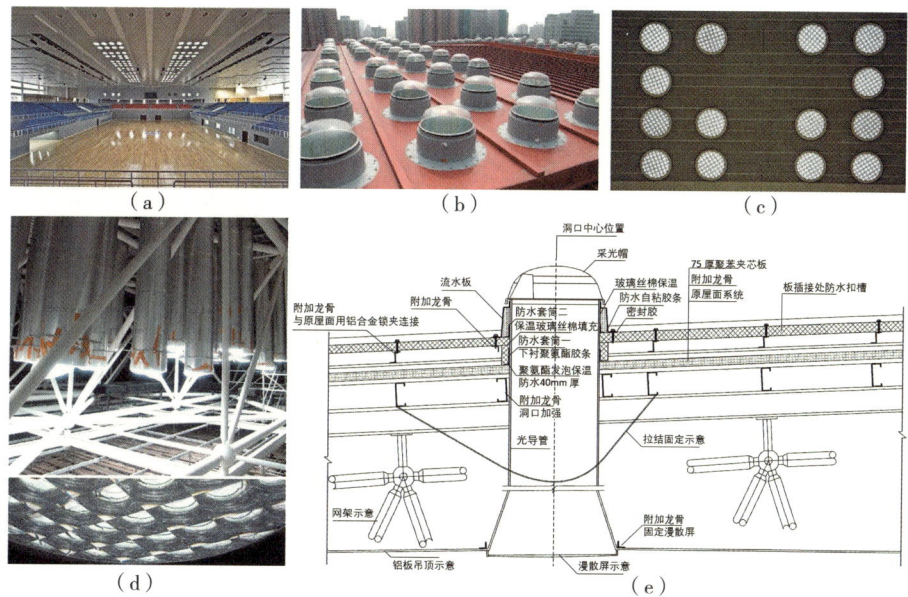

图6-65　北京奥运柔道跆拳道馆光导管设计
（a）柔道跆拳道馆室内；（b）光导管采光帽；（c）光导管漫射屏；（d）光导管；（e）光导管构造大样
（图片a来源：清华大学建筑设计研究院 . 图片b~d来源：庄惟敏，栗铁，任晓东，等 . 2008年北京奥运会柔道跆拳道馆 [J]. 城市环境设计，2010（6）：64–67. 图片e来源：庄惟敏，祁斌，林波荣 . 环境生态导向的建筑复合表皮设计策略 [M]. 北京：中国建筑工业出版社，2014.）

6.5.2　避光机制与典型构造

1）避光机制

避光是利用建筑构件阻断直射光线，消除室内眩光的调控策略。侧向界面一般采用遮阳板阻断直射光，并应避免使用半透明漫射玻璃，顶部界面可在室外设置遮阳板或遮光罩，隔离直射光线，或在透光围护结构内部设置光格栅，过滤直射光并透射漫射光，减少眩光（图 6-66）。

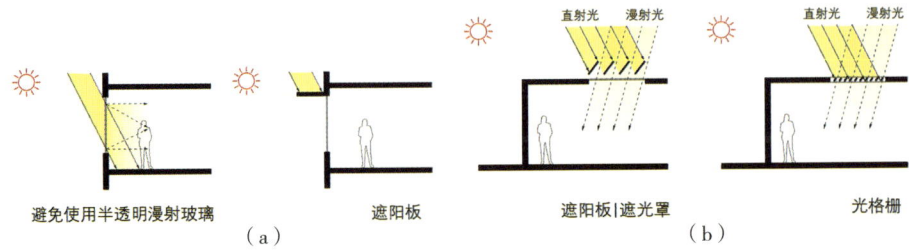

避免使用半透明漫射玻璃 　　　　遮阳板 　　　　遮阳板 | 遮光罩 　　　　光格栅
（a）　　　　　　　　　　　　　　　　　（b）

图 6-66　避光策略
（a）侧向界面避光；（b）顶部界面避光

2）遮阳板

遮阳板是建筑侧向避光的常用构件，通过对直射光线的阻断，避免室内亮度过高导致眩光。水平遮阳板适宜屏蔽高入射角的太阳光线，同时保留部分环境光和景观视线。挡板式遮阳可以屏蔽低入射角的直射光，适用于东西朝向的采光房间，但其对外部光线的阻挡较多，也影响房间的视野。一个有效的策略是设置动态可调的外遮阳板，基于外部光环境的变化和室内使用需求，调节遮阳板水平或竖直的形态，实现有效适度的侧向避光。

托马斯·赫尔佐格设计的位于德国威斯巴登养老金大楼扩建（Extension for the Supplementary Pension Fund of the Building Industry）是采用动态遮阳板避光的典型案例。建筑的南立面设置了一套动态可调的水平遮阳体系，以应对晴天和阴天两种不同的室外光环境。每一组动态遮阳由两个翼形遮阳板构成，其中下翼板为三片错叠的反光铝板，上翼板除反光铝板外还设置了导光铝百叶。上下翼板通过转轴首尾连接，可实现开启和关闭两种形态。晴天时，上翼板直立、下翼板水平，遮阳板呈关闭姿态，最大限度避光。上翼板的导光百叶可将部分天然光反射至内侧铝板吊顶，为室内补充一定的天然采光。阴天时，上下翼板均处水平，呈打开姿态，将外部漫射天光导入室内深处，实现内部均匀的天然采光（图 6-67）。

3）遮光罩

天窗导入的太阳直射光往往强度较高，易形成室内眩光。大面积的玻璃平顶常采用遮阳板避光，而单个天窗则可使用遮光罩（light scoop）筛滤光线。遮光罩的向阳面可采用曲面形态漫反射直射光，背阴面可设置玻璃窗引入天空漫射光，补充室内照明。

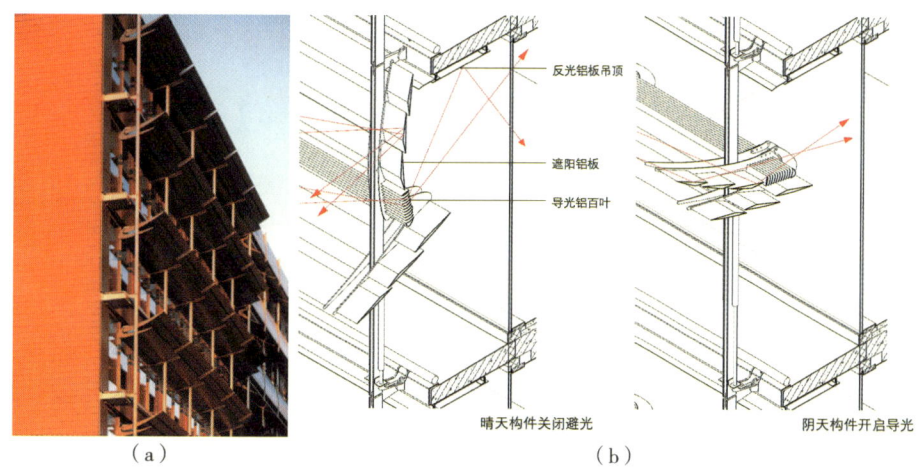

晴天构件关闭避光　　　阴天构件开启导光

图 6-67　德国威斯巴登养老金大楼动态遮阳板设计
（a）动态遮阳板立面；（b）动态遮阳板构造大样
（图片来源：FLAGGE I, HERZOG–LOIBL V, MESEURE A. Thomas Herzog: Architektur + Technologie/Architecture and Technology[M]. Munchen；New York：Prestel Verlag, 2001：140–147. 构造图根据来源资料整理绘制）

标注（图中文字）：反光铝板吊顶　遮阳铝板　导光铝百叶

　　伦佐·皮亚诺设计的美国亚特拉大高等艺术博物馆新馆（High Museum of Art Expansion）是运用遮光罩的经典案例。博物馆老馆由美国建筑师理查德·迈耶（Richard Meier）在 1983 年设计完成，扇形中庭结合漫步坡道构成了一个光影交错的公共空间是老馆的重要特色。在扩建的新馆中，皮亚诺为了延续天光充盈的空间氛围，在建筑屋顶设置了近 1000 个圆形天窗，充分引入天然光，与老馆形成呼应。

　　对于画廊，将天然光引入的同时也必须消除直射光，以减少对画作的损害。对此，皮亚诺用弯曲的铝板制成遮光罩，安装于天窗外侧，开口朝向北方，隔绝了南向炽烈的直射光线。天窗内侧以玻璃纤维增强石膏板（Glass Fiber Reinforced Gypsum，GFRG）塑造成曲面外扩的形态，进一步柔和光线，形成了均质无阴影的室内光环境（图 6-68）。

4）光格栅

　　光格栅是利用材料的表面反射或全反射，过滤特定入射角度光线的避光构造。基于反射原理的光格栅由德国工程师科斯特（H. Köster）提出，通过在玻璃空腔内置入一组表面内凹的三棱反射体实现对光的过滤，夏季高入射角度的光线经二次反射后折回室外，冬季低角度光线经一次反射后进入室内。基于全反射原理的光格栅由德国工程师克里斯托弗（D. Christoffers）提出，以锯齿状的玻璃棱镜为基本形态，高入射角度的光线在棱镜内侧界面发生全反射，被阻断隔离，低入射角的光线可顺利透射棱镜，为室内提供采光（图 6-69）。

　　托马斯·赫尔佐格设计的奥地利林茨设计中心（Design Center Linz）是

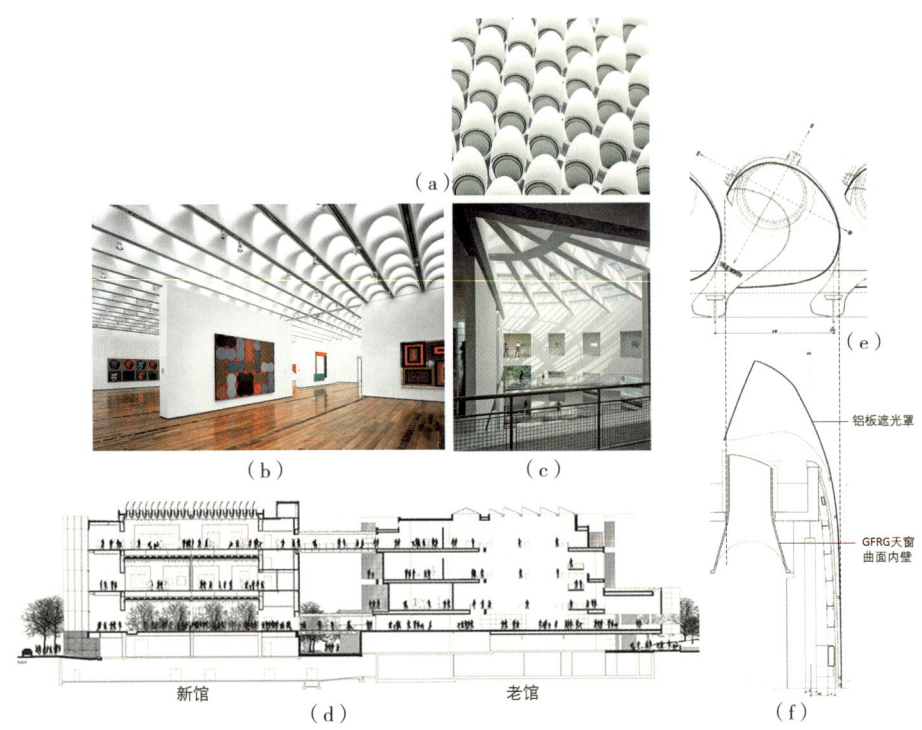

图 6-68　美国亚特兰大高等艺术博物馆扩建项目的遮光罩设计
（a）遮光罩；（b）扩建新馆室内；（c）老馆室内中庭；（d）建筑东西向剖面；（e）遮光罩平面；
（f）遮光罩剖面
（图片来源：Arquitectura Viva. High Museum of Art Expansion, Atlanta – Renzo Piano Building Workshop [EB/
OL]. [2023-04-01]. https：//arquitecturaviva.com/works/ampliacion-del-high-museum-of-art-atlanta-2.）

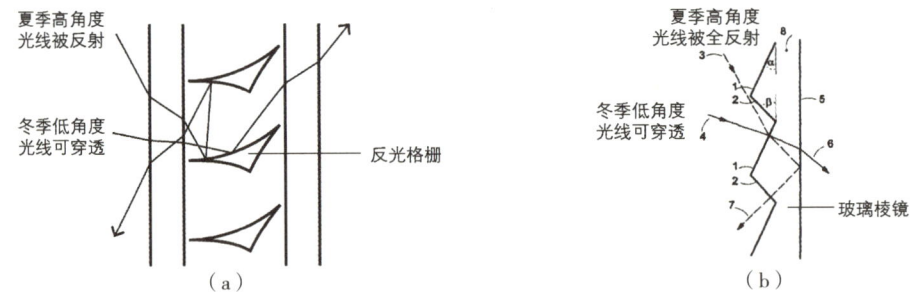

图 6-69　基于两种不同避光机制的光格栅构造
（a）基于反射避光的光格栅；（b）基于全反射避光的玻璃棱镜光格栅

采用光格栅的经典案例。设计希望重现伦敦水晶宫（Crystal Palace）和慕尼黑玻璃宫（Glaspalast）内部光线充盈的明亮氛围，因此采用了全玻璃弧面屋顶。为了避免室内过热和眩光，赫尔佐格和照明设计公司巴滕巴赫（Bartenbach office）共同研发了光格栅系统。该系统由双层玻璃内夹 16mm宽的塑料反射格栅组成，反射格栅表面均为内凹弧面，涂饰反射率为 0.9 的纯铝膜，南面射入的直射光经格栅表面多次反射后被隔离，北面射入的漫射光经反射后可穿过格栅进入室内，实现内部均匀的天然采光。为了实现格栅和光线的精确对应，建筑师通过计算机对玻璃屋顶每个区域反射格栅的走向做了精确定位，2.7m×0.8m的格栅玻璃在工厂完成加工，现场定位安装，保证屋顶避光系统的有效运行（图6-70）。

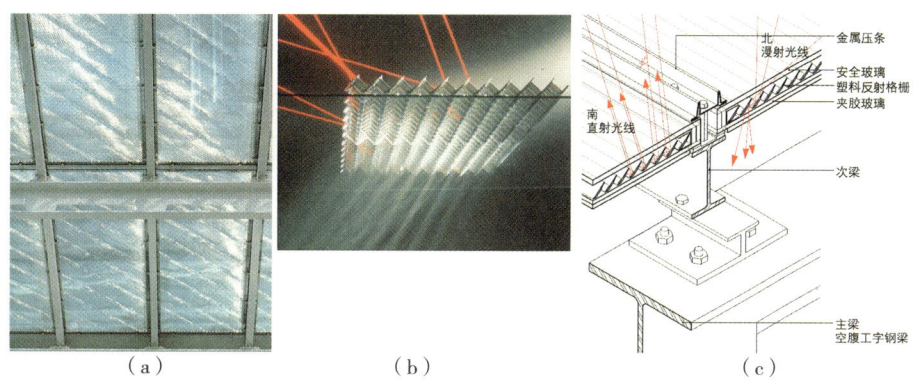

（a）　　　　　　　　　　（b）　　　　　　　　　　（c）

图6-70　奥地利林茨设计中心屋顶的光格栅设计
（a）林茨中心玻璃屋顶；（b）光格栅原理实验图；（c）光格栅大样
（图片来源：HERZOG T, et al. Design Center Linz Thomas Herzog [M]. Ostfildern-Stuttgart: Gerd Hatje, 1995. 构造图根据来源资料整理绘制）

6.6 典型教学案例

6.6.1　运算化设计与数控建造

东南大学2023-2024学年"智能设计与先进建造"方向研究生课程，指导老师：华好，Benjamin Dillenburger

该教学案例是东南大学建筑学院"智能设计与先进建造"方向（无锡国际校区）的"运算化设计与数控建造"（Computational design & Digital Fabrication）研究生专业课程，教学时长8周。

课程围绕性能化建筑表皮的主题，探讨如何灵活利用阳光等环境资源来调节室内温度、采光、视线，研发高效省材的数字制造方式，完成概念原型的建造。该课程尝试采用不同的策略实现功能与形式的统一，从构造、材料、加工工艺多个层面探索新型的表皮系统；利用参数化建模与模拟优化获得合理形式，通过动手实验摸索有效的制造方法，经过设计方案与制造工艺之间的双向反馈逐步达成理想的建构方式。

8周的教学融合了运算化设计与数字制造两种技术方法，从勒·杜克（Viollet-le-Duc）的结构理性主义与弗兰姆普敦（Kenneth Frampton）的建构学（tectonics）理论出发，用数字化方法研究和解决建筑结构、节点构造和物理性能问题，通过多种数字化手段（计算机编程,3D打印，机器人技术等）

制造 1∶1 原型或反映真实细节的缩比模型。数字制造则兼顾几何形式、材料行为、数控设备、建造流程等因素，使建筑更系统化、协同式地实现可持续发展。

典型教学案例 6.6.1

28 名学生分为六个小组进行性能化表皮的设计与建造实验，完成了"再生特朗勃墙（Reborn Trombe）""动态遮阳砌块（Dynamic Shading Bricks）"等概念原型的建造，借助数字化的模拟、生成、优化，探索绿色低碳性能驱动的数字建造方法与建筑解决方案。

运算化设计与数控建造

开展设计与制作的国际建成环境创新实验中心

课程使用机械臂进行3D打印以协同推进设计

1. 再生特朗勃墙 （学生：赵金晶，洪思远，吴宁珊，蒙婧睿，余信润）

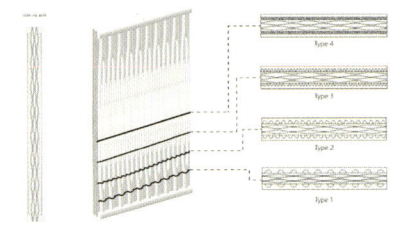

内部蓄热分叉管道构造大样

应用于建筑立面效果图

再生特朗勃墙模型（3D打印）

2. Dynamic Shading Bricks （学生：杨翔宇，沈潇，蒋正达，罗梅龄，徐荣茂）

动态遮阳模块（3D打印）

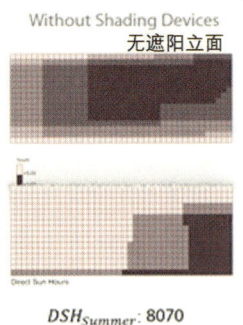

Without Shading Devices
无遮阳立面

DSH_{Summer}: 8070
DSH_{Winter}: 28550

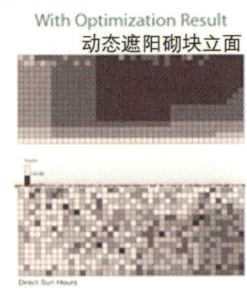

15.5% ↑
13.2% ↓

With Optimization Result
动态遮阳砌块立面

DSH_{Summer}: 6820
DSH_{Winter}: 24760

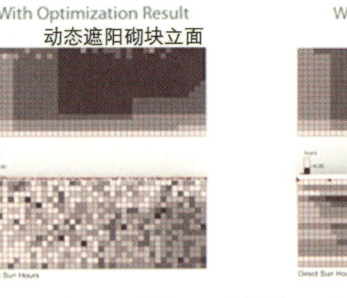

0.05% ↓
119.2% ↑

With Shading Blinds
传统遮阳百叶

DSH_{Summer}: 6780
DSH_{Winter}: 12260

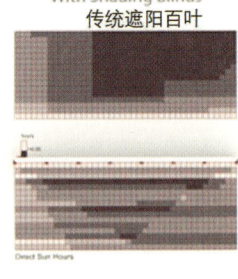

动态遮阳模块表皮的遮阳性能对比

本教学案例详细内容请见建工书院公众号相关推文

6.6.2　华南理工大学亚热带建筑与城市科学全国重点实验室 A 栋南立面遮阳设计

华南理工大学 2018-2019 学年建筑学三年级建筑材料与构造课程作业，指导教师：王静，庄少庞，冷天翔

该教学案例是华南理工大学建筑学院本科生三年级"建筑材料与构造"课程，教学时长为 32 学时。

该课程旨在强化学生对适应地域特征建筑构造设计的学习与研究，引导学生重点关注湿热地区建筑的外表皮防热设计。教学团队以地域为切入点优化建筑构造设计教学，以强调亚热带建筑设计为特色培养学生的可持续建筑设计观念。实际的方法路径包括两个方面：一是地域建筑构造经验的调研学习，如防热、通风等调研分析；二是教学过程中引导学生重点关注湿热地区的建筑外表皮防热构造技术，如"复合表皮""微构造"等技术的学习。

该课程选取亚热带建筑与城市科学全国重点实验室 A 栋（2012 年建成）开展立面改造设计教学。该建筑原有南立面遮阳系统建造后已使用十余年，现存电机设备老化、防雨措施缺乏、与东西立面构造交接生硬等问题。课程以 A 栋南立面为设计对象，课程目标是提供一种适应华南地区湿热气候、标准化、可推广的活动遮阳设施，在兼顾立面造型效果的同时，方便使用者手动操作。

32 学时的课程从"建筑材料、建筑防水、建筑防热、建筑表皮"四个专题展开，专题式教学的目的在于帮助学生建立"了解材料特性→材料组合→构造性能→设计优化"的递进式学习。在掌握建筑构造原理和性能相关知识后，学生将所学有效转化到具体的建筑设计中，提出了"浮动山水"等立面改造设计方案，实现性能、功能、美观整合一体的建筑立面构造系统设计。

6.6.3　延伸思考

（1）3D 打印可以方便地制造各种复杂形体，包括需要兼顾美学与功能的建筑表皮，打破了传统几何限制。但是传统的模块化表皮系统最大限度地降低了生成与维修成本，在我国的实际工程中应该如何处理定制化（3D 打印）与模块化（大工业时代模式）之间的范式冲突？

（2）生物表皮与建筑表皮区别十分明显，前者可以低能耗甚至零能耗地调节内部的光、湿度、热量，但后者需要人为操作或者复杂的"传感—驱动"机制来实现对环境的响应。如何充分利用定制化的 3D 打印工艺、各种新材料实现低能耗、自适应的表皮设计？

（3）性能导向的建筑构造设计，如何同时兼顾标准化、可推广的需求？

华南理工大学亚热带建筑与城市科学全国重点实验室A栋南立面遮阳设计

实验室南立面现状和局部

1. 浮动山水 (学生：曾译萱，陶阳，郭璞若)

效果图

视线分析

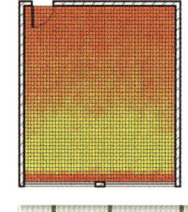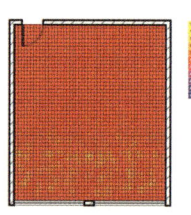

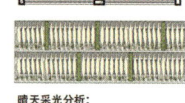

阴天采光分析：
遮阳板垂直墙面，阳光进入室内，室内采光系数高。

多云采光分析：
遮阳板倾斜一定角度，遮蔽一部分光线，室内采光系数适中。

晴天采光分析：
遮阳板平行墙面，遮阳效果最大，室内采光系数较低。

结论：
从以上图表可看出，随着云量的减少，太阳天光的增高，室内采光系降低，遮阳板利用率越高。

采光分析

模型照片

本教学案例详细内容请见建工书院公众号相关推文

典型教学案例 6.6.2

参考文献

［1］ 史蒂西．玻璃结构手册 [M]．任铮钺，等，译．第 2 版．大连：大连理工大学出版社，2011.

［2］ 安德烈·德普拉译斯．建构建筑手册 [M]．任铮钺，袁海贝贝，李群，等，译．大连：大连理工大学出版社，2007.

［3］ TANG R，Meir I A，Wu T. Thermal performance of non Air–conditioned buildings with vaulted roofs in comparison with flat Roofs[J]. Building and Environment，2006，41（3）：268–276.

［4］ 陈晓扬．建筑设计与自然通风 [M]．北京：中国电力出版社，2012.

［5］ KWOK A G，GRONDZIK W T. The green studio handbook：Environmental strategies for schematic Design [M]. Oxford：Architectural Press，2007.

［6］ FORD B，SCHIANO–PHAN R，VALLEJO J A. The Architecture of Natural Cooling [M]. 2nd ed. London & New York：Routledge，2020.

［7］ 刘念雄，秦佑国．建筑热环境 [M]．第 2 版．北京：清华大学出版社，2016.

［8］ BAKER N，STEEMERS K. Energy and Environment in Architecture：A Technical Design Guide[M]. London：E & FN Spon，2000.

［9］ G·Z·布朗，马克·德凯．太阳辐射·风·自然光 [M]．常志刚，刘毅军，朱宏涛，译．北京：中国建筑工业出版社，2006.

［10］ 阿尔温·克里尚，尼克·贝克，西莫斯·杨纳斯，等．建筑节能设计手册—气候与建筑 [M]．刘加平，张继良，谭良斌，译．北京：中国建筑工业出版社，2005.

［11］ KOOLHAAS R. Elements of Architecture[M]. Köln：Taschen，2018.

［12］ 刘加平．建筑物理 [M]．第 4 版．北京：中国建筑工业出版社，2009.

［13］ 庄惟敏，祁斌，林波荣．环境生态导向的建筑复合表皮设计策略 [M]．北京：中国建筑工业出版社，2014.

［14］ M·戴维·埃甘，维克多·欧尔焦伊．建筑照明（原著第二版）[M]．袁樵，译．北京：中国建筑工业出版，2006.

［15］ LECHNER N. Heating，Cooling，Lighting：Sustainable Design Methods for Architects[M]. 4th ed. Hoboken，N.J：John Wiley & Sons，2014.

［16］ 王静，蔡伟明．搭接技术与艺术的桥梁——建筑构造教学探索有感 [J]．华中建筑，2010，28（8）：198–199.

［17］ 庄少庞，王静．适应能力发展，契合地域特点——专题化建筑构造设计教学的思考与实践 [J]．南方建筑，2015（3）：79–83.

［18］ 庄少庞，王静，冷天翔．教学做合一的建筑构造深化学习环境设计探索 [J]．高等建筑教育，2020，29（5）：67–74.

［19］ 东意建筑，亚热带建筑科学国家实验楼 [EB/OL]. http：//www.ateliery.cn/index.php/cms/article?id=23.

第 7 章

主被动结合的集成式建筑设计

主被动结合的集成式建筑设计的前提是要能够理解建筑本身是由一整套贮存能量、产生能量与控制能量的子系统结构构成的整个环境调控系统。主动式环境调控系统与被动式环境调控系统共同构成了建筑的这两个重要的子系统。以"被动优先，主动优化"为设计原则，通过两个子系统之间的协作、互补与调节等手段，实现建筑对环境的积极适应是本章重点的思想。

本章介绍了主、被动式环境调控系统及技术方法，并结合分布式可再生能源系统，如光伏建筑一体化（Building Integrated Photovoltaic, BIPV），探讨如何通过整合太阳能产能构件系统来提高建筑产能效率。此外，能量与物质的循环利用也是主被动结合设计的重要组成部分，包括能量循环中的热回收和热交换技术，以及建筑材料的再循环利用以实现建筑能量的利用。通过传感技术、智能管控和用户交互，建筑系统能够实现更优质的能源利用和环境控制。本章最后将结合 2 个具体设计案例，讲解主被动结合的集成式建筑设计的实施策略与教学成果，作为学习参照。

7.1 环境调控系统集成

7.1.1 被动式与主动式环境调控系统

1）被动式环境调控系统

被动式环境调控是一种回归空间范式的环境调控方式，无需依赖额外的耗能机械设备。通过合理的空间组织和体形构造设计，凭借建筑的空间形态和建造体系，便能够实现对室内外环境舒适度、能耗与碳排放的有效调控。这种调控系统通过结合气候适应性建筑体形设计、能量理性的空间形态设计、环境交互的气候界面设计以及以性能为导向的建筑构造设计，形成能够自我调节、适应外界环境差异的建筑体系。满足这些设计要点的建筑即被视为具备被动式环境调控系统。本教材前述章节已经详细介绍了被动式设计策略的具体要点。

被动式环境调控系统旨在最大限度地利用自然能量，其调节后的环境会受到外部气候的影响，如图 7-1 所示。第一能量环境是由自然环境提供的风能、光能和热能构成的外部能量系统。第一调控系统由建筑界面、体形以及空间共同构建，通过建筑形式和热调控机制，产生被调节过的气候，形成第一受控环境。这一环境包括室内空间、廊下灰空间及建筑周边环境，并作为第二能量环境对建筑使用者产生影响。使用者通过自身的生物调节机制调控身体内部的热环境，人体反应系统作为第二调控系统，影响着第二受控环境，即使用者的行为与活动。人体反应系统还包括主动改善周围环境的能力，例如在温度上升时打开窗户或在温度下降时关闭窗户。同时，第二调控系统对第一调控系统存在负反馈机制。

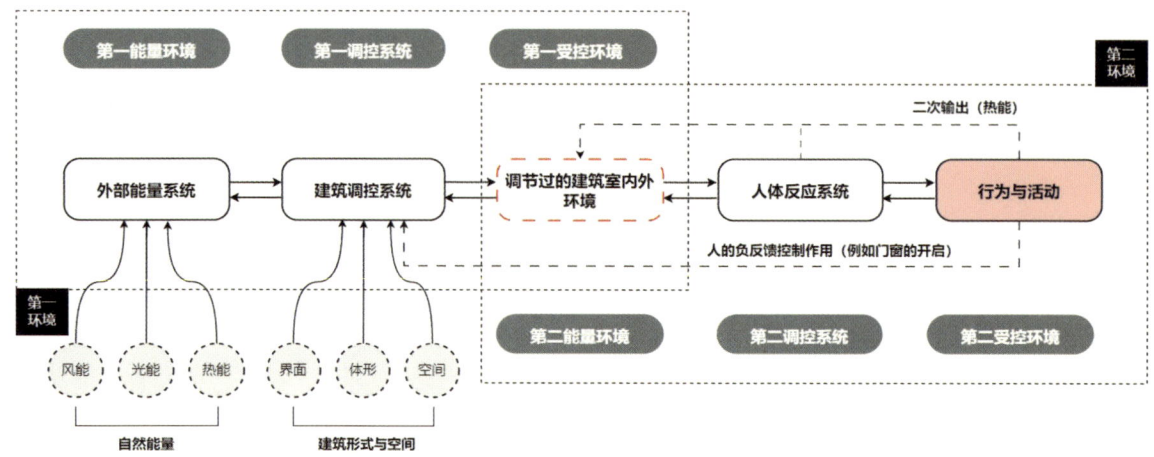

图 7-1　被动式环境调控系统架构
（图片来源：根据参考文献 [1] 改绘 .）

2）主动式环境调控系统

　　主动式环境调控是一种通过设备干预手段实现环境舒适度的调控方式。这种策略依赖于动力驱动的设备系统，如采暖、空调和通风设备，通过消耗能源来调节建筑内外的环境条件。主动式环境调控主要通过利用可再生能源和高效设备，来减少能源消耗并提高调控效果。尽管在运行过程中需要持续消耗能源，但其核心目标是通过技术手段实现高效能量利用，确保建筑室内外舒适性以及可调节性。

　　主动式环境调控系统是利用设备操控人工能量进一步实现环境调控，如图 7-2 所示。其中第一能量环境主要是指自然能量经过人为加工、转化的另一种形态的能量，主要有电力、煤炭、煤气等。建筑设备作为第一调控系统

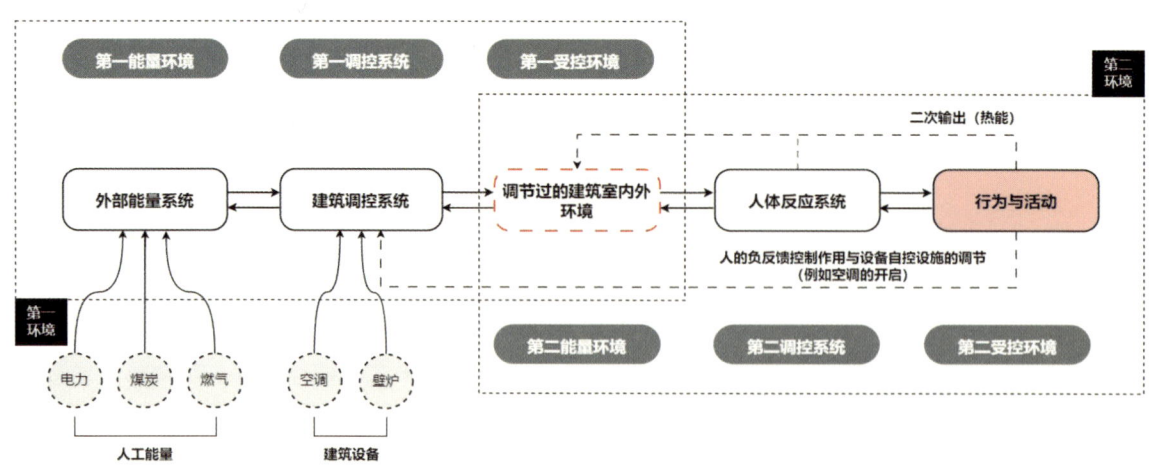

图 7-2　主动式环境调控系统架构
（图片来源：根据参考文献 [1] 改绘 .）

驱动人工能量进行环境调控，被调节过后形成的室内热稳态环境被称为第一受控环境，又被作为第二能量环境对建筑使用者产生相应影响，形成一系列行为与活动作为第二受控环境后作出反馈。这与被动式环境调控使用者自身的生物调节机制类似，不同的是主动式环境调控中的第二调控系统除了包括使用者对建筑设备的手动调节以外，还包括设备自控设施的自动调节，例如室内环境的数值监控设备、环境智能感知设备等。

7.1.2　主被动结合环境调控

主被动结合的环境调控系统遵循"被动优先，主动优化"的原则，对室内外环境舒适度进行调控，涵盖风环境、光环境和热环境三个关键要素（图7-3）。被动式环境调控作为该系统的基础，着重于通过建筑设计策略自然调节环境，主动式则作为补充。被动式环境调控技术作为环境调控系统的建造策略，主动式技术作为环境调控系统的动力策略。通过现代科技手段优化环境控制，二者相辅相成，共同构建起完整的环境调控体系。本书的第7.3~7.5节将详细探讨分布式可再生能源系统、能量与物质循环利用技术，以及传感、交互与智能管控三个方面，进一步阐述主被动结合的具体实施方法和机制。

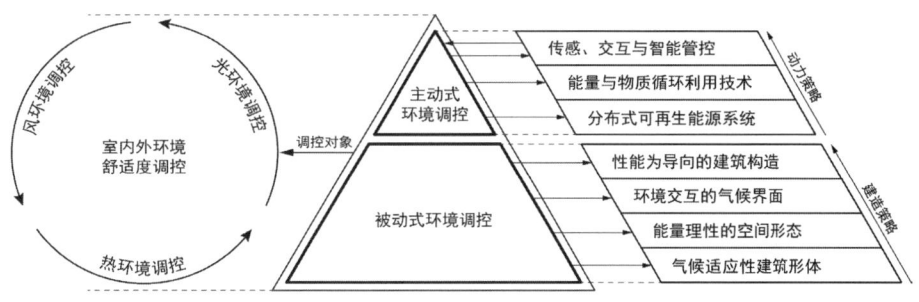

图 7-3　主被动结合环境调控系统架构

1）风、光、热环境调控

气候调节的手段包括通过建筑本身调节的被动式方法和通过环境设备调控的主动式方法。通常在总图设计阶段，建筑师首先考虑通过总体形态布局调控，使建筑（群）以被动式方法获得热舒适。除此之外，往往需要依靠设备调控来获得热舒适。气候调节的目标是在保证人体热舒适要求的前提下，通过合理利用有利气候资源，尽可能地提高建筑设备运行效率，减少高能耗建筑设备使用。图7-4表示了环境调控系统与气候条件之间的关系，可以看出被动式环境调控系统可以有效调节室内外气候条件，在结合主动式环境调控系统后，整体气候调节的能力得以优化和提升，横坐标轴代表环境调控系

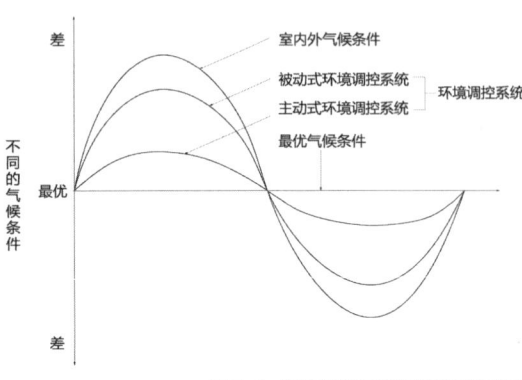

图7-4 环境调控系统与气候条件关系

统影响下可能达到的最优气候条件。

（1）风环境调控

主被动结合的风环境调控旨在通过建筑形体设计与建筑设备的结合，优化室内外空气流动。被动式风环境调控主要通过建筑的朝向、布局和开窗设计，利用自然风来改善室内通风，并降低室内温度。主动式风环境调控则依赖于机械通风设备，如风机和空调系统，以补充自然风的不足，特别是在无风或不利风向的情况下。通过这两者的结合，建筑既能最大限度地利用自然风资源，又能在必要时通过设备保障空气流动和舒适度。

（2）光环境调控

光环境调控通过主被动结合的方式，既能充分利用自然采光，又能通过人工照明确保光环境的稳定性。被动式光环境调控主要依靠建筑的朝向、窗户的布置、采光庭院等设计，以最大化自然光的利用，减少人工照明的需求。主动式光环境调控则通过使用智能照明系统，根据室内光照强度自动调节灯光，确保室内光环境的舒适性和节能效果。主被动结合的光环境调控可以使房间在不利的自然光条件下，仍然保持良好的光环境。

（3）热环境调控

热环境调控通过建筑设计和机械设备相结合来实现对室内温度的调节。被动式热环境调控主要依靠建筑的热工性能、隔热材料、自然通风、遮阳设计等，以减少太阳辐射的热增益和维持室内舒适温度。主动式热环境调控则通过供暖、空调等设备进行温度的调控，以应对极端天气和满足特殊使用需求。主被动结合的热环境调控不仅能在大多数时间内依赖被动措施维持热舒适度，还能在必要时通过主动措施保证室内环境的稳定性和舒适性。

2）主被动结合的优势

（1）综合调控性能：主被动结合的设计方法将被动式策略的能效优势与主动式策略的灵活性相结合，通过合理的空间布局与设备的配合，实现对建筑环境的综合调控。这种集成方式提高了建筑在不同环境下的适应能力，从而优化了建筑整体性能。

（2）能源效率提升：被动式设计通过建筑物理属性，如自然采光、通风、隔热材料等方式，减少能源需求；主动式设计则通过高效的机械系统和可再生能源技术，提高能源利用效率。两者的结合使得建筑能够以最低的能耗实现最佳的环境控制效果。

（3）环境适应性增强：主被动结合的设计方法增强了建筑对不同气候条

件的适应性。通过智能控制系统，建筑可以动态调整运行模式，以应对季节性变化和特殊气候条件，确保室内环境的持续舒适性和稳定性。

（4）可持续性发展：在主被动结合的框架下，主动式设计与可再生能源系统的结合，如太阳能光伏系统和风力发电，促进了能源的可持续利用。这种设计策略减少了对传统能源的依赖，支持更环保的建筑运营模式，助力实现长期的可持续发展目标。

（5）智能管理与优化：主动式技术集成的智能控制系统可以对建筑的能源使用进行实时监控和管理，及时识别和优化能源使用效率，减少浪费。同时，智能化管理有助于提高建筑的运行效率和响应能力，确保环境调控的精准性和可靠性。

（6）综合成本效益：结合主动式和被动式设计策略，可在建筑的全生命周期内优化能源和维护成本，提高建筑的长期经济效益。这种综合设计方法通过降低能源消耗和提升建筑性能，实现了更具成本效益的建筑解决方案。

7.2 主被动结合的建筑技术系统设计

7.2.1 以舒适为目标的技术方法

以舒适为目标的技术方法主要关注建筑内部环境对使用者的舒适度。提升舒适性不仅依赖于建筑的设计与材料的选择，还涉及如何结合被动式的自然调节方式与主动式的机械手段来优化室内环境的各个方面，主要包括风环境、光环境、热环境的调控。

1）风环境调控方面，设计合理的自然通风系统和风环境优化措施是关键。通过优化建筑外形和开窗设计（被动式），可以实现有效的自然通风，增强室内空气流动性，改善空气质量，提升舒适度。例如，建筑师可以通过设计具有良好气流路径的窗户和开口，使空气流动更加顺畅，从而降低室内空气中的污染物浓度。同时，采用机械通风系统（主动式）如风扇、空气净化器等，可以进一步增强空气流通效果，确保室内空气新鲜并减少污染物。风环境调控的目标是通过自然和机械手段的综合运用，实现空气流动的优化，提升室内的空气舒适度。

2）光环境调控涉及优化自然采光和人工光源，以提高室内光照的舒适度。被动式设计可以通过合理布置窗户、使用光导管系统等手段，引入自然光，减少对人工照明的依赖，提升室内的视觉舒适感。例如，大面积的窗户或天窗可以增加自然光的引入，同时避免阳光直射造成的眩光。主动式光环境调控则包括智能遮阳系统，如智能百叶窗，能够根据室外光照条件自动调整，减少光线眩光，同时确保室内光照均匀。结合光线引入的优化设计与人工照明的智能调控，可以实现光照条件的精确控制，从而提升室内的视觉舒适性。

3）热环境调控则涉及被动式热环境调控和主动式的热环境调控。被动式方法主要通过优化建筑布局、选择合适的建筑材料，以及利用自然通风来减少外部热源对室内环境的影响。例如，选择具有良好隔热性能的墙体和窗户可以减少室外热量的传入，从而保持室内温度的稳定。主动式方法包括使用热辐射地板系统和智能控制的空调系统。热辐射地板系统通过在地板内布置热水管道或电热电缆，将热量均匀辐射到室内，提供舒适的取暖效果，同时减少对空气对流的依赖。智能控制的空调系统则可以根据室内温度和使用者的需求自动调整运行模式，维持室内温度的稳定和舒适。这些主动式和被动式的热环境调控策略相结合，能够在不同的气候条件下有效维持室内的温度舒适度。通过综合运用被动式和主动式的技术方法，建筑可以实现对风环境、光环境、热环境的全面调控，提升使用者的舒适体验，同时优化建筑的能效和环境表现。

7.2.2　以节能为目标的技术方法

以节能为目标的技术方法旨在通过优化建筑设计和运用高效技术来降低建筑能耗。这一策略关注如何在最大限度减少能源消耗的同时，维持建筑的功能性和舒适性。

该方法包括采用多种主动式能源系统。风环境能源技术，例如风力发电，通过结合建筑设计优化风力资源，利用小型风力发电系统或风能转化装置（如风轮机），将风能转化为电能，从而提升建筑的风能源自给自足能力。光环境能源技术包括太阳能光伏系统，通过太阳能光伏板将太阳辐射能直接转化为电能，同时光伏建筑一体化技术与高发电效率的太阳能电池相结合，优化光能的利用效率。此外，太阳能热水系统通过吸收太阳辐射能并转化为热能，用于加热水，进一步降低对传统能源的依赖。

热环境能源技术涉及主动式采暖系统，包括空气采暖系统和液体采暖系统（如热水采暖系统）。空气采暖系统通过空气作为介质，将电能直接转化为热能；液体采暖系统则利用热水或防冻液通过热交换将热能传递到建筑内部。这些系统利用可再生能源和高效设备提升能源利用效率。

地源热泵和空气源热泵则在能源系统中发挥着重要作用。地源热泵通过利用地表下的稳定地温作为热源或散热源，将地面热能转移到建筑内部进行采暖或制冷；空气源热泵则通过从空气中提取热能提供采暖或制冷。地源热泵和空气源热泵可以与太阳能光伏系统和太阳能热水系统进行配合。例如，太阳能光伏系统生成的电力可以为地源热泵和空气源热泵提供能源支持，而太阳能热水系统产生的热水可以与这些热泵系统共同作用，提升整体能源系统的效率。

这些高效的能源系统通过不同的能量转换方式，能够在降低传统能源消耗的同时，满足建筑的能源需求。能源管理系统在这一过程中起着关键作用，通过具备传感和交互性能的智能化控制技术，对建筑能源的使用进行实时监控和管理。通过精确的能源数据分析，自动调整建筑设备的运行模式，从而优化能源利用效率并减少能源浪费。

7.3 分布式可再生能源

当前，建筑领域主要依赖煤炭、石油和天然气等化石燃料满足供暖、制冷及电力供应需求，但这种方式带来的环境污染严重，面对全球气候变化的挑战，转向可再生能源已成为必然趋势。太阳能、风能、生物质能、地热能与水能等可再生能源的应用，不仅能大幅减少碳排放，还促进了能源自给自足，为建筑行业开辟了绿色、可持续的发展新路径。

分布式可再生能源是指能够分散式部署、贴近终端用户，并与当地负荷相匹配的可再生能源系统。系统以小规模、小容量、模块化、分散式的方式直接安装在用户端，可独立地输出冷能、热能、电能，并通过公用能源供应系统提供支持和补充，从而满足用户多种需求，并降低输配电损耗，实现能源的高效合理利用。

分布式可再生能源包括太阳能、风能及生物质能等多种应用形式。太阳能是最常见的分布式可再生能源应用形式，主要包括太阳能光伏系统和太阳能热水系统；风能则依靠小型风力发电机为建筑物供电，适合风力资源充足的地区。将风能与太阳能结合还将形成风光互补系统，在风力较大的时候由风力发电机提供能源，而在阳光充足的时间由太阳能光伏系统发电；生物质能则通过安装在建筑物附近的生物质燃料锅炉或气化装置，将诸如植物残余物、农业废弃物或城市固体垃圾等生物质材料转换成热能或电能，以满足建筑物的供热或电力需求。

随着分布式可再生能源的广泛应用，尤其是太阳能的利用方式不断发展，建筑领域也开始探索如何更有效地将太阳能利用与建筑设计相结合，于是光伏建筑一体化（BIPV）技术应运而生。

7.3.1 光伏建筑一体化

光伏建筑一体化是一种将太阳能光伏构件集成到建筑围护结构的技术。BIPV 不仅能为建筑提供清洁的可再生能源，实现能源的高效利用，还构成了建筑设计的一部分，与建筑功能与美学相结合，从而推动建筑的可持续发展，并引领一种新型的绿色美学理念。

1）BIPV 系统设备构成

BIPV 系统包括光伏构件、逆变器、控制器与蓄电池。

（1）光伏构件包括光伏组件与光伏支架，光伏组件是直接将太阳光转化为电能的关键部件，由多个光伏电池串联或并联组成，形成可以产生直流电的模块；光伏支架用于固定和支撑光伏组件，确保光伏组件能够稳固地安装在建筑物的屋顶或墙面，并且可以根据需要调整角度以获得最佳光照。

（2）逆变器是光伏系统中电力转换单元，用于将光伏板产生的直流电转换为交流电。

（3）控制器是光伏系统中的智能管理单元，负责监控和控制系统的电力输出。

（4）蓄电池用于储存多余电能，保证在光照不足的情况下也能使用光伏产生的电能。

在 BIPV 系统中，光伏构件的设计与建筑设计关联紧密，不仅影响系统的发电量与发电效率，还直接关系到建筑的美观性和功能性。

2）光伏组件设计

（1）光伏组件标准化设计

光伏组件的设计应遵循标准化设计原则。根据光伏系统的功能、性能、安全和美观等要求，优先选择具有统一规格、尺寸、形式和接口的光伏组件，降低光伏组件的生产、运输、安装和维护的成本和难度，提高光伏系统的质量、可靠性和经济性。在标准化设计的基础上，光伏组件的选型具有一定的灵活性，可以根据建筑的特定形状与尺寸进行定制，在保证光伏组件工作性能良好的同时，使其形态颜色与建筑的整体设计风格相协调。

南京江北新区人才公寓零碳社区服务中心采用光伏组件标准化设计理念和光伏屋顶一体化技术，实现了光伏系统的高效发电和建筑的美学提升（图 7-5）。该项目的光伏阵列由 864 块同一规格的光伏组件按照统一的排列方式组合而成，并采用了相同的支架连接方式与屋面进行固定，简化了光伏系统的设计、安装流程。此外，斜屋面高低错落的光伏构件营造了"人工山丘"的建筑形态，社区中心如同一座融入城市环境的田园山丘。

（2）光伏组件艺术性集成

在光伏建筑一体化中，光伏组件与建筑构件系统的集成可以具有一定的

（a）

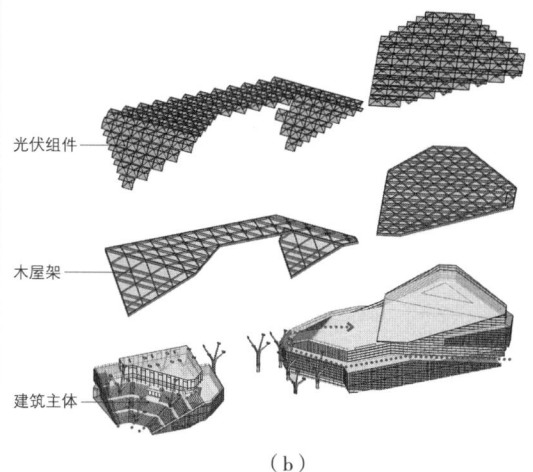

光伏组件 ——

木屋架 ——

建筑主体 ——

（b）

图 7-5　南京江北新区人才公寓零碳社区服务中心的 BIPV 设计
（a）光伏组件标准化设计；（b）光伏与建筑屋面一体化集成
（图片来源：王畅，裴小明，张伟伟. 南京江北新区人才公寓零碳社区服务中心 [J]. 当代建筑，2023（8）：86–91.）

艺术性，使其不仅是功能性的元素，还能成为建筑的艺术装饰。这种设计理念旨在创造具有创意和独特性的建筑形象。形态设计方面，建筑立面是建筑中最受人关注的部位之一，光伏与建筑墙面的一体化设计在美学表现上有着更高的要求，既要保证外观的美感、和谐，又要考虑光伏系统的发电效能。光伏墙面在设计上与幕墙的原理相似，最大的不同点在于用光伏组件取代了传统外墙面的玻璃、面砖、涂料等，显示出独特的科技美感，也在一定程度上节省了造价。

德国新包豪斯大楼展示了光伏组件与建筑墙面的艺术性集成设计（图 7-6）。建筑师采用标准化构件设计方法，将向下倾斜的蓝光玻璃与向上倾斜的光伏组件相结合，创造出层叠错落的建筑立面，并确保光伏组件的倾角适合太阳辐射的充分接收。建筑师没有为了追求最大产能将光伏组件铺满整个墙面，而是采用了棋盘式的布置方式，以保证充足的自然采光，实现建筑的功能、美学与光伏效能之间的平衡。

（3）光伏组件透光性

选择透光性较好的光伏组件往往意味着要牺牲一部分光伏产能效率，以追求建筑综合效益最优。适当采用透明或半透明的光伏组件，不仅能提高室内的舒适性，同时满足了建筑美学的需求，创造出明亮、通透的空间。与采光结合的 BIPV 设计通常对应的是光伏组件与建筑天窗以及幕墙的一体化设计，简称光伏天窗与光伏幕墙，适用于建筑中庭、门厅、走廊等位置。

阿姆斯特丹海岛 Jakarta 酒店在中庭应用了平屋顶光伏天窗，不仅为室内空间提供了均匀适度的自然采光，还增强了中庭的空间感受，使其更加开阔、明亮（图 7-7）。德国 SMA 太阳能学院大楼在走廊区域采用了半透明光

图 7-6　德国新包豪斯大楼的 BIPV 设计
（a）新包豪斯大楼入口；（b）光伏与建筑墙面一体化设计；（c）层叠错落的立面效果
（图片来源：ArchDaily 设计网）

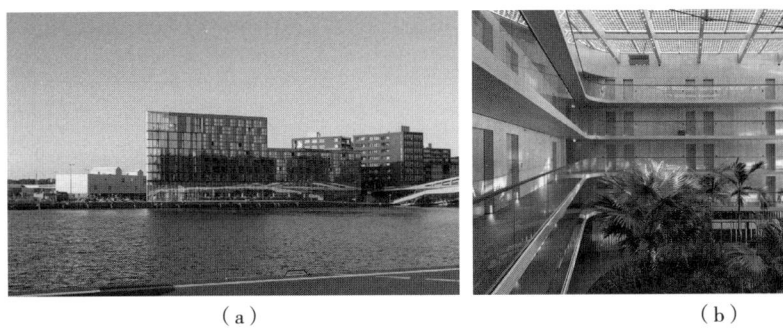

图 7-7　阿姆斯特丹海岛 Jakarta 酒店光伏天窗
（a）酒店南立面；（b）平屋顶光伏天窗
（图片来源：ArchDaily 设计网）

伏幕墙，通过光伏板的半透明特性，在阳光下为走廊内部创造出斑斓的光影效果（图 7-8）。

（4）光伏组件色彩选择

光伏组件的核心单元为光伏电池，不同材料的光伏电池能赋予组件不同的色彩效果。单晶硅电池，采用高纯度的硅单晶材料制造，通常呈现深蓝色或黑色，能够赋予建筑现代且富有科技感的外观；多晶硅电池由多个硅晶体熔合而成，表面带有细微的颗粒状结构，颜色多为浅蓝色或灰色，适合打造简洁自然的设计风格；薄膜电池使用非晶硅或其他半导体材料制成，不仅透

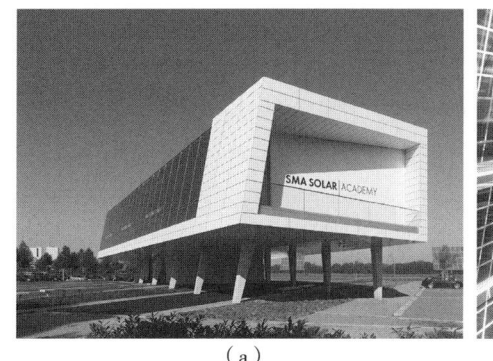

（a）　　　　　　　　　　　　　　　（b）

图 7-8　德国 SMA 太阳能学院大楼光伏幕墙
（a）SMA 太阳能学院大楼；（b）半透明光伏幕墙的采光效果
（图片来源：Inhabitat 设计网）

光性强，还能通过定制化处理展现不同的色彩，为建筑增添丰富的色彩元素和艺术氛围。

　　RDR 建筑事务所（RDR Architectes）设计的瑞士科技会议中心运用了薄膜电池的半透光与色彩多样的特性，实现光伏与建筑遮阳一体化设计（图 7-9）。建筑师在大厅外侧的玻璃幕墙上增加了一层彩色半透明的光伏遮

（a）

（b）　　　　　　　　　　　　　　　（c）

图 7-9　瑞士科技会议中心的 BIPV 设计
（a）会议中心西立面；（b）幕墙外侧多彩光伏遮阳板；（c）色彩斑斓的空间效果
（图片来源：RDR 建筑事务所官网）

阳构件，让大厅内部在阳光下呈现出色彩斑斓的空间效果，同时增强了建筑的被动遮阳效果，避免过量的太阳辐射对室内环境的不利影响。不仅丰富了室内空间的视觉体验，还在主被动结合的策略上有所创新。

（5）独立式光伏系统

独立式光伏系统是指将光伏构件组与建筑结构或围护构件组的连接节点集中在特定位置，尽量减少光伏构件与其他建筑构件的交叉，确保光伏系统的独立性。光伏系统的独立有助于简化生产和建造工序，缩短建造时间，并增加建造的可靠性。此外，该原则提升了建筑构件在整个建筑生命周期内的易更换性和易维修性，从而有助于延长建筑的使用寿命，实现更高效、可持续的绿色建筑设计实践。

在2018中国国际太阳能十项全能竞赛（SDC2018）中，东南大学－布伦瑞克工业大学联队的作品"C-House"设计并实施了独立式光伏系统（图7-10）。该光伏系统与围护构件组完全脱开，光伏系统安装时不在围护构件组上安装支架、开洞，不对围护构件组产生破坏，从而保证防水层和保护层的完整性，提高了建筑的耐久性，同时利于构件的维修和更换。

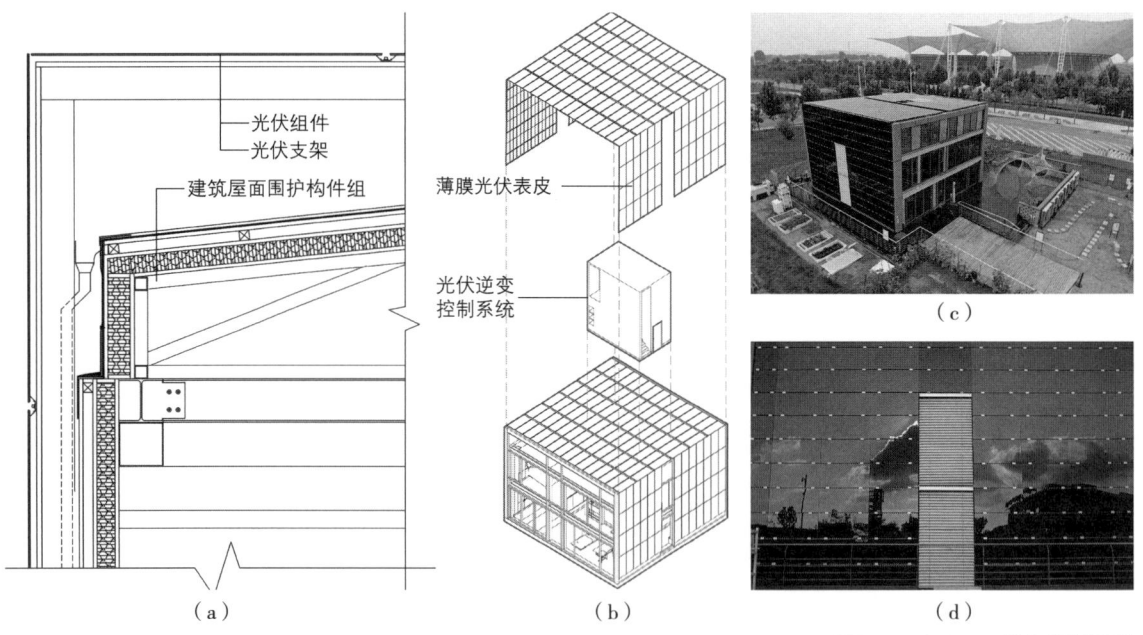

图 7-10　C-House 独立式光伏系统
（a）独立式光伏系统构造大样；（b）独立式光伏系统；（c）C-House 鸟瞰；（d）C-House 立面
（图片来源：张宏，罗申，唐松，等.面向未来的概念房——基于 C-House 建造、性能、人文与设计的建筑学拓展研究 [J]. 建筑学报，2018（12）：97-101.）

7.3.2 光伏产能效益优化设计

光伏建筑一体化设计不仅要考虑外观美学，还要最大化地利用太阳能，提高能源转换效率，优化产能与经济效益。

1）光伏组件选型

光伏组件是光伏系统的核心部件，其性能、质量、规格等直接影响光伏系统的发电量和寿命。光伏组件的选型需要考虑 BIPV 综合效益，包括与逆变器的匹配性、与气候环境的适应性、与场地条件的协调性、与建筑美学的融合等因素，从而选择高效、可靠、经济、美观的光伏组件。

光伏电池是光伏组件中将太阳能直接转化为电能的最小功能单元，常见的光伏电池有三类：单晶硅电池、多晶硅电池、薄膜类电池（图 7-11），其产能效率按以下优先级排列：单晶硅 > 多晶硅 > 薄膜类。①单晶硅电池表面呈现深蓝色、黑色，颜色较为均匀，产能效率较高；②多晶硅电池呈现晶格状，颜色不均匀，产能效率中等；③薄膜类电池在材料上有更多选择，主要有碲化镉 CdTe 电池、铜铟镓硒 CIGS 电池、染料敏化电池、钙钛矿电池等种类，可以定制不同颜色和纹理以及制成柔性产品，弱光效应好但产能效率不如前两类电池高。

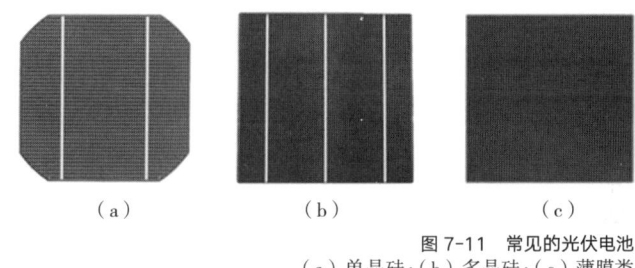

（a）　　　　　　（b）　　　　　　（c）

图 7-11　常见的光伏电池
（a）单晶硅；（b）多晶硅；（c）薄膜类

2）光伏系统有效面积最大化

影响光伏系统产能效率的因素很复杂，包括光伏组件类型、转换效率、安装方式、倾角、方位角等。一般来说，在其他因素不变的情况下，光伏系统有效面积越大，发电量越多。

在 2022 国际太阳能十项全能竞赛（SDC2022）中，东南大学 – 苏黎世联邦理工学院 – 福建省三明学院联合赛队作品"Solar Ark 3.0"采用光伏系统东西向布置产能效率优化技术，实现了建筑产能最大化（图 7-12）。不同于传统的光伏板南向布局，Solar Ark 3.0 将光伏板东西向布置，在相同光伏网架投影面积内获取更大的光伏系统有效面积，其光伏板装机容量是南北向布置的 1.36 倍。实测结果表明，夏季日均产能时间比南北向布置多 2.5h，发电量为南北向布置的 1.25 倍，产能模拟数值为每年光伏发电 49136kWh。

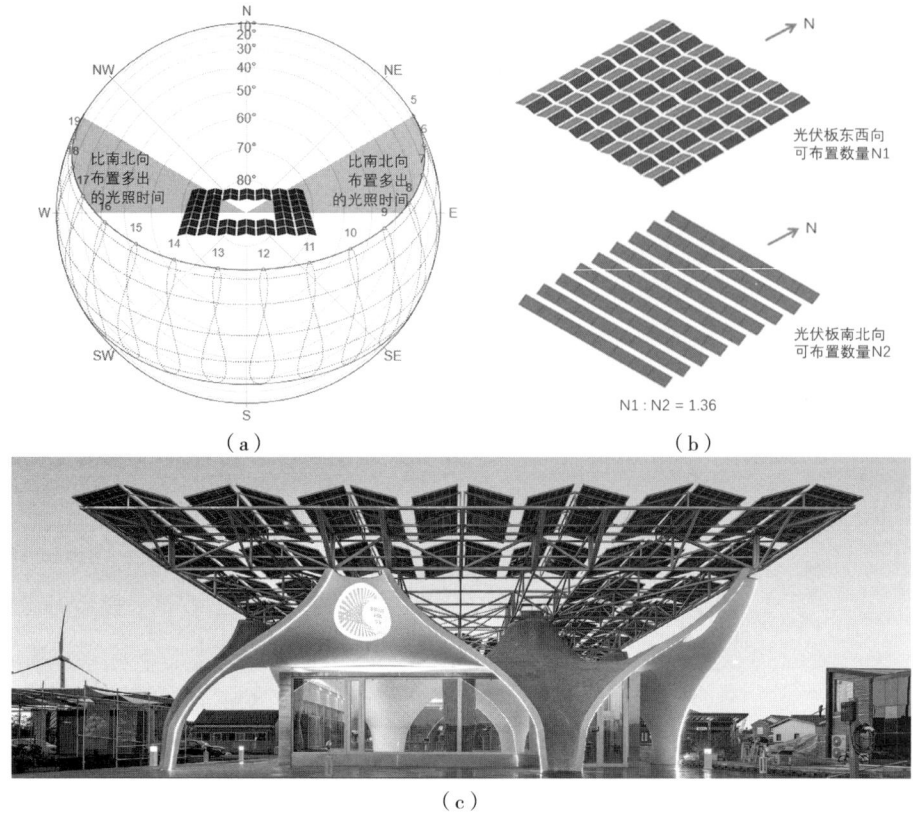

（a）

（b）

（c）

图 7-12 Solar Ark 3.0 光伏系统东西向布置产能效率优化技术
（a）光伏组件东西向与南北向日照时长对比；（b）光伏组件东西向与南北向装机容量对比；
（c）Solar Ark 3.0 南立面
（图片来源：李向锋，张军军，张宏 . 高效预制装配 UHPC 双曲面产能建筑的原型探索——2022 中国国
际太阳能十项全能竞赛作品 "Solar Ark 3.0" [J]. 建筑学报，2022（12）：18–23.）

3）光伏构件集成方式与倾斜角度

BIPV 的形态设计既要提升光伏发电性能，又要综合考虑光伏构件与建筑一体化的形式，满足美学要求。为了优化产能效率，光伏与建筑结合的部位应该按照以下的设计优先级：屋面 > 正南向墙面 > 其他方向墙面。对于我国纬度大于或等于 40° 的地区（如哈尔滨、北京等），由于其太阳辐射强度一般低于低纬度地区，如果建筑南向墙面没有太多的阴影遮挡，那么利用建筑的南向墙面（尤其是高层建筑的南向墙面）进行 BIPV 设计是比较合适的。东西墙面的光伏产能较低，如果需要集成于东西墙面，建议选用弱光效应较好的薄膜类光伏组件。

光伏系统的产能效率与光伏组件的倾斜角度有关，随着纬度的升高，光伏的最佳倾角也会随之升高。但是光伏组件的倾斜角与最佳倾角的偏差在 ±10° 以内对产能的影响并不明显，因此在 BIPV 设计过程中，设计师不必过分受最佳倾角的限制，可以根据光伏产能、建筑美学、空间利用等因素

综合设计 BIPV 的形态。

南京江北新区人才公寓 3 号楼采用了光伏墙窗一体化技术（图 7-13），将薄膜光伏电池集成于玻璃幕墙模块的中部与分层楼板交界处，充分利用城市高密度空间中的高层建筑垂直立面资源，提升了太阳辐照量和光伏发电量。

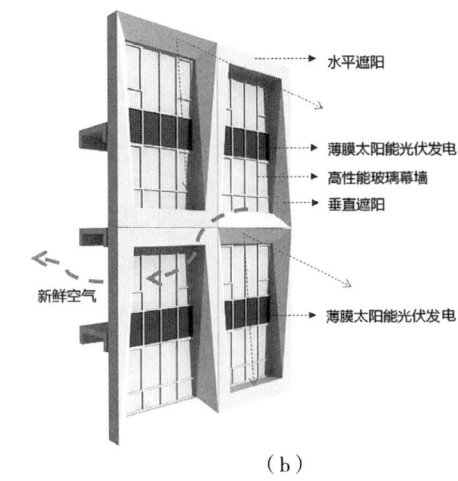

水平遮阳
薄膜太阳能光伏发电
高性能玻璃幕墙
垂直遮阳

新鲜空气

薄膜太阳能光伏发电

（a）　　　　　　　　　　　　　　　　（b）

图 7-13　南京江北新区人才公寓 3 号楼的 BIPV 设计
（a）南京江北新区人才公寓 3 号楼南立面；（b）高层住宅光伏墙窗一体化设计
（图片来源：祝侃，赵学斐，裴小明 . 高层可变住宅设计探索与实践——以南京江北新区人才公寓为例
[J]. 华中建筑，2020, 38（9）: 38–42.）

4）光伏产能模拟

相比人工计算，光伏产能模拟工具可以显著提高计算效率和准确性，同时提供多种分析功能，如 I-V 曲线（电流–电压）曲线分析和遮挡分析，以增强产能分析的可读性。常用的模拟工具包括 PVsyst 和 Ladybug 插件。PVsyst 是一款专业光伏系统分析软件，支持初步和详细模拟，提供全面的发电量预测与性能评估，但操作较为复杂，适合有一定经验的用户。Ladybug插件基于 Rhinoceros 和 Grasshopper 平台，适合建筑设计前期的光伏优化，操作简便，内置预设参数，用户无需输入复杂数据即可进行光伏产能估算。

5）光伏经济性评估

光伏经济性评估是指对光伏发电系统的成本、收益、风险等因素进行综合评价，以衡量光伏系统的投资价值和长期回报。光伏经济性评估包括对光伏系统总成本（包括设备成本、安装费用和运营维护费用）、预期发电量、投资回收期等方面的分析。通过这些分析，光伏经济性评估能够提供关于光伏系统是否符合预期经济效益的数据。

能量与物质的循环利用是建筑可持续性发展的重要方面。能量经由气候界面的开启流经外部能量系统、建筑调控系统和人体反应系统。能量循环是指建筑内部和外部能量的不断流动、转化和循环利用过程。建筑的能量循环涵盖了能源的供给、利用和消耗。通过优化建筑朝向、采用保温隔热材料和设备等方式，适度地利用太阳能、风能等再生能源，降低建筑能源的消耗。建筑内部的能量循环包括了照明、供暖、通风等系统的运作，通过智能控制和节能设备，实现能源的高效利用。建筑领域中能量循环的合理设计和应用不仅能够提高建筑的能源利用效率和环境友好性，降低建筑运营成本，促进建筑可持续发展。

物质结构由外部能量系统、建筑环境调控系统和人体反应系统为基础建立的系统模型中，存在互为"内"与"外"的递进结构，它们是各层级系统间环境调控的界面。物质循环涵盖了建筑材料的生产、运输、施工、维护到废弃处理等全过程。在建筑设计阶段，选择可再生、可回收、环保的建筑材料，通过设计减少材料的浪费。在建筑施工过程中，采取精细化管理措施，减少材料的损耗和废弃。在建筑使用阶段，定期维护和保养建筑设施延长使用寿命。最后，在建筑废弃或改建时，通过拆除后的材料回收、再加工和重新利用等方式，实现建筑材料的循环利用，推动物质资源循环。

7.4.1　能量回收与交换技术

能量回收是利用建筑中排放的废气、废水，通过技术手段将其转化为可用能量的过程。整个过程涵盖多种形式的能量，包括热能、光能、风能等。建筑能量回收为建筑的供暖、照明、空调等提供能源需求。能量回收主要以热回收技术为主，提高建筑的能源利用效率，减少能源消耗。

能量交换是指建筑内部或与周围环境之间进行能量传递、转移和共享的过程。能量交换主要以热能的形式进行交换，实现建筑内部能源的最优利用，同时与周围环境进行能量的有效交流，以提高建筑的能源使用效率和舒适性。建筑能量交换常见的热交换技术包括太阳能系统、地源热泵系统等，根据其工作原理和功能应用到不同类型的建筑空间。

1）热回收技术

热回收捕捉建筑内部或外部产生的热能并再利用以满足其能源的需求。包括建筑内部换气和废水中的热能，通过热回收技术可以更有效地利用能源，减少能源浪费，降低建筑能耗。在建筑领域中，换气系统中热回收是指回收排气中的热量，用于预热或预冷进入建筑的新鲜空气。通过换气中能量回收设备节约的能源，与恒温换气设备、空调机制冷进行结合，形成完整的能量回收系统，以满足实际需求。对于废水的处理是将冷水机组运行过程中排向外界产生的大量废热进行回收再利用，将其作为用户的初级热源或最终热源，用于预热或预冷进入建筑的水循环，提高建筑的能源利用效率。

典型的热回收装置为转轮式，该装置由圆柱蓄湿蓄热芯体组成，在运行过程中圆柱体受到新风和排风的影响。在排风环节中圆柱的湿度与温度较高，导致温差和湿度差增大。余湿与余热受转轮因素影响进行传送，进而造成转轮的温度提升。当排风区进入新风时，湿度差与温度差进一步增大，传递大量的热量，实现加湿与加热，从而降低空调的能源消耗。在深圳滨海正向能源宅的改造项目中增加了具有换气热回收技术的表皮，在温度较高时配合新风系统在保持室内舒适的前提下降低一定的能耗，见图7-14。

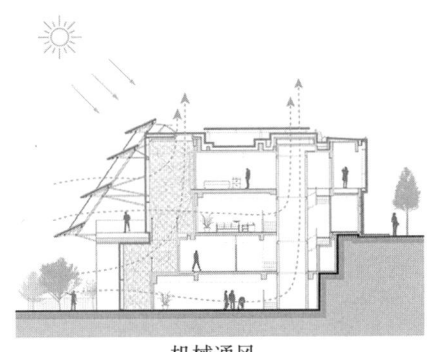
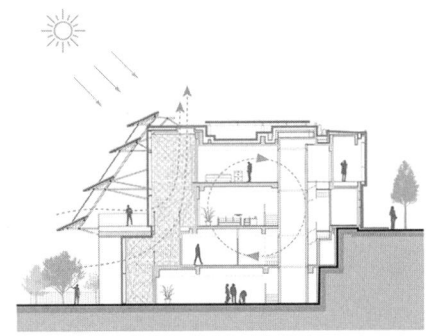

机械通风　　　　　　　　　　　　　空调＋新风（除湿）

图7-14　深圳滨海正向能源宅热回收技术的表皮
（图片来源：谷德设计网）

2）热交换技术

热交换技术是用在不同流体之间传递热量的工程技术。基本原理是通过热传导或传热介质（如空气、水、蒸汽等）的流动，使两个流体之间的热量在热交换器中进行传递，从而实现热能的有效利用。这种技术在建筑领域中广泛应用，包括供暖、通风以及制冷设备等。热交换器是实现热交换的设备，可以是简单的金属板或复杂的管状结构。通过热交换器实现热量的传递和利用，提高系统的效率。

合理的新风量与回收旧风量的比值关系对能源节约具有积极的意义，能有效地保证室内空气质量，利用换气设备与空调制冷相结合进一步地提高能量利用效率，优化其制冷供热系统与风量，以满足现阶段的发展需求。利用加热器或冷却器与入风口进行连接，当风进入空调前，提前进行预处理，以减少复合作用，达成最初的能耗降低。贵安新区清控人居科技示范楼中通过有组织的通风形式，实现了建筑内部空间与环境的热交换；双层通风玻璃幕墙根据外部环境昼夜性或者季节性的变化，通过对表皮通风百叶与内层窗户的不同操作而达到预期的通风与热交换，见图7-15。

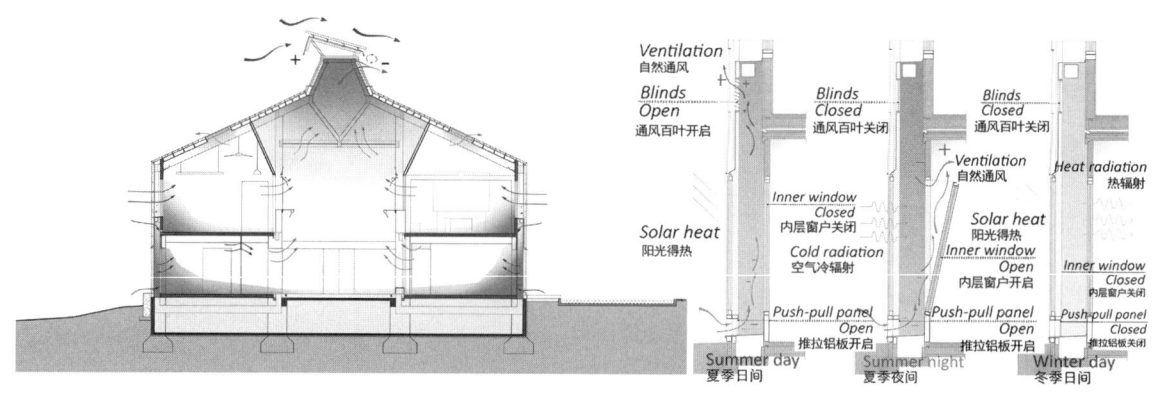

图 7-15　贵安新区清控人居科技示范楼热交换技术的运用

（图片来源：谷德设计网）

7.4.2　能量回收与交换系统设计

建筑领域中的能量回收与交换策略是实现高效能源利用和可持续发展的核心。这种方法涉及对建筑内部和外部能源流动的全面考量，包括地热能、太阳能以及建筑内部热量的回收和再利用。通过集成设计这些系统相互协同工作，优化了能源的输入、分配和输出，从而在整个建筑生命周期内提高了能效和减少了环境足迹。

系统性的能量回收与交换策略的核心在于整体规划和多能源互补，这要求从建筑的初步设计阶段就考虑如何最有效地利用和回收能源。通过智能化控制系统，可以调节建筑内部能源流动，响应室内外环境的实时变化，从而优化供暖、制冷和照明等关键能耗环节。热能管理是系统性设计中的另一个重要方面，它涉及高效热交换器和热回收技术的应用。此外，材料和设备的选择，如 LED 照明和节能家电，以及高性能隔热材料是确保建筑长期节能和环保的关键因素。最后，通过全生命周期评估来确保建筑及其能源系统在设计、建造、运营直至最终拆除的整个过程中，都能保持尽可能低的环境影响。这种系统的方法不仅提高了建筑的能源效率，而且确保了其长期的经济性和环境友好性。

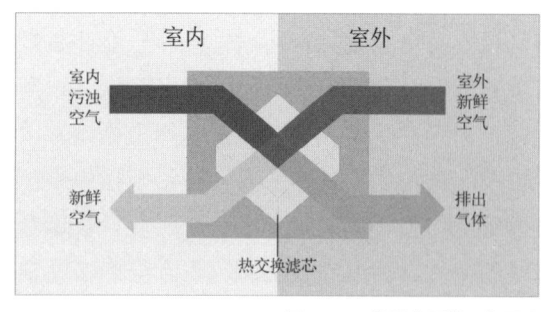

图 7-16　热回收系统工作原理

1）热回收系统设计原理与装置类型

热回收系统是指从排放的废热中提取可用热量并重新利用的过程。常见于通风系统、废水处理等，回收的热能可以用于供暖、预热或其他需要热能的过程。如图 7-16 所示，在冬季，通过这种方式，新鲜空气在进入建筑之前被预热，减少了供暖系统的压力。在夏季利用冷却效应以减轻空调系统的负担。

热回收系统有助于满足新风需求的同时减少能源消耗，特别适用于需要长时间通风的空间。热回收能够对送风预热（预冷），提高（降低）送风温度，避免室内人员有冷（热）吹风感，进而减少了新风冷热负荷。因此，热回收是保证室内空气质量和减少建筑能耗之间矛盾的有效途径。根据其结构特点和工作原理热回收装置分为：转轮式、板式、泵式和管式等，具体类型和特点如表 7-1 所示。

表 7-1　热回收装置的类型和特点

类型	运行过程	主要优点、缺点	示例图
转轮式	核心是起到蓄热作用的转芯，不断在高温侧吸热，低温侧放热	优点： 回收效率高 缺点： ①造价高、占用空间大、转轮的传动装置需要额外耗电 ②新、排风有交叉感染的风险	
板式	新风与室内排风交叉经过热回收装置在温度差和湿度差作用下发生热湿交换	优点： 回收效率高 缺点： ①适合用于小风量新风系统 ②全热回收时新、排风有交叉感染的风险	
泵式	热泵循环中冷媒通过不断地在蒸发器和冷凝器之间进行换热，实现热量传递	优点： 新、排风系统可分开远距离设置 缺点： ①系统复杂 ②需要额外消耗循环动力，进而影响回收效率	
管式	热管式热回收装置主要由金属管、纤维状输液芯以及相变介质组成，依靠真空管实现排风与新风间高效传热	优点： 新、排风系统可分开远距离设置，回收效率高 缺点： 系统需要水平布置，不宜有明显的高差	

2022 国际太阳能十项全能竞赛（SDC2022），东南大学 – 苏黎世联邦理工学院 – 福建省三明学院联合赛队作品"Solar Ark 3.0"位于河北省张家口市张北县，冬季寒冷且漫长，冬季室内外温度差较大，热回收的潜力大。项目采用泵式热回收装置中的空气源热泵来实现，具有高效、节能、环保、易于施工的制冷/制热的方式。空气源热泵基本参数如表 7-2 所示。该系统能够利用排风中的热量对新风进行预热，减少处理新风所产生的能耗，提高冬季室内人员的热舒适度。

表 7-2　Solar Ark 3.0 空气源热泵基本参数

设备类型	空气源热泵
热回收装置分类	泵式
热交换类型	显热
气候区域	寒冷地区
构件是否具有独立性	作为独立构件存在于建筑空间
设备位置	靠近设备间、管线短、不易结霜、热回收效率高，同时方便后期维修
设备装饰	与室外水处理景观结合美化，无需单独装饰

该系统解决了低温情况下容易结霜导致热回收效率低的问题，冬季运行换热器表面低于零度时系统会进行定期化霜处理；在冬季低于零下环境使用时，控制系统会启动防冻运行直到水温到达安全点；若运行时环境温度较高，见图 7-17，泵式热交换装置能以低档运行；从而实现了全温度段的热回收。

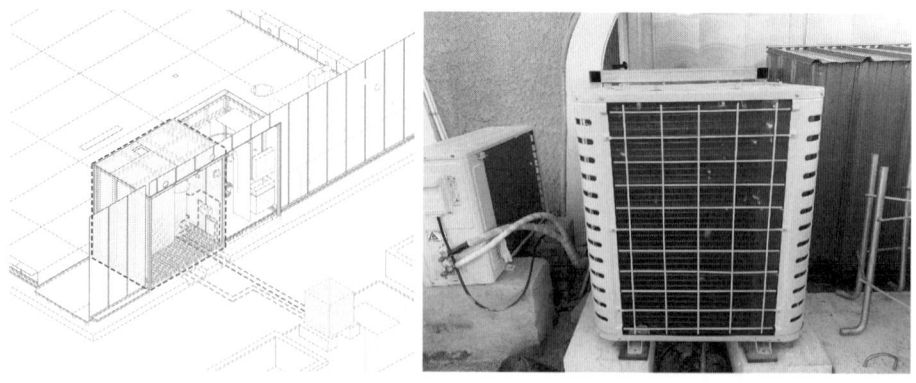

图 7-17　Solar Ark 3.0 泵式热交换装置模型与实际照片

2）热交换系统设计原理与装置类型

热交换是指通过热交换设备，将热量从一个介质传递到另一个介质的过程。热交换的目的是实现温度调节。热交换的核心是热能的转移，不涉及能量的再利用。它是一个普遍存在于供暖、制冷、工业过程中的基础热能传递方式，在公共建筑和住宅中的设备中占据重要的地位。热交换的种类很多，根据冷、热流体热量交换的原理和方式分三大类：间壁式热交换装置、混合式热交换装置、蓄热式热交换装置，见表7-3。

表7-3 热交换装置的类型及特点

类型	运行过程	主要优点、缺点	示例图
间壁式	热流体和冷流体间有固体壁面，两种流体分布在壁面的两侧流动，两种流体不直接接触，热量通过壁面进行传递	优点： 结构简单 缺点： 加热面受到容器壁面限制，传热系数不高	
混合式	热流体与冷流体的直接接触而进行传热，这种传热方式避免了传热间及其两侧的污垢热阻，只要流体间的接触情况良好，就有较大的传热速率	优点： 结构简单 缺点： 水质要求高，占地面积大，水泵能耗多等缺点	
蓄热式	两种流体间断式与壁面接触，热流体把热量储蓄于壁内，壁的温度逐渐升高；冷流体流过后壁面放出热量温度降低，以达到热交换的目的	优点： 高温环境下表现良好，热效率高，节约能源。 缺点： 设备复杂，温度容易产生波动现象	

法国巴黎集合住宅项目采用了蓄热式热交换系统，在屋顶上设置太阳能集热器，通过热辐射对集热器中的水进行加热，加热后的水通过管道流通蓄热设备，并连接到房间，水在流通的过程中与室内空气进行热交换，然后流入到集热器完成整个循环，如图7-18所示。

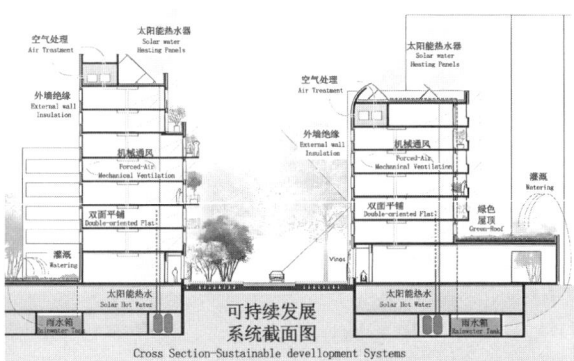

图 7-18　法国集合住宅蓄热式热交换系统
（图片来源：谷德设计网）

7.4.3　物质回收与再利用系统设计

物质回收与再利用系统设计需要在系统性能、资源利用效率、环境友好和经济可行性等多方面进行综合考虑。通过全面的调查研究，确定目标物质的种类、来源、数量以及其对环境和社会经济的影响。准确地满足废弃物处理和资源回收的需求，在实施过程中达到可持续发展的目标。因此，要充分了解废弃物产生的背景、产生量的预测、当地政策法规等信息，以便合理地制定系统设计方案。

1）物质回收

物质回收是指对建筑材料、废弃物和资源进行收集、分类、处理和再利用的过程。物质回收涵盖了建筑材料的生产、加工、利用和回收再利用，废弃物的分类和处理等环节。

物质分类确保废弃物得以有效处理和资源回收。需要制定合理的分类标准，将废弃物进行分类，以便后续的处理和利用。为了提高分类的准确性和效率，引入自动化或半自动化的分拣设备，通过技术手段来加快分拣速度和提高分拣精度。对不同类型的废弃物进行标记，以便后续处理人员能够根据需要对其进行进一步处理和利用。

物质处理与加工是将废弃物转化为可利用资源，选择合适的处理技术和设备，根据废弃物的性质和用途进行处理和加工。对于可回收废弃物，需要进行压缩、粉碎、清洗等处理；而对于有机废弃物，则可能需要进行堆肥、发酵等处理。在 Solar Ark 3.0 中对灰水物质进行了处理与分类，并通过物质回收的技术实现了水资源的再利用，如图 7-19 所示。

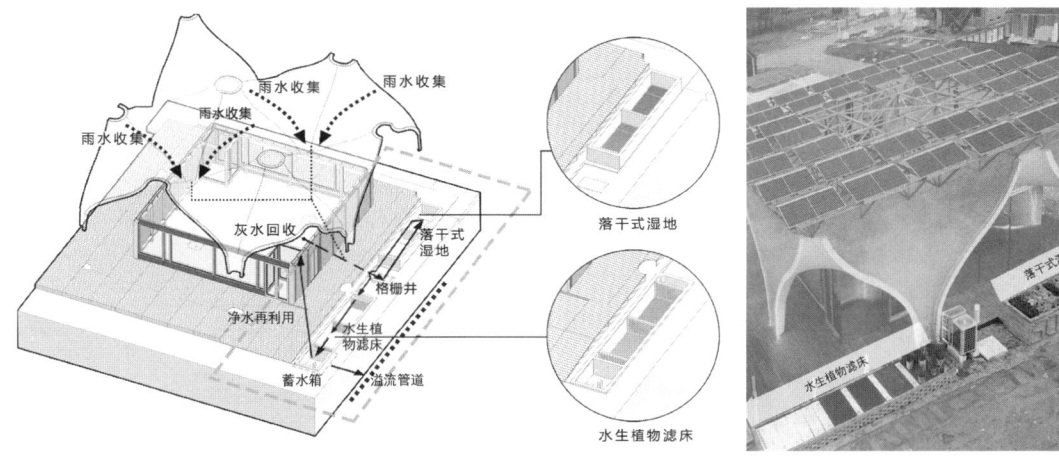

图 7-19 Solar Ark 3.0 水物质回收示意图与实景

2）物质再利用

物质再利用是物质回收与再利用系统的核心目标之一，将废弃物转化为可再利用的资源，实现资源的循环利用。应设计相应的回收设备和系统，以确保回收率和质量，降低二次污染的风险。

哈默比湖城（Hammarby Sjöstad）在物质回收再利用方面采取了一系列措施，建立了完善的垃圾分类系统，居民被要求将垃圾分为有机物、可回收物和不可回收物。这一系统确保了材料能够被有效地回收和再利用，从而减少了废弃物对环境的影响。哈默比湖城通过真空垃圾抽吸系统将有机垃圾转化为可再生能源，见图 7-20。有机垃圾经过厌氧消化产生沼气，这些沼气被用于社区的供电和供暖，成功将废物转化为能源，减少了对化石燃料的依赖。此外，还实现了水资源的回收利用，灰水经过处理后被重新用于景观灌

图 7-20 哈默比湖城的真空垃圾抽吸系统
（图片来源：张彤 . 绿色北欧：可持续发展的城市与建筑 [M]. 南京：东南大学出版社，2009.）

溉和街道清洁，有些处理后的水还被用于家庭的非饮用水源，降低了对水资源的消耗。

在 Solar Ark 3.0 中用灰水处理后的水进行植物栽植，满足植物生长的同时进一步优化水质，实现水回收利用的最大化，如图 7-21 所示。

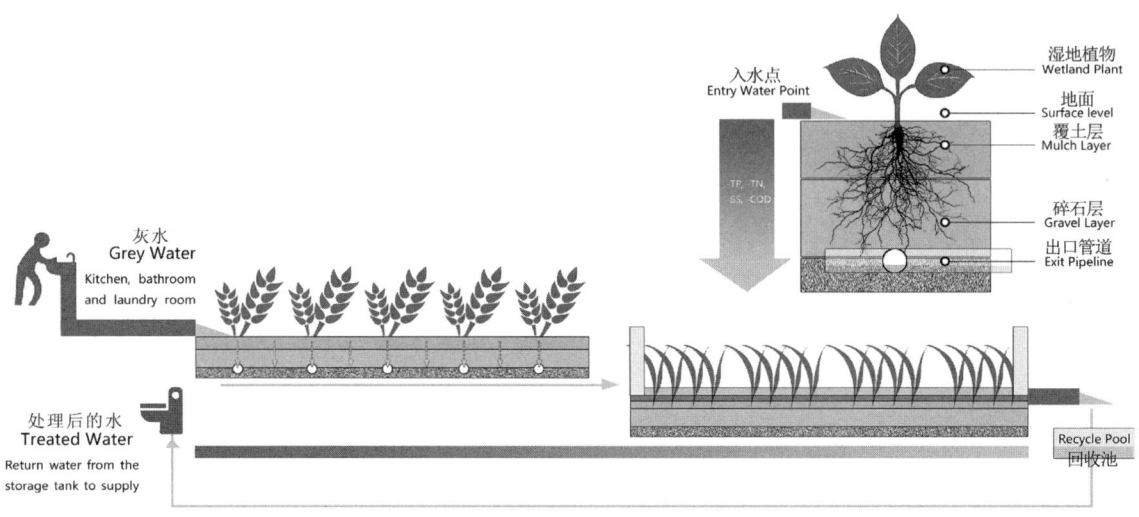

图 7-21　Solar Ark 3.0 灰水处理与植物栽植示意图

3）物质回收与再利用设计方案制定

为制定物质回收与再利用的设计方案，空间边界由绿色建筑延伸到街区尺度。以哈默比湖城为例，整体规划始终以可持续性为核心，涵盖了建筑布局、交通系统、能源利用和废物管理等多个方面，确保了各部分之间的协调和高效运作。设计过程注重参与式设计，居民和利益相关者在设计阶段便被邀请参与讨论和决策，这不仅使设计方案更符合实际需求，也增强了居民的环保意识。此外，哈默比湖城回收再利用设计方案还体现了多部门协作的重要性。城市规划、建筑设计、交通规划和环境管理等多个部门密切合作，确保了设计方案的全面性和可操作性。这些措施使得哈默比湖城在实现物质回收和资源最大化利用方面取得了显著的成就，如图 7-22 所示。

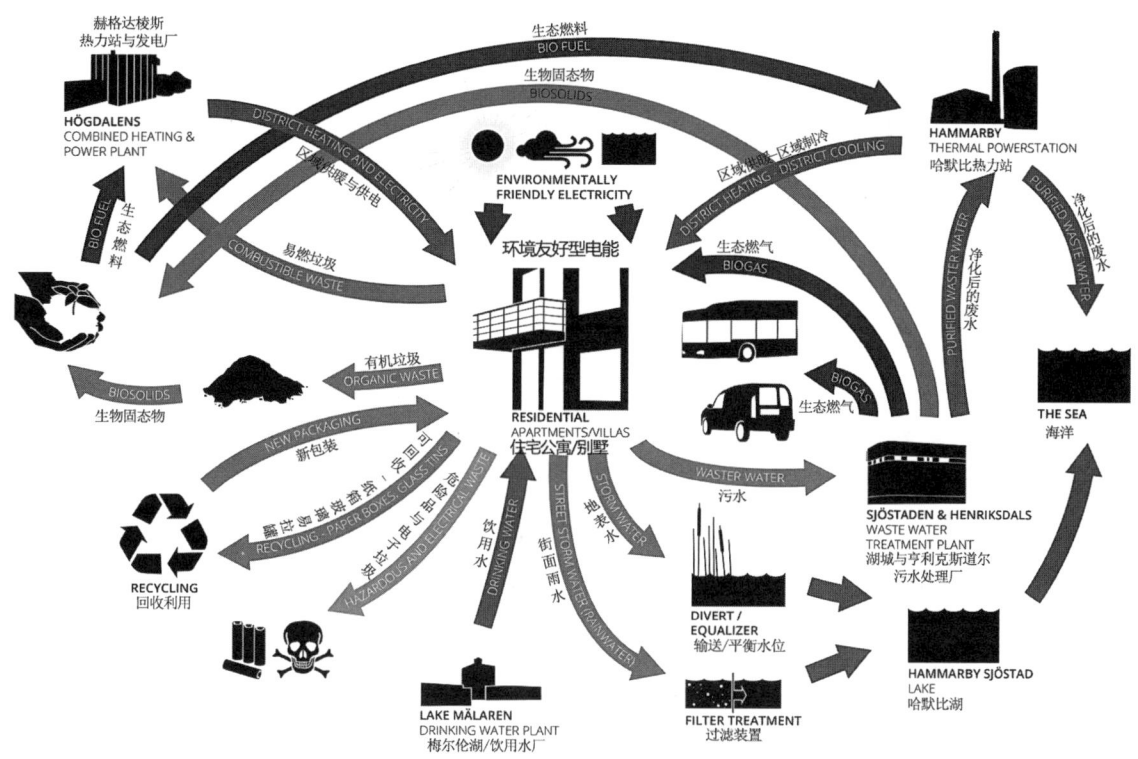

图 7-22 哈默比湖城回收再利用设计方案
（图片来源：张彤. 绿色北欧：可持续发展的城市与建筑 [M]. 南京：东南大学出版社，2009.）

7.5 传感、交互与智能管控

传感、交互与智能管控是绿色建筑主被动结合设计中落地的关键一环，通过先进的技术手段实现对建筑环境的智能化管理和对于设计结果的客观反馈。传感技术通过在建筑内部部署各类传感器，如温度传感器、湿度传感器、光照传感器等，实时监测环境参数。这些传感器可以帮助建筑系统更准确地感知室内外空间与环境的变化，为智能控制提供准确的数据基础。交互设计则强调与使用者的互动，通过智能化的界面和控制系统，使居住者能够方便地调整环境参数，满足个性化的需求。智能管控系统基于传感器提供的数据和用户的交互需求，自动调整设备系统的运行，实现能源的高效利用，包括自适应照明系统、智能温控系统、空气质量控制等。

对于主动技术来讲，空调热泵的运转速度、送风系统电机转速和开合程度，本身就需要基于预先设定的运行逻辑来执行，而智能管控系统通过传感器感知环境现状，借助交互系统获取使用者偏好，经过运算后能够更好地对相关主动技术实时调控。而以光、热、风为代表的被动技术方面，通过舵机、步进电机等控制技术的辅助，能够实时地控制遮阳角度、窗扇开启、玻璃透光率，乃至墙体热阻，智能管控系统也具备了控制绿色建筑被动部分的可能性。由此，在传感、交互与智能管控技术加持下，"被动为主、主动优化"的绿色建筑设计理念能够被更好地执行，能够实现更智能、便捷、节能的，提高建筑环境质量，同时降低对外部环境的不利影响。

7.5.1 传感技术与产品分类

1）绿色建筑监测指标

绿色建筑在运行阶段的真实表现是对绿色建筑设计效果的实际检验，能够从客观数据上反映设计成果的优劣，同时为后续绿色建筑设计提供训练数据和决策依据。我国现行绿色建筑相关标准中也对建筑运行阶段提出了监测指标要求：

《绿色建筑评价标准》GB/T 50378—2019 中提出对用能监测、空气品质、水质监测三个方面提出了具体监测指标要求：其中用能监测包括用能自动远传计量系统的分类分级管理（第 6.2.6 和 7.1.5 条）；空气品质中 PM10、PM2.5、CO_2、氨、甲醛、苯、总挥发性有机物、氡等监测指标及具体数据存储要求（第 5.1.9、5.2.1 和 6.2.7 条）；水质监测中用水远程计量和水质在线监测系统的要求（第 6.2.8 条）。

《近零能耗建筑技术标准》GB/T 51350—2019 中提出了环境质量和能耗监测两大类指标（第 7.1.38 条）：其中环境质量包括室外温湿度、太阳辐射照度等气象参数和室内温湿度、空气质量、照度等方面；能耗监测部分包括用冷、用热、用电等不同用能形式，以及具体的分户分项计量要求。

2）监测传感器种类

监测指标要求具体数值的实时获取，需要借助感知与传输类技术完成目标信息的采集工作，即通过传感器硬件来采集监测信息。在当前数字信号全面取代模拟信号的大背景下，传感器工作的具体流程为将目标特征或者客观状态转换为电压或者电流值的信号变动，然后经由相应算法再将其转换为二进制的数值型信息，最后被接口程序识别为对应的监测指标。目前绿色建筑所涉及的传感器类型主要分为环境类和能耗类。在实际中，检测传感器往往采用综合集成式部署，即单个设备内集成了多种传感器，以实现多种信息同步收集的目标。这些传感器包括：

（1）温度传感器：用于监测建筑内外的温度变化，以便调整供暖和空调系统。

（2）湿度传感器：用于测量空气中的湿度水平，帮助维持舒适的湿度范围。

（3）光照传感器：用于监测自然光的强度，以自动调整照明系统，实现节能效果。

（4）二氧化碳传感器：用于监测室内空气中的二氧化碳浓度，帮助维持良好的空气质量。

（5）烟雾／气体传感器：用于监测室内的烟雾或有害气体浓度，以实现火警或空气质量问题的早期警报。

（6）声音传感器：用于监测环境中的噪声水平，帮助实现声学舒适性。

（7）风速和风向传感器：用于监测室内外风速和风向，有助于调整通风系统。

（8）水质传感器：用于监测水质，例如在水处理系统中，以确保供水质量。

这些传感技术的综合运用，通过传感器网络将数据传输到智能控制系统，实现对建筑环境的实时监测和精确调控，提高能源利用效率，改善室内舒适度，并确保建筑的可持续性。

7.5.2　智能管控系统构架

作为典型的信息化系统，智能管控系统需要建立完备的软件和硬件系统构架来支撑具体业务目标的达成，即系统构架中至少包含三个层级，如图7-23所示：应用层、传输层和感知层。其中，应用层包含管理终端（如网页端、移动端、桌面PC端的应用程序）、自行架设的平台服务器和直接外部调用的第三方平台；传输层包括了各类有线和无线传输协议和信号控制中继传输软硬件；感知层则包含了各种传感执行类设备及配套软件。

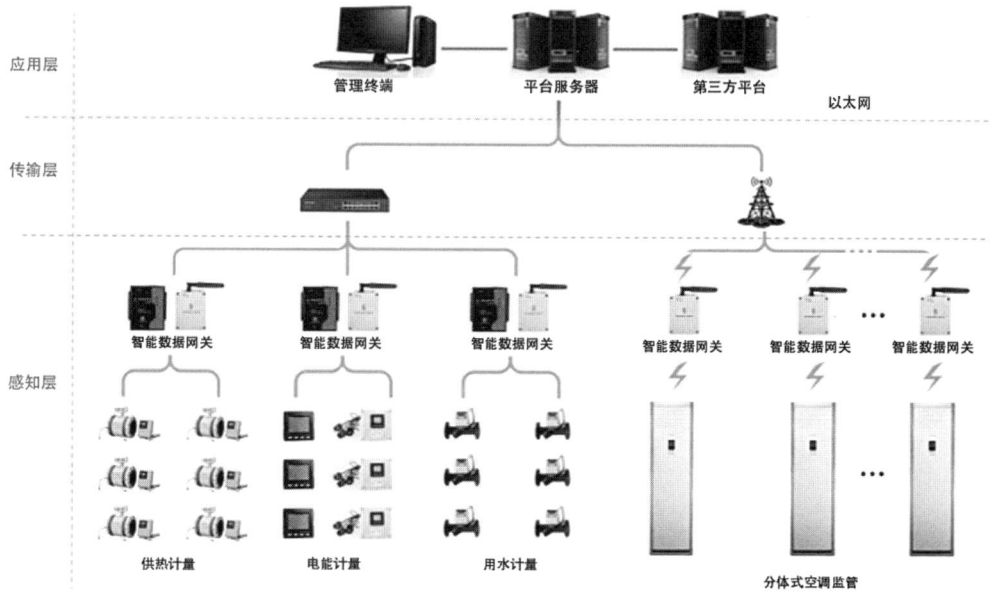

图7-23　智能管控系统构架图

7.5.3 交互界面设计与用户体验

智能管控系统最终呈现给用户的各种环境状态和能耗情况结果，需要硬件支撑与软件交互之间的通力合作，以实现在虚拟环境中的可视化展示，特别是网页端三维可视化技术的引入，使得人机交互界面变得更加直观和友好。

1）智能管控硬件分类

智能管控所呈现的结果需要底层硬件的支撑，而硬件系统则可以分成传输类和感知执行类两种硬件设备（图7-24）：

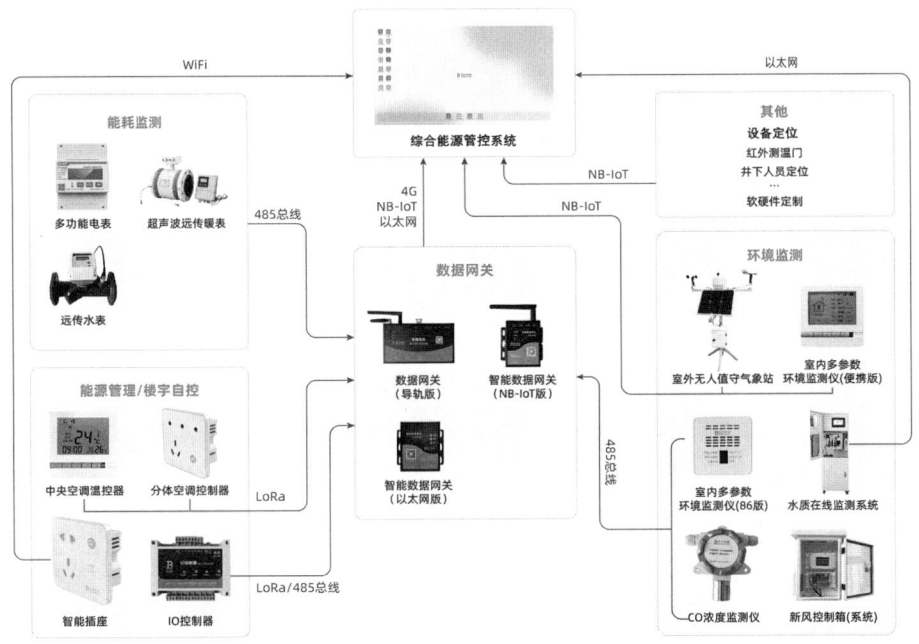

图 7-24　智能管控硬件分类图

（1）传输类

传输类硬件的职责为接受传感器的各种原始信号，并将其处理后传输给后端综合能源管控系统，具体由各类数据网关和信号接收中继器组成，按照信号传输类型分为有线传输和无线传输两种。其中有线传输类常用的为双绞网线和RS485总线，有线传输较为稳定，但是缺点在于不够灵活，需要实体线路的铺设，难以兼容后续传感器点位的变动。而无线传输类常用的是以4G和5G为代表的蜂窝移动传输、窄带物联网（Narrow Band Internet of Things，NB-IoT）、远距离无线电（Long Range Radio，LoRa）。而蓝牙（Bluetooth）和移动热点（Wireless Fidelity，Wi-Fi）则由于频段占用较多和传输距离太近的问题，在智能管控中应用较少。

（2）感知执行类

感知执行类硬件设备不仅包括7.5.1小节中所提到的各类传感器，如温湿度、空气质量、用水、用电等，还包括对于环境状态进行调控的各类执行硬件，如水暖电表用于能耗监测，空调控制器用于能源管理，气象站以及风控制箱用于环境监测等。

2）UI用户界面

UI的全称为User Interface，直译用户界面，是软件与用户之间沟通交互的接口媒介，传感器所采集的海量实时信息仅仅是冰冷的数字所组成的矩阵，其背后所蕴含的信息需要以便于使用者视觉接受的方式表达出来，因此UI的优劣影响着智能管控的效果。UI用户界面多部署于控制中心或者展示中心的大屏中，交互方式为一对多类型，即多个用户于同一个界面进行交互。由于考虑到多个用户同时信息交互的需求，因此强调简洁明了，对关键信息进行重点表现。

相对于以展示为主要用途的前端驾驶舱交互方式，使用较为频繁的专业人员和开发人员多采用后端页面UI交互方式，如长江都市总部大厦智能化系统驾驶舱交互（图7-25），常用界面为左侧的分类按钮栏和上端的页面按钮条。由于能够通过点击不同的分类和页面按钮，带来了交互空间的指数级增长，因此绿色建筑相关的环境品质和能耗监测要求，能够被完整地部署于交互页面中。使用场景多为桌面电脑、笔记本电脑和移动平板电脑的一对一交互，除了单击按钮切换界面外，具有下拉菜单选择、拖动滑块等方式，以此实现更为灵活的交互，以提高使用效率。

图7-25 长江都市总部大厦智能化系统驾驶舱交互界面
（图片来源：南京长江都市建筑设计股份有限公司）

随着以建筑信息模型（Building Information Modeling，BIM）技术为代表的几何、属性和关系信息联动技术的发展，加之网页端解析能力的增强，基于 WebGL（Web Graphics Library）的三维绘图协议在网页端（Web）成功部署，越来越多的绿色建筑智能管控平台提供了三维建筑模型与传感器信息的联动服务（图 7-26），为用户带来更为直观的交互体验。通过保持鼠标点击和拖动的方式，使用者能够在网页中进行漫游操作，以方便直观地找到目标区域。而在 BIM 技术出现之前，此类操作需要人工检索分布在不同页面的表格上的零散数据，较为耗时耗力且效率太低，无法对于建筑总体产生有效感知。并且环境品质与能耗监测信息与三维模型的直接挂接方式，显著降低了信息交互障碍；部分平台还能够在三维模型中通过点击按钮的方式操作实际建筑中的控制器，实现了数字孪生的双向交互需求。

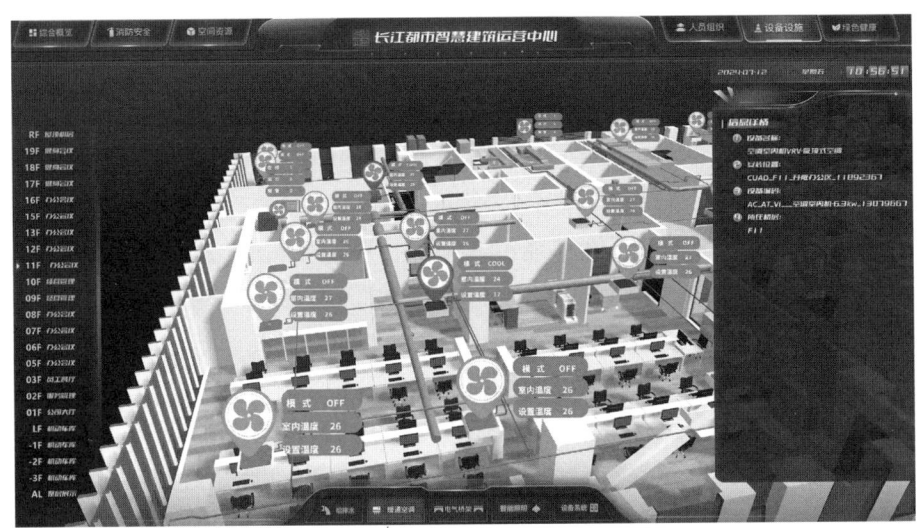

图 7-26　基于 WebGL 的暖通系统三维可视化实时运行状态监控
（图片来源：南京长江都市建筑设计股份有限公司）

7.6

典型教学案例

7.6.1　基于性能定量分析的建筑产品主被动结合优化设计与建筑类型拓展研究

东南大学 2018-2019 学年建筑学本科四年级建筑设计课题，指导教师：张宏、傅秀章、李永辉、王伟、张弦；助教：罗申、刘沛、张睿哲、沙楚翘

该教学案例是东南大学建筑学院建筑学四年级建筑设计课程，教学时长 8 周。

本次课程以东南大学在 2018 中国国际太阳能十项全能竞赛（SDC2018）的参赛作品 C-House 为案例原型（以下简称，C-House 原型）。学生通过对

C-House 原型现有室内环境的实测和评估，从主动式与被动式集成环境调控的角度对 C-House 原型进行节能优化设计与产品化建筑类型拓展设计，让学生理解主被动式结合的产品化绿色建筑性能优化设计在实际项目中的应用，进而学习绿色建筑的定量化节能设计方法。

通过主被动式结合来优化设计，实现建筑环境调控目标的定量化绿色建筑性能优化设计理论和方法是本次课程教学的基础。其原理主要包括以性能定量设计为导向的绿色建筑节能优化设计理论、主被动结合的集成式绿色建筑设计理论、建筑类型拓展与产品化迭代的绿色建筑设计理论；关键技术方法包含分布式可再生能源技术、能量与物质循环利用技术以及传感交互与

典型教学案例 7.6.1

基于性能定量分析的建筑产品主被动融合优化设计与建筑类型拓展研究

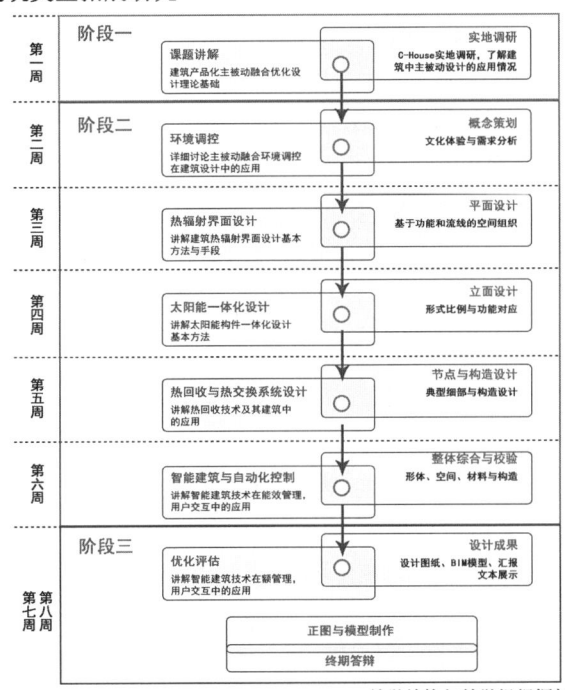

教学结构与教学组织框架

1. 独立别墅组（胡心怡，吴婷如，艾荔，蔡宜可，胡左凡）

总体鸟瞰图

C-House 被动式优化

2. 联排别墅组（陈雨蒙，杨泽晖，徐质文，凯伊）

总体鸟瞰图

光伏产能计算

图片来源：东南大学"正工作室"教研团队拍摄

本教学案例详细内容请见建工书院公众号相关推文

智能管控技术。绿色建筑性能优化设计理论与方法支持了绿色建筑的环境调控，使得绿色建筑能够实现效能提升、产品化迭代和类型拓展。

学生以 4~5 人为一组，基于对 C-House 原型的分析，策划出"独立别墅"与"联排别墅"两种建筑类型的拓展模式，并在各自的功能场景下探索节能优化设计的方向。通过运用定量化绿色建筑设计工具以及主被动结合的节能设计技术，学生提出了有针对性且定量化的优化解决方案，设计出节能、低碳且具备产品化迭代潜力的绿色建筑。

7.6.2 严寒地区农村零碳建筑设计与建造：R-CELLS 可持续太阳能建筑原型

天津大学 2020-2022 学年建筑学本硕一体新工科实践设计课题，指导教师：杨崴、任军、苗展堂、刘魁星、尹宝泉、朱丽、胡一可、张明宇、辛善超、田喆、穆云飞等

R-CELLS 是天津大学建筑学院在 2020 年至 2022 年间开展的一项零碳可持续建筑设计与建造项目。教研团队采用本硕贯通的培养模式，以建筑设计课程为核心，与理论课组成课程串，并结合低碳建筑设计、建造和运维实践开展创新应用。团队在建筑全生命周期评价与设计、基于低碳健康目标的建筑空间形体设计优化、低碳建筑结构与构造方法、低碳建筑智慧运维、建筑能源系统和暖通空调设备联合仿真优化等方面取得了多项创新研究成果，并应用于实践教学过程，为 R-CELLS 项目的实施提供了很好的基础。

在 R-CELLS 的创作过程中，各专业师生和企业通力合作，使得建筑与可再生能源、建筑与设备体系具有很高的整合度。建筑学专业在其中起到了全局协调的作用，通过在建筑外表皮、内部空间、构造和家具中整合和容纳设备体系，确保了设备设施与建筑体系高度融合。这个过程扩大了一般建筑设计教学的外延，也使不同专业学生能够以更加系统的眼光看待问题，兼顾技术的效率与建筑的美观。

R-CELLS 借鉴生物细胞自组织、自循环、自适应和多样复制的特点，实现"正能量、全循环、零排放"，是全生命周期的零碳太阳能住宅建筑。项目创造了三维模块化木结构体系，采用主被动结合的太阳能利用方式，运用了"光储直柔"的能源系统策略，详细计算了建筑全生命周期碳排放和生命周期成本，自主开发了中控平台、展示大屏和小程序，建立了完善的智慧运维系统。

严寒地区农村零碳建筑设计与建造：RCELLS可持续太阳能建筑原型

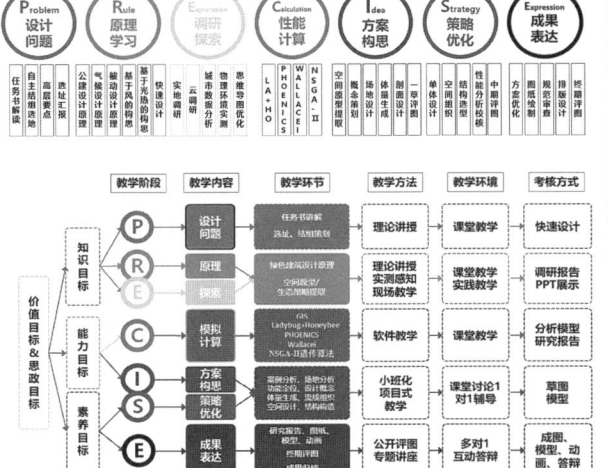

总体鸟瞰图

教学模式与教学组织框架

RCELLS可持续太阳能建筑（岳诗文，王琦，韩爱泽等）

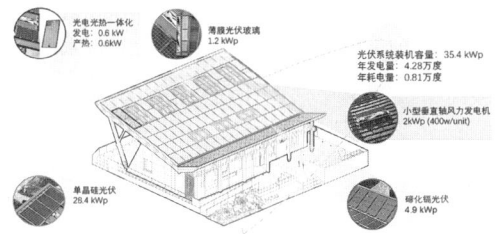

RCELLS可再生能源与建筑的一体化设计

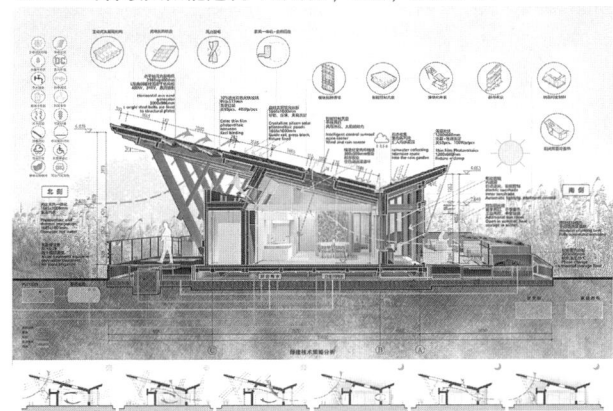

生物气候设计策略

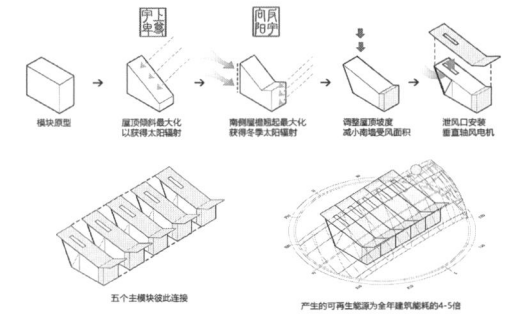

R-CELLS屋顶和模块设计概念图解

本教学案例详细内容请见建工书院公众号相关推文

典型教学案例 7.6.2

7.6.3 延伸思考

（1）如何将低碳建筑设计策略与可再生能源一体化有机融合，实现建筑功能、美学、舒适度的综合优化，并达到建筑全生命周期的能源平衡和碳平衡？

（2）如何整合建筑空间、构造和设备体系，使其具有灵活性、适应性和可拆解重构的特性？

（3）建筑的智能化系统如何实现对建筑构件（天窗、遮阳等）、机电系统和能源系统的综合控制？如何智慧营造舒适健康的室内环境并兼顾个性化习惯？

（4）在设计阶段和建成后的实际运行中，如何通过模拟分析、监测数据等方式验证设计和技术的有效性？

参考文献

［1］ 仲文洲 . 形式与能量：环境调控的建筑学模型研究 [D]. 南京：东南大学，2021.

［2］ 王畅，裴小明，张伟伟 . 南京江北新区人才公寓零碳社区服务中心 [J]. 当代建筑，2023（8）：86-91.

［3］ 张宏，罗申，唐松，等 . 面向未来的概念房 ——基于 C-House 建造、性能、人文与设计的建筑学拓展研究 [J]. 建筑学报，2018（12）：97-101.

［4］ 李向锋，张军军，张宏 . 高效预制装配 UHPC 双曲面产能建筑的原型探索——2022 中国国际太阳能十项全能竞赛作品"Solar Ark 3.0"[J]. 建筑学报，2022（12）：18-23.

［5］ 祝侃，赵学斐，裴小明 . 高层可变住宅设计探索与实践——以南京江北新区人才公寓为例 [J]. 华中建筑，2020，38（9）：38-42.

［6］ 张彤 . 绿色北欧：可持续发展的城市与建筑 [M]. 南京：东南大学出版社，2009.

［7］ 中华人民共和国住房和城乡建设部 . 绿色建筑评价标准：GB/T 50378—2019[S]. 北京：中国建筑工业出版社，2019.

［8］ 中华人民共和国住房和城乡建设部 . 近零能耗建筑技术标准：GB/T 51350—2019[S]. 北京：中国建筑工业出版社，2019.

（文中图表未标明来源者，均为作者自绘或自摄）

后记

可持续发展作为全球人类命运共同体的发展目标，我国"3060双碳"目标达成的紧迫性，城乡人居环境的高质量发展需求，新技术的快速迭代更新，都对建筑学未来专业人才的培养提出了挑战。应对于此，强固专业本体，重塑知识体系，融贯学科交叉，拓展技术方法，是绿色建筑设计教学改革的着力之处。

2017年我们出版了《绿色建筑设计教程》，是基于东南大学建筑学专业本科设计课程，全景式展开绿色建筑设计的整体教学架构、进阶式知识模块与设计方法以及体系化教学成果。《绿色建筑设计教程》（第二版）的编写，是在以张彤教授领衔的绿色建筑教研团队长达十数年深耕的科研和教学成果基础上，一次从理念内核到结构内容的深刻蝶变。在新兴领域"未来产业（碳中和）"教材体系的整体框架中，本教材坚守建筑学专业的本体核心"空间"与"建造"，以"形式能量法则"为理论基础，以"空间调节"为技术路径，建构出以空间和形态设计为先导，从整体到局部、从被动到主被动，响应气候条件、调控环境性能的绿色建筑设计方法体系。

书稿初成于立夏，终稿完结已立冬。一夏一冬间，结构内容数回增删、知识图谱几易其稿，也完成了从纸本文稿到数字资源的升级转化。这其中，凝聚了编写团队多年的科研与教学实践积累以及对本次编写工作的全情付出。张彤教授系统地架构了本教材的知识体系和设计方法框架，鲍莉教授参与教材体系构建，组织并统筹教程编写及各类教学资源建设；张彤教授、徐小东教授、吴锦绣教授及张宏教授带领团队完成各章节内容；仲文洲、闵天怡、肖葳、吴浩然、姚远、黄宝麟、王海宁等全程参与教程编写和教学资源建设，贡献斐然；李若天、孙波、和译、张嘉倩、赵心如、贾玉昂、陈子伊和董薇等同学都有所参与和贡献。

本部教材得到了本院及兄弟院校同仁的大力支持，吸纳了近年来的优秀教学案例。为此特别感谢同济大学李麟学教授等、天津大学杨崴教授、刘丛红教授等、华南理工大学王静教授、冷天翔副教授、庄少庞教授以及本院的华好副教授等，各位老师指导出的高质量教学案例，呈现出了绿色建筑设计研究与教学创新的多样化实践。

付梓之际，要诚挚地感谢中国建筑工业出版社教育教材分社陈桦副社长，从教育部"新兴领域教材研究与实践项目"之初、"碳中和城市与绿色智慧建筑"教材体系建设及教学团队申报到"未来产业（碳中和）"系列教材建设，一路相伴的愉快合作和鼎力支持为本部教材成型打下坚实的基础。同时，也要对中国建筑工业出版社王惠副编审致以特别的谢忱，在整部教材的编写和编辑中给出的专业而耐心的指导使得教材最终得以顺利出版。

期待这一部集结了近年来绿色建筑设计教学与研究实践成果的教材，能够为各校的设计教学及各界的绿色建筑实践提供新的视角和参考。诚邀同行批评指正，教学研究与实践探索止于至善。

鲍莉

2024 年立冬于中大院